Handbuch Prüfung elektrischer Maschinen

Prüfabläufe, Grenz- und Richtwerte für die Prüfung vor Ort

3. überarbeitete Auflage

Autoren:

Dipl.-Ing. Jürgen Bialek
Dipl.-Ing. Christian Orgel
Dipl.-Ing. Rainer Rottmann
Dipl.-Ing. Ferdinand Schlüter

WISSEN,
DAS ANKOMMT.

Bibliografische Information der Deutschen Bibliothek

Die Deutsche Bibliothek verzeichnet diese Publikation in der Deutschen Nationalbibliografie; detaillierte bibliografische Daten sind im Internet über http://dnb.dnb.de abrufbar.

Mandichostraße 18
86504 Merching

Telefon: +49 (0)8233 381-123
Fax: +49 (0)8233 381-222
E-Mail: service@forum-verlag.com
Internet: www.forum-verlag.com

Hinweis: Aus Gründen der besseren Lesbarkeit und Einfachheit wird in den folgenden Texten meist die männliche Form verwendet. Die verwendeten Bezeichnungen sind als geschlechtsneutral bzw. als Oberbegriffe zu interpretieren und gelten gleichermaßen für alle Geschlechter.

Titelfoto/-illustration: © industrieblick – stock.adobe.com
Satz: Reemers Publishing Services GmbH, 47799 Krefeld
Druck: Esser printSolutions GmbH, 75015 Bretten
Printed in Germany

ISBN 978-3-96314-660-2 (Print)
ISBN 978-3-96314-661-9 (Kombi)
ISBN 978-3-96314-662-6 (Premium)

Vorwort zur 3. Auflage

Für die Prüfung elektrischer Maschinenausrüstung ist sowohl die fachgerechte Ausführung als auch die korrekte Bewertung von entscheidender Bedeutung.

Die Autoren dieses Buchs haben es sich zur Aufgabe gemacht, die wichtigsten Normvorgaben und sicherheitstechnischen Informationen für die Prüfung so wiederzugeben, wie sie der Praktiker für die tägliche Arbeit benötigt.

Mit dem vorliegenden Handbuch stehen Ihnen deshalb die wichtigsten Normvorgaben und sicherheitstechnischen Informationen für die Prüfung kompakt, leicht verständlich und stets griffbereit zur Verfügung. So können Sie jederzeit vor Ort den geforderten Prüfablauf mit den dazugehörigen Prüfverfahren sowie Grenz- und Richtwerten nachschlagen.

Maßgeblich für die rechtskonforme Prüfung elektrischer Maschinenausrüstung sind die Anforderungen der DIN EN 60204-1 (VDE 0113-1).

Damit Sie alle Prüfanforderungen normgerecht und sicher umsetzen können, wurde bei der redaktionellen Ausarbeitung neben der fachlichen Richtigkeit besonders viel Wert auf übersichtlich strukturierte, leicht auffindbare und herstellerneutrale Informationen gelegt.

Der anfängliche Glossarteil enthält Erläuterungen wichtiger Begriffe im Zusammenhang mit den Prüftätigkeiten. Verweise in den Begriffsdefinitionen helfen, weiterführende Informationen innerhalb der nachfolgenden Kapitel Ihres Handbuchs gezielt wiederzufinden.

Mit den Anforderungen an den Prüfablauf für elektrische Maschinen und maschinelle Anlagen befasst sich Kapitel 1. Präzise Handlungsanweisungen erläutern Schritt für Schritt, was jeder Prüfschritt gemäß aktuellen Normen genau umfasst, und nach welcher Methode er idealerweise durchzuführen ist. Zahlreiche Praxistipps, Hinweise auf Sonder- oder Problemfälle, Checklisten und Tabellen mit den erforderlichen Grenz- und Richtwerten gehen gezielt auf die Besonderheiten ein, die Sie während der Prüfung beachten müssen. Die im Glossar erläuterten Begriffe werden hierbei (jeweils einmal pro Unterkapitel) mit blauer Schrift und einem Pfeil (►) kenntlich gemacht.

Kapitel 2 enthält ergänzende wichtige Hinweise zu den rechtlichen Grundlagen im Zusammenhang mit Prüfungen an elektrischen Maschinen, den zu beachtenden Schutzmaßnahmen sowie den erforderlichen Qualifikationsanforderungen an den Prüfer.

Merching, im Oktober 2021

FORUM VERLAG HERKERT GMBH

Autorenverzeichnis

Dipl.-Ing. Jürgen Bialek
Diplomingenieur der Fachrichtung Maschinenbau (Fördertechnik)

Geboren 1966. Nach dem Studium 14 Jahre in der mittelständisch geprägten, international agierenden Stahlbau- und Maschinenbauindustrie zunächst als Projektleiter, später als Leiter Projektmanagement und Vertrieb sowie als Niederlassungsleiter tätig. Seit 2007 selbstständig und als Beratender Ingenieur sowie Sachverständiger mit den Arbeitsgebieten Sicherheitstechnologie, Product Compliance und Technische Dokumentation vorrangig im Maschinen- und Anlagenbau beschäftigt. Tätigkeiten auf den Gebieten der Qualitätssicherung und des Technischen Managements in diesen Branchen ergänzen sein Profil. Seit vielen Jahren zudem als Referent zu den Themen EU-Konformität, Risikobeurteilungen und Technische Dokumentation tätig.

Dipl.-Ing. (TU) Christian Orgel
Diplomingenieur der Fachrichtung Elektro-Energieanlagen

Geboren 1948. Nach dem Studium Tätigkeit als Bauleiter Elektrotechnik beim Energie-, Kraftwerksanlagen- und Schachtbau, als Projektierer für Elektroanlagen sowie Service- und Verkaufsingenieur für industrielle Großanlagen bei Reliance Electric Schweiz und Deutschland. Von 1987 bis 1998 Tätigkeit bei ITT Instruments (Metrix und Müller & Weigert) als Regionalvertriebsleiter für Messtechnik, anschließend zehn Jahre bei den Messtechnikherstellern Amprobe als Vertriebsleiter Industrie und bei Metrel als Gesamtvertriebsleiter. Ab dieser Zeit bis heute Dozenten- und Schulungstätigkeiten im Bereich Mess- und Prüftechnik in Industrie, Elektrohandwerk und Berufsgenossenschaften sowie an Berufs-, Fachschulen und Technischen Akademien. Seit 2008 selbstständiger, unabhängiger Berater für Energie-, Mess- und Prüftechnik.

Dipl.-Ing. Rainer Rottmann
Diplomingenieur der Fachrichtung Elektrische Energietechnik

Geboren 1968. Nach dem Studium als freiberuflicher Dozent sowie als Ingenieur tätig. 2002 bis 2005 Ausbildung zur Aufsichtsperson beim Rheinischen Gemeindeunfallversicherungsverband in Düsseldorf. Seit 2005 Aufsichtsperson mit dem Schwerpunkt Veranstaltungsstätten. Themenverantwortlicher für den Bereich Elektrotechnik in der Regionaldirektion Düsseldorf der aus der Fusion mit den weiteren Unfallversicherungsträgern der öffentlichen Hand hervorgegangenen Unfallkasse Nordrhein-Westfalen.

Dipl.-Ing. Ferdinand Schlüter
Diplomingenieur der Fachrichtung Elektrotechnik

Geboren 1958. Inhaber des Ingenieurbüros für Elektrotechnik und Energietechnik in Bad Wünnenberg mit Fokus auf Technische Weiterbildung, Planung, Beratung, Projektierung und Projektüberwachung. Schwerpunkte seiner Schulungstätigkeit sind elektrotechnische Grundlagen in großer Bandbreite inklusive der Rechtsgrundlagen. Dazu gehören Themen wie: Sicheres Arbeiten generell, Prüfen von elektrischen Anlagen, Geräten und Maschinen, Arbeiten unter Spannung (AuS) und in Mittelspannungsschaltanlagen (Schaltberechtigung), Automatisierungstechnik sowie Regelungstechnik.

Inhaltsverzeichnis

Glossar

Ableitstrom

Elektrischer Strom, der beim Betrieb einer elektrischen Anlage (▶ „Elektrische Anlage“) über die fehlerfreien Isolierungen zu Erde oder zu einem fremden leitfähigen Teil (▶ „Fremdes leitfähiges Teil“) fließt. Bei elektrischen Maschinen (▶ „Maschine“) kann dies beispielsweise über ggf. vorhandene Stahlkonstruktionen bzw. Gasleitungen erfolgen. In diesem Fall teilt sich der Ableitstrom dann häufig über den angeschlossenen ▶ „Schutzleiter“ und die leitende Konstruktion auf.

Der Begriff „Ableitstrom“ wird in der Praxis als Oberbegriff für Berührungsstrom, ▶ „Schutzleiterstrom“ und ▶ „Erdableitstrom“ verwendet, obwohl diese in der Normung je nach Strompfad unterschiedlich definiert werden.

Da z. B. elektronische Beschaltungen bereits im Normalbetrieb Ableitströme hervorrufen können, Prüfgeräte jedoch nicht zwischen Fehler- und Ableitströmen unterscheiden, ist es für den Prüfer unbedingt notwendig zu wissen, ob die Ursache eines festgestellten Ableitstroms in einem Fehler oder einer Beschaltung liegt.

Abnahme

Die Abnahme einer ▶ „Maschine“ nach ▶ „Inbetriebnahme“ gehört zu den vertraglichen Pflichten des Betreibers (▶ „Betreiber“). Gemäß § 377 des Handelsgesetzbuchs (HGB) hat er als Erwerber nach Ablieferung (Inbetriebnahme) durch den Verkäufer (Hersteller) die Ware zu untersuchen und diesem ggf. festgestellte ► „Mängel“ unverzüglich zu melden.

Wichtig ist in diesem Zusammenhang, dass vom Fachpersonal des Betreibers nicht nur augenscheinlich, sondern auch durch Testen oder Simulieren von Betriebszuständen funktional geprüft wird, inwieweit die Maschine:

- den gewünschten Eigenschaften, die ggf. dem Hersteller bei der Beauftragung verpflichtend mitgeteilt wurden, entspricht und
- unter den betriebsspezifischen Bedingungen bestimmungsgemäß verwendet werden kann.

Aktives Teil

Leiter (einschließlich Neutralleiter) bzw. leitfähiges Teil (► „Körper“), der bei störungsfreiem Betrieb unter Spannung steht.

Altmaschinen

Als Altmaschine werden Maschinen (► „Maschine“) bezeichnet, die vor dem Inkrafttreten der Maschinenrichtlinie (d. h. konkret bis zum 31.12.1992 bzw. im Übergangszeitraum der Jahre 1993/94) gebaut und erstmalig in Verkehr gebracht wurden.

Entsprechend müssen solche Maschinen den jeweiligen nationalen Bau- und Ausrüstungsbestimmungen entsprechen, die zum Zeitpunkt ihres erstmaligen Inverkehrbringens (▶ „Inverkehrbringen“) Gültigkeit besaßen. Darüber hinaus war es möglich, in den Jahren 1993/94 sonstige Rechtsvorschriften anzuwenden, die zum Zeitpunkt der erstmaligen Bereitstellung des Arbeitsmittels (▶ „Arbeitsmittel“) galten (BetrSichV § 5 Abs. 3 Satz 1). Altmaschinen tragen demnach keine CE-Kennzeichnung, da diese erst ab 1995 zwingend aufzuweisen ist.

Auch heutzutage werden Maschinen, die in die Kategorie „Altmaschine“ einzuordnen sind, oft noch betrieben. Für deren ▶ „Betreiber“ gilt es aber sicherzustellen, dass die Anforderungen an einen sicheren Betrieb nach dem (aktuellen) ▶ „Stand der Technik“ gewährleistet werden.

Der Begriff ▶ „Bestandsschutz“ für Altmaschinen kann in diesem Zusammenhang irreführend sein. Er suggeriert, dass eine Altmaschine entsprechend den sicherheitstechnischen Vorgaben betrieben werden darf, die zum Zeitpunkt ihrer Bereitstellung galten. Die Sicherheitsstandards für Maschinen wurden jedoch stetig weiterentwickelt. Diesem Aspekt trägt die Betriebssicherheitsverordnung Rechnung und beschreibt die grundlegenden Mindestanforderungen, denen Maschinen allgemein entsprechen müssen (vgl. hierzu die §§ 8, 9 und 10). Diesen Anforderungen muss auch jede Altmaschine genügen, deren Betrieb mit einem Risiko verbunden ist. Jede ▶ „Veränderung“ einer Altmaschine setzt entsprechend voraus, dass ihre Sicherheit durch den Betreiber einer erneuten Begutachtung unterzogen wird. Gegebenenfalls erforderliche Nachrüstungen sind ebenfalls im Rahmen einer ▶ „Gefährdungsbeurteilung“ zu bewerten.

Eine Altmaschine ist immer dann nachzurüsten, wenn sich bei einer ► „Prüfung" herausstellt, dass ihr Sicherheitsniveau nicht den Rechtsvorschriften entspricht. Weiterhin kann sie nachgerüstet werden, wenn dies nach aktuellem Stand der Technik sinnvoll erscheint. Besteht beispielsweise das Risiko, dass an alten Drehbänken Kleidung eingezogen wird, ist ein Futterschutz nachzurüsten.

Arbeitsmittel

Der durch die Betriebssicherheitsverordnung (BetrSichV) im § 2 Abs. 1 geprägte Begriff „Arbeitsmittel" umfasst die Gesamtheit aller bei der Verrichtung der Arbeit genutzten Werkzeuge, Geräte, Maschinen (► „Maschine") und Anlagen. Die Spanne dieses Begriffs reicht also praktisch vom Bleistift bis zur Produktionsstraße. „Elektrische Arbeitsmittel" stellen deshalb nur einen kleinen Teilbereich dieses Oberbegriffs dar (hierzu siehe auch ► „Betriebsmittel").

Basisschutz

(oder „Schutz gegen ► „direktes Berühren"")

Darunter werden alle Maßnahmen verstanden, die eine direkte Berührung aktiver, spannungsführender Teile oder – bei Nennspannungen über 1 kV – das Erreichen der Gefahrenzone verhindern.

Unterschieden wird hierbei zwischen

- *vollständigem Schutz* (z. B. durch Isolierung, Abdeckung oder Umhüllung der betroffenen Leitungen) und
- *teilweisem Schutz gegen zufälliges Berühren* (durch mechanische Hindernisse, wie z. B. Abdecken oder Abschranken der aktiven Teile (► „Aktives Teil"), Trennwände, isolierende Schutzplatten).

Letzterer ist nur innerhalb abgeschlossener elektrotechnischer Betriebsstätten zulässig.

 **Weiterführende Informationen**

Maßnahmen zum Schutz gegen elektrische Gefährdungen und insbesondere gegen direktes Berühren ► Kap. 2.7.2 „Basisschutz".

Bedienungsanleitung

Siehe ► „Betriebsanleitung"

Bemessungsstrom

Strom, der vom Hersteller für einen Schutzschalter unter vorgegebenen Betriebsbedingungen festgelegt wird.

Bereitstellung auf dem Markt

Die Bereitstellung von Produkten auf dem Markt ist im Produktsicherheitsgesetz (ProdSG) geregelt. In Verbindung mit der 9. Verordnung zum ProdSG (ProdSV) wird damit die einschlägige europäische Rechtsvorschrift für Maschinen (► „Maschine"), die Maschinenrichtlinie 2006/42/EG, in nationales Recht umgesetzt. Auch Maschinen müssen den Anforderungen des ProdSG entsprechen, wenn sie auf dem Markt bereitgestellt werden.

 **Weiterführende Informationen**

Zur Abgrenzung und Unterscheidung vom Begriff „Inverkehrbringen" vgl. ► Kap. 2.1.4.

Rechtsgrundlagen im Zusammenhang mit neuen Produkten allgemein und im Besonderen mit elektrischen Maschinen ► Kap. 2.1 „Produkte in Verkehr bringen".

Berührbare leitfähige Teile

Als berührbare leitfähige Teile werden solche Teile bezeichnet, die im fehlerfreien Zustand von Anlage, Maschine oder Gerät durch Anwender berührt werden und im Fehlerfall zu Körperdurchströmungen führen können. Berührbare leitfähige Teile sind insbesondere metallische Gehäuseteile von Arbeitsmitteln (► „Arbeitsmittel"), berührbare Gehäuse schrauben sowie leitfähige Anbauteile. Als Schutzmaßnahme kommt für diese Teile, je nach ► „Schutzklasse, die Verbindung mit dem ► „Schutzleiter“ bzw. ► „doppelte oder verstärkte Isolierung“ gegenüber den aktiven Teilen zum Einsatz.

 **Weiterführende Informationen**

Messung des Isolationswiderstands bei der Prüfung von Maschinen und maschinellen Anlagen (nach VDE 0701 bzw. VDE 0702) ► Kap. 1.2.3 „Isolationswiderstandsprüfung“

Bestandsschutz

Der oft benutzte Begriff „Bestandsschutz“ ist rechtlich nicht definiert und wird gelegentlich in der Praxis irrtümlich verwendet. Er umschreibt viel mehr die Tatsache, dass keine grundsätzliche Pflicht zur Anpassung an den aktuellen Stand der Technik besteht (vgl. Artikel 14 des Grundgesetzes sowie Anhang 1 der DGUV Vorschrift 3 bzw. 4).

Entsprechend darf „Bestandsschutz“ nicht so ausgelegt werden, dass an einer bereits in Verkehr gebrachten ► „Maschine“ keine weiteren, moderneren ► „Schutzmaßnahmen“ ergriffen werden müssen.

Auf Maschinen angewandt wird dem Bestandsschutz entsprochen, sofern

- eine Maschine:
  - den zum Zeitpunkt des erstmaligen Inverkehrbringens (► „Inverkehrbringen“) (heute: der ► „Bereitstellung auf

dem Markt“) gültigen Rechtsvorschriften entsprach und noch entspricht
- (weiterhin) unter den Betriebs- und Umgebungsbedingungen, die zum Zeitpunkt ihres Inverkehrbringens bestanden und für die sie ausgelegt waren, betrieben wird
- keine ► „Mängel“ aufweist, die Menschen und Gegenständen gefährden

• Folgenormen oder weitere einschlägige Regelwerke keine zusätzlichen Anforderungen an den aktuellen ► „Stand der Technik“ beinhalten und vorgeben

Für Arbeitsmittel und überwachungsbedürftige Anlagen im Sinne der BetrSichV kann „Bestandsschutz“ nur eingeschränkt in Anspruch genommen werden, denn Arbeitsmittel dürfen gemäß § 4 BetrSichV erst verwendet werden, wenn im Rahmen der Gefährdungsbeurteilung festgestellt wurde, dass deren Verwendung nach dem Stand der Technik sicher ist. „Bestandschutz“ gilt demnach nur so lange, wie die sichere Verwendung durch das Zusammenspiel technischer, organisatorischer und personenbezogener Maßnahmen erreicht werden kann.

Werden Umbauten, Erweiterungen oder wesentliche Nutzungsänderungen vorgenommen, sind diese nach dem zu diesem Zeitpunkt gültigen Stand der Technik auszuführen. ► „Betreiber“ sollten somit bei Routineüberprüfungen der Arbeitsschutzbehörden oder einer Unfalluntersuchung des zuständigen Unfallversicherungsträgers plausibel nachweisen können, dass und wie festgestellt wurde, dass die Verwendung des betreffenden Arbeitsmittels nach dem Stand der Technik als sicher zu betrachten ist. Dies lässt sich anhand der dokumentierten Ergebnisse einer ► „Gefährdungsbeurteilung“ entsprechend gewährleisten.

Bestimmungsgemäße Verwendung

Unter „bestimmungsgemäßer Verwendung" wird die vom Hersteller beabsichtigte Verwendung einer ► „Maschine" entsprechend den Angaben der ► „Betriebsanleitung" verstanden (vgl. 1.7.4.2 im Anhang I der Maschinenrichtlinie 2006/42/EG). Dazu zählen allerdings auch Angaben zum Einrichten, Umrüsten, Stillsetzen im Notfall, Neustart nach Stillsetzen sowie zur Störungsbeseitigung, Reinigung, ► „Instandhaltung" und zum Transport.

Betreiber

Betreiber nach DIN EN 60204-1 (VDE 0113-1) ist eine juristische Person, die Maschinen (► „Maschine") einschließlich ihrer elektrischen Ausrüstungen (► „Elektrische Maschinenausrüstung") verwendet.

Betriebsanleitung

Die Anfertigung einer Betriebsanleitung gehört zu den sog. „Instruktionspflichten" des Herstellers bzw. Importeurs/Exporteurs von Maschinen (► „Maschine") gemäß Anhang I der Maschinenrichtlinie (MRL).

Demnach ergibt sich die Pflicht, Verbraucher auf die korrekte Handhabung und ► „bestimmungsgemäße Verwendung" des Produkts hinzuweisen. Für die Abfassung und Gestaltung einer Betriebsanleitung für Maschinen legt die MRL entsprechend fest, dass

- diese jeweils in der Amtssprache des Mitgliedstaates, in welchem die Maschine in Verkehr gebracht bzw. in Betrieb genommen wird, zu übergeben und mit dem Vermerk „Originalbetriebsanleitung" zu versehen ist,
- bei Nicht-Vorhandensein einer Originalbetriebsanleitung eine Übersetzung in die Amtssprache(n) des Verwendungslandes vom Hersteller anzufertigen und mit dem Vermerk „Übersetzung der Originalbetriebsanleitung" zu versehen ist,
- die Betriebsanleitung nicht nur die bestimmungsgemäße Verwendung der betreffenden Maschine, sondern auch jede vernünftigerweise vorhersehbare Fehlanwendung der Maschine berücksichtigen muss,
- die Betriebsanleitung für die Verwendung durch Verbraucher ausreichend und deutlich sein muss, wobei dem von solchen Benutzern allgemein zu erwartenden Wissensstand und Verständnis Rechnung zu tragen ist.

Die Mindestangaben, die eine solche Betriebsanleitung zwingend enthalten muss, sind im Anhang I der MRL (Punkt 1.7.4.2) festgelegt.

 **Praxistipp**

Aus haftungs-, aber nicht zuletzt auch aus arbeitsschutzrechtlicher Sicht muss der Besteller einer Maschine als späterer ► „Betreiber“ darauf achten, dass ihm eine Betriebsanleitung in der Amtssprache des Mitgliedstaates, in welchem die Maschine in Betrieb genommen wird, übergeben wird.

Betriebsmittel

Unter dem Begriff „elektrische Betriebsmittel“ werden in § 2 Abs. 1 der DGUV Vorschrift 3 bzw. 4 „Elektrische Anlagen und Betriebsmittel“ alle Gegenstände verstanden, die „als ganzes oder in einzelnen Teilen dem Anwenden elektrischer Energie (z. B. Gegenstände zum Erzeugen, Fortleiten, Verteilen, Speichern, ► „Messen“, Umsetzen und Verbrauchen) oder dem Übertragen, Verteilen und Verarbeiten von Informationen (z. B. Gegenstände der Fernmelde- und Informationstechnik) dienen. Den elektrischen Betriebsmitteln werden gleichgesetzt Schutz- und Hilfsmittel, soweit an diese Anforderungen hinsichtlich der elektrischen Sicherheit (► „Elektrische Sicherheit“) gestellt werden“. Der Begriff „Elektrische Betriebsmittel“ entspricht weitestgehend dem in der Betriebssicherheitsverordnung (Verordnung über Sicherheit und Gesundheitsschutz bei der Verwendung von Arbeitsmitteln, BetrSichV) verwendeten Begriff „elektrische ► „Arbeitsmittel“. Betriebsmittel können jedoch auch Teile von Arbeitsmitteln sein, z. B. Schalt- oder ► „Schutzeinrichtungen“.

 **Weiterführende Informationen**

Klassifikationskriterien gemäß der Maschinenrichtlinie 2006/42/EG und Richtlinie 2014/35/EU ▶ Kap. 2.1.2 „Rechtsgrundlagen für Maschinen“ respektive ▶ Kap. 2.1.3 „Rechtsgrundlagen für elektrische Betriebsmittel“.

Differenzstrom

(oder Differenzstrommessverfahren)

Unter Differenzstrom wird in der DIN VDE 0100-200 und VDE 0701 bzw. VDE 0702 die algebraische Summe aller Ströme verstanden, die zur gleichen Zeit durch alle aktiven Leiter und am netzseitigen Anschluss eines Arbeitsmittels (▶ „Arbeitsmittel“) fließen.

„Aktive Leiter“ sind demnach die im Normalbetrieb Strom führenden Leiter, d. h. konkret: Außen- und Neutralleiter.

Anders und vereinfacht erklärt: Unterscheiden sich die Werte des durch die o. g. Leiter fließenden Stroms, so wird diese Differenz als Differenzstrom bezeichnet:

$$I_{\Delta} = I_{L} - I_{N}$$

Im Idealfall ist der Differenzstrom gleich null. Abweichungen von diesem Idealwert werden z. B. durch Fehler- oder Ableitströme (▶ „Fehlerstrom“, ▶ „Ableitstrom“) hervorgerufen.

Direktes Berühren

Gemäß DIN EN 60204-1 (VDE 0113-1) das Berühren von aktiven Teilen (► „Aktives Teil") durch Menschen oder Tiere.

Weiterführende Informationen

Maßnahmen zum Schutz gegen elektrische Gefährdungen und insbesondere gegen direktes Berühren ► Kap. 2.7.2 „Basisschutz".

Dokumentation der Prüfungen

Die Notwendigkeit, durchgeführte Prüfungen (► „Prüfung") an elektrischen Anlagen (► „Elektrische Anlage") und Arbeitsmitteln (► „Arbeitsmittel") zu dokumentieren, ergibt sich u. a. aus den nachfolgend aufgeführten rechtlichen Grundlagen:

- § 6 Arbeitsschutzgesetz
- § 4 Abs. 4 und § 14 Abs. 7 Betriebssicherheitsverordnung
- § 5 DGUV Vorschrift 3 bzw. 4 „Elektrische Anlagen und Betriebsmittel"
- § 12 Gesetz über die elektromagnetische Verträglichkeit von Betriebsmitteln (EMVG)
- Vertragsbedingungen der Sachversicherungsträger
- Normen (z. B. VDE 0113-1 Abschn. 18.1, VDE 0701 bzw. VDE 0702, VDE 0105-100)

Gegebenenfalls können noch weitere im Einzelfall zu berücksichtigende Vorschriften und Regelungen Anforderungen an die Dokumentation von Prüfungen enthalten, wie z. B. die Technische Regel für Betriebssicherheit (TRBS) 1201 „Prüfungen und Kontrollen von Arbeitsmitteln und überwachungsbedürftigen Anlagen".

 **Weiterführende Informationen**

Anforderungen an die Dokumentation der Prüfung ► Kap. 1.2.8 „Dokumentation/Erstellen eines Prüfberichts".

Doppelte oder verstärkte Isolierung

Die Maßnahme der doppelten oder verstärkten Isolierung dient dem Schutz gegen elektrischen Schlag. Neben einem ► „Basisschutz" durch Isolierung aktiver Teile (► „Aktives Teil") wird dabei durch eine zusätzliche Isolierung auch ein erhöhter ► „Fehlerschutz" gewährleistet.

Angewandt wird diese Schutzmaßnahme (► „Schutzmaßnahmen") zwischen den Netzstromkreisen und den Ausgangsstromkreisen oder dem Metallgehäuse bei Arbeitsmitteln (► „Arbeitsmittel") der ► „Schutzklasse" II, die keinen Schutzleiteranschluss aufweisen, und bei Arbeitsmitteln der Schutzklasse III, die mit ► „Schutzkleinspannung" betrieben werden.

Selbst Arbeitsmittel mit elektrisch leitfähigen Oberflächen sind so durch verstärkte Isolation ausreichend vor Kontakt mit anderen spannungsführenden Teilen geschützt.

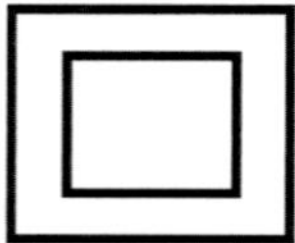

***Bild 1:** Symbol für Betriebsmittel mit doppelter oder verstärkter Isolierung (Schutzklasse II)*

Bei Geräten ohne eine Schutzleiter-Schutzmaßnahme ist i. S. d. Schutzmaßnahme „doppelte oder verstärkte Isolierung“ eine geschlossene Umhüllung aus einem Isolierstoff vorhanden. Sofern sich auf dem ► „Gehäuse“ keine berührbaren leitfähigen Teile (► „Berührbare leitfähige Teile“) oder leitfähigen Verschmutzungen befinden, kann die Wirksamkeit der Schutzmaßnahme bei Wiederholungsprüfungen (► „Wiederholungsprüfung“) auf die ► „Sichtprüfung“ und ggf. ► „Funktionsprüfung“ beschränkt werden.

Drehfeld

In der Elektrotechnik wird damit ein elektrisches Magnetfeld bezeichnet, welches sich fortlaufend um eine Rotationsachse dreht. Bei Dreiphasenwechselstrom werden die i. d. R. einheitlich im Uhrzeigersinn, als ► „Rechtsdrehfeld“ bezeichnet, angeordnet.

Drehfeldüberwachung

An Maschinen (► „Maschine“) muss als Schutz eine Drehfeldüberwachung vorgesehen werden, wenn durch ein falsches ► „Drehfeld“ eine gefährliche Situation bzw. eine Beschädigung der Maschine entstehen kann. Bedingungen, die zu einem falschen Drehfeld führen können, sind z. B. die Versorgungsspannungsumstellung der Maschine oder die Möglichkeit, dass fahrbare Maschinen an andere oder externe Energieversorgungen angeschlossen werden.

Durchführungsanweisungen

Durchführungsanweisungen konkretisieren die in der Regel als allgemeine Schutzziele formulierten DGUV-Vorschriftentexte.

 **Weiterführende Informationen**

Zum DGUV Regelwerk und dessen Relevanz für die Prüfung ► Kap. 2.2.3 „Unfallverhütungsvorschriften“

Durchgängigkeit der Schutzleiter

Bei Verwendung von ► „Schutzmaßnahmen“ mit Schutzleitern (► „Schutzleiter“) dient diese Messung dazu, die einwandfreie, ordnungsgemäße und durchgehende elektrische Verbindung messtechnisch nachzuweisen.

 **Weiterführende Informationen**

Anforderungen an die Überprüfung der Durchgängigkeit der Schutzleiterstromkreise bei der Prüfung von Maschinen und maschinellen Anlagen ► Kap. 1.2.2.1 „Prüfung 1: Überprüfung der Durchgängigkeit der Schutzleiterstromkreise“

EG-Konformitätserklärung

Bestätigung vonseiten des Herstellers, dass die von ihm produzierte ► „Maschine“ mit den grundlegenden Sicherheitsanforderungen der Maschinenrichtlinie konform ist.

 **Weiterführende Informationen**

Rechtsgrundlagen im Zusammenhang mit elektrischen Maschinen ► Kap. 2.1 „Produkte in Verkehr bringen“.

Elektrische Anlage

Als „Elektrische Anlage“ i. S. d. § 2 Abs. 1 der DGUV Vorschrift 3 bzw. 4 „Elektrische Anlagen und Betriebsmittel“ wird ein Zusammenschluss mehrerer elektrischer ► „Betriebsmittel“ zu einer neuen Funktionseinheit verstanden.

Diese Definition reicht jedoch nicht aus, um die bestehenden partiellen Überschneidungen mit den Anforderungen der Betriebssicherheitsverordnung („elektrische ► „Arbeitsmittel“, „überwachungsbedürftige Anlagen“) eindeutig voneinander abzugrenzen.

Da die elektrische Gebäudeinstallation („elektrische Anlage“ eines Gebäudes) einen integralen Bestandteil der Gebäudeinfrastruktur darstellt, ist hinsichtlich des staatlichen Rechts formal die Arbeitsstättenverordnung **und nicht die Betriebssicherheitsverordnung** (BetrSichV) zu beachten. Schnittstellen bestehen bei überwachungsbedürftigen Anlagen in Gebäuden, wie z. B. Aufzügen. Die Arbeitsstättenverordnung enthält bislang jedoch nur wenige und zudem eher allgemein gefasste Anforderungen an die Elektroinstallation eines Gebäudes, weshalb die Unfallverhütungsvorschriften trotz teilweiser Doppelregelungen zu staatlichen Arbeitsschutzvorschriften weiterhin zu berücksichtigen sind.

Als elektrische Anlagen werden gemäß DIN VDE 0105-100 Anlagen mit elektrischen Betriebsmitteln für die Erzeugung, Übertragung, Umwandlung, Verteilung und Anwendung elektrischer Energie definiert. Dazu gehören auch solche Betriebsmittel, wie Werkzeuge, Ausrüstungen, sowie Hilfsmittel, an die entsprechende Anforderungen hinsichtlich der elektrischen Sicherheit (► „Elektrische Sicherheit“) gestellt werden.

Elektrische Betriebsstätte

Dazu gehören Räume bzw. Bereiche für elektrische Ausrüstung. Diese Räume dürfen grundsätzlich nur von Elektrofachkräften und elektrotechnisch unterwiesenen Personen (z. B. zu Wartungs- und Instandhaltungszwecken) betreten werden, allerdings dürfen Laien diese begleiten. Entsprechend sind vom ► „Betreiber" bestimmte Anforderungen bei der Errichtung einzuhalten. Diese Räume dürfen erst nach dem Öffnen einer Tür unter Benutzung eines Schlüssels oder nach dem Entfernen einer Abdeckung unter Benutzung eines Werkzeugs betretbar sein und sind mit geeigneten Warnschildern (► „Warnschilder") eindeutig zu kennzeichnen.

Abgeschlossene ► „elektrische Betriebsstätten" sind z. B. (abgeschlossene) Schalt- und Verteilungsanlagen, Triebwerksräume von Aufzügen.

Elektrische Gefährdungen

Unter diesem Begriff werden ► „Gefährdungen" für Menschen und Tiere verstanden, die durch die Nutzung, Erzeugung, Umwandlung, Übertragung und Speicherung von elektrischer Energie entstehen können.

Sowohl bei der Anwendung elektrischen Stroms bei der Arbeit (z. B. bei der Verwendung und ► „Prüfung" elektrischer ► „Arbeitsmittel"), als auch bei der Durchführung von nicht elektrotechnischen Arbeiten in der Nähe von unter Spannung stehenden Arbeitsmitteln, sind der elektrische Schlag oder die Entstehung von Lichtbögen die am häufigsten vorkommenden elektrischen Gefährdungen.

Diese können zugleich oder in Abhängigkeit von der Höhe der Spannung auftreten. So stellen der elektrische Schlag bei Spannungen bis 1.000 V AC und der Störlichtbogen bei Spannungen über 1.000 V AC die häufigsten Gefährdungen dar.

Auch die Verwendung von ungeeigneten Prüf- und Prüfhilfsmitteln (z. B. von nicht normkonformen oder veralteten Messgeräten, deren Überspannungskategorie weder für den Prüfort noch für die Prüfumgebung geeignet ist) kann lebensgefährliche elektrische Gefährdungen hervorrufen.

 **Weiterführende Informationen:**

Typischerweise im Rahmen der Prüftätigkeit auftretende Gefährdungen und anzuwendende Schutzmaßnahmen ► Kap. 2.6 „Gefährdungen und Schutzmaßnahmen bei Prüfungen“.

Elektrische Maschinenausrüstung

Nach der Definition gemäß DIN EN 60204-1 umfasst dieser Begriff elektrische, elektronische und programmierbare elektronische Ausrüstung und hierbei insbesondere die Elemente, die in Verbindung mit der Nutzung elektrischer Energie bei Maschinen bzw. ihren Teilen verwendet werden (Komponenten, Halterungen, Armaturen usw.)

Der Anwendungsbereich der Norm beginnt an der Netzanschlussstelle der elektrischen Ausrüstung der ► „Maschine" und erstreckt sich auf die Ausrüstung oder Ausrüstungsteile, für deren Betrieb

- Nennspannungen bis 1.000 V Wechselspannung bzw. 1.500 V Gleichspannung und
- Nennfrequenzen bis 200 Hz

eingesetzt werden.

An elektrische Komponenten und ► „Betriebsmittel" stellt die Norm folgende Anforderungen:

- Eignung für ihren vorgesehenen Einsatz (z. B. physikalische Umgebungsbedingungen und Betriebsbedingungen)
- Beschaffung entsprechend den für sie zutreffenden IEC-Normen (sofern vorhanden)
- Verwendung entsprechend den Lieferantenanweisungen

Die elektrische Ausrüstung der Maschine muss ferner den anhand einer Risiko- bzw. ► „Gefährdungsbeurteilung" ermittelten Sicherheitsanforderungen genügen. Je nach Verwendung der Maschine und ihrer elektrischen Ausrüstung kann der Planer bei bestimmten Teilen der Ausrüstung die relevanten Teile der Reihe IEC 61439 berücksichtigen (vgl. VDE 0113-1 Abschn. 4.2.2).

 **Weiterführende Informationen**

Prüfablauf für Maschinen und maschinelle Anlagen ► Kap. 1.2 „Prüfablauf gemäß DIN EN 60204-1 (VDE 0113-1)

Elektrische Sicherheit

§ 4 Abs. 2 der DGUV Vorschrift 3 bzw. 4 „Elektrische Anlagen und Betriebsmittel“ betrachtet eine ► „elektrische Anlage“ oder ein ► „Betriebsmittel“ als „elektrisch sicher“, wenn bei ordnungsgemäßer Bedienung sowie bestimmungsgemäßer Verwendung (► „Bestimmungsgemäße Verwendung“) für den Benutzer weder unmittelbare (z. B. elektrische Durchströmung) noch mittelbare Gefahren (z. B. Lärm und Blendung durch Lichtbögen) auftreten können. Der sichere Zustand umfasst auch die notwendigen ► „Schutzmaßnahmen“ gegen äußere Einwirkungen (z. B. mechanische Einwirkungen, Feuchtigkeit, Fremdkörper etc.).

 **Weiterführende Informationen**

Maßnahmen zur Verhinderung elektrischer Gefährdungen im Zusammenhang mit elektrischer Maschinenausrüstung ► Kap. 2.7 „Maßnahmen zum Schutz gegen elektrischen Schlag“

Elektromagnetische Verträglichkeit

Gemäß Anhang I der EMV-Richtlinie müssen ► „Betriebsmittel" nach dem ► „Stand der Technik" so entworfen und angefertigt sein, dass

- die von ihnen verursachten elektromagnetischen Störungen keinen Pegel erreichen, der einen bestimmungsgemäßen Betrieb von Funk- und Telekommunikationsgeräten oder anderen Betriebsmitteln hindert;
- sie gegen die bei bestimmungsgemäßem Betrieb zu erwartenden elektromagnetischen Störungen hinreichend unempfindlich sind, um ohne unzumutbare Beeinträchtigung bestimmungsgemäß arbeiten zu können.

Im Maschinen- und maschinellen Anlagenbau kann die Übereinstimmung des Betriebsmittels mit den o. g. wesentlichen Anforderungen u. a. vermutet werden, sofern diese Betriebsmittel den Anforderungen der Normenreihe (DIN) EN 61000 „Elektromagnetische Verträglichkeit (EMV)" und insbesondere der Teile 6-1 bis 6-4 dieser Reihe entsprechen:

Weitere relevante Normen sind z. B. die Reihe (DIN) EN 61326 (EMV-Anforderungen an elektrische Mess-, Steuer-, Regel- und Laborgeräte) sowie Produktnormen, die die spezifischen EMV-Anforderungen detailliert beschreiben.

Fehlen harmonisierte Normen nach EMV-Richtlinie oder ist im Einzelfall deren Anwendung nicht möglich, so muss der Hersteller seine Betriebsmittel einer detaillierten sog. „EMV-Bewertung“ unterziehen. Damit ist der sichere Nachweis zu erbringen, dass das Betriebsmittel und ggf. seine Komponenten auch im ungünstigen Fall den Anforderungen der Richtlinie bzgl.

- Anordnung,
- Aufstellung,
- äußerer Beeinflussung und
- Struktur, Konfiguration

genügen.

Elektrotechnische Arbeiten

Darunter sind Arbeiten an, mit oder in der Nähe von elektrischen Anlagen (► „Elektrische Anlage“) zu verstehen. Hierzu gehören bei elektrischen Anlagen gemäß Abschnitt 3.4.2 der DIN VDE 0105-100 beispielsweise ihre Errichtung, Änderung, Erweiterung, ihr Austausch, ihre ► „Instandsetzung“ sowie ► „Prüfung“ mit ► „Erproben“ und ► „Messen“.

Erdableitstrom

Der Erdableitstrom wird nach DKE-IEV 442-01-24 als Strom definiert, „der von den aktiven Teilen der Installation zur Erde fließt, ohne dass ein Isolationsfehler vorliegt“.

DIN EN 60204-1 enthält zusätzliche Anforderungen an die elektrische Ausrüstung mit Erdableitströmen größer als 10 mA. Fließt in einem Schutzleiter einer elektrischen Ausrüstung ein Erdableitstrom von mehr als 10 mA AC/DC, müssen für die Sicherheit in jedem Bereich des Schutzpotentialausgleichssystems, das einen Erdableitstrom führt, bestimmte Bedingungen erfüllt werden.

Zum Schutz gegen mechanische Beschädigung muss der ▶ „Schutzleiter" vollständig innerhalb des Gehäuses der elektrischen Ausrüstung bzw. in anderer Weise über seine gesamte Länge geschützt verlegt werden. Er muss über die gesamte Länge einen Mindestquerschnitt von 10 mm² Cu oder 16 mm² Al aufweisen. Ist dies nicht der Fall, muss ein zweiter Schutzleiter mit mindestens demselben Querschnitt bis zu dem Punkt vorgesehen werden, wo der Schutzleiter einen Querschnitt von nicht weniger als 10 mm² Cu oder 16 mm² Al aufweist. Üblicherweise befindet sich dann ein separater Schutzleiteranschluss an der elektrischen Ausrüstung. Eine weitere Möglichkeit besteht in der Realisierung einer automatischen Abschaltung der Stromversorgung bei Durchgängigkeitsverlust des Schutzleiters.

Für Stecker-Steckdosen-Kombinationen sind die Vorgaben nach Abschn. 8.2.6 Buchstabe e) der VDE 0113-1 zu beachten. In den Installationshinweisen ist gemäß der Norm zu vermerken, dass die Errichtung der elektrischen Ausrüstung nach Abschn. 8.2.6 der VDE 0113-1 erfolgen muss.

 **Weiterführende Informationen**

Anforderungen an die Prüfung der Schutzleiterstromkreise ► Kap. 1.2.2.1 „Prüfung 1: Überprüfung der Durchgängigkeit der Schutzleiterstromkreise“

Erdung

Durch die Erdung wird eine elektrisch leitfähige Verbindung zu einem Erder und damit zum Erdreich gewährleistet.

Diese Verbindung dient der Realisierung

- des Berührungsschutzes für Personen durch die Begrenzung der Berührungsspannung sowie
- eines eindeutigen Bezugspotentials bzw. Potentialausgleichs (► „Potentialausgleich“) für die Schirmung aktiver und passiver Komponenten von elektrischen Anlagen (► „Elektrische Anlage“) und Geräten (ggf. auftretende Spannungen werden hierdurch kurzgeschlossen).

Die Erdung aller elektrischen Leiter, die vor Arbeiten an elektrischen Anlagen mit gefährlichen Spannungen (wie z. B. Verteiler, Frei- und Oberleitungen) vorgeschrieben ist, bewirkt im Fall eines unbeabsichtigten Einschaltens einen Kurzschluss, infolgedessen die Sicherung auslöst und die Abschaltung der Spannung eingeleitet wird.

Die Erdung wird in ► „Schutzerdung“, ► „Funktionserdung“ und Blitzschutzerdung unterschieden. Letztere hat die Funktion, den Blitzstrom in das Erdreich abzuleiten, und ist eine Funktionserdung.

 **Weiterführende Informationen**

Erdungsverhältnisse im Zusammenhang mit den verschiedenen Netzsystemen ► Kap. 1.1.1 „Energieversorgung“

Erproben

Im Sinne der TRBS 1112 umfasst das Erproben jedes Ingangsetzen eines Arbeitsmittels nach einer Instandsetzung zum Zweck der Funktionsprüfung, der Feststellung und Überprüfung von sicherheitstechnisch relevanten Betriebsdaten sowie der Vornahme von Einstellungsarbeiten an Arbeitsmitteln und deren Ausrüstungsteilen.

Gemäß DIN VDE 0100-600 gehört das Erproben (wie auch das ► „Messen“) zu den Maßnahmen, mit denen die ordnungsgemäße Funktion von elektrischen Anlagen (► „Elektrische Anlage“) nachzuweisen ist. Demgegenüber dient das Erproben gemäß DIN VDE 0105-100 nicht nur der Feststellung der Funktionsfähigkeit einer Anlage, sondern auch der Feststellung ihres elektrischen, mechanischen oder thermischen Zustands sowie der Wirksamkeit von ► „Schutzeinrichtungen“ und kann das Messen mit einschließen.

Zur Durchführung von Erprobungen (und Messungen) berechtigt sind laut VDE 0105-100 nur

- Elektrofachkräfte (EFK) und, in begrenztem Maße,
- elektrotechnisch unterwiesene Personen (EuP) unter der Leitung und direkten Beaufsichtigung einer Elektrofachkraft (zu den Qualifikationsanforderungen an den Prüfer ► Kap. 2.5).

Bei der Geräteprüfung nach VDE 0701 bzw. VDE 0702 entspricht das Erproben der Funktionsprüfung.

 **Weiterführende Informationen**

Anforderungen an das Erproben bei der Prüfung von Maschinen und maschinellen Anlagen ► Kap. 1.2.6 „Funktionsprüfungen“

Erstprüfung

(oder Erstinbetriebnahmeprüfung)

Jede ► „elektrische Anlage“ muss, bevor sie vom Benutzer in Betrieb genommen wird und (soweit dies sinnvoll und durchführbar ist) während der Errichtung sowie nach Fertigstellung geprüft werden.

Diese sog. Erstprüfung oder Erstinbetriebnahmeprüfung darf gemäß DIN VDE 0100-600 nur von einer Elektrofachkraft durchgeführt werden, die zur Durchführung von Prüfungen befähigt ist (zu den Qualifikationsanforderungen an den Prüfer ► Kap. 2.5).

 **Weiterführende Informationen**

Anforderungen an den Prüfablauf für Maschinen und maschinelle Anlagen ► Kap. 1.2 „Prüfablauf gemäß DIN EN 60204-1 (VDE 0113-1)"

Fehlerschleifenimpedanz

Eine Fehlerschleife ist eine Schleife, welche die Netzquelle, die Leitungsverdrahtung und den Schutzerde-Rückpfad zur Netzquelle umfasst.

Als Fehlerschleifenimpedanz wird die Summe der Scheinwiderstände (oder Impedanzen) bezeichnet, die in einer Stromschleife auftreten. Dazu gehören konkret die Impedanzen

- der Stromquelle,
- des Außenleiters (von einem Stromquellen-Pol bis zur Stelle, an der gemessen wird),
- der Rückleitung (vom anderen Stromquellen-Pol bis zur Stelle, an der gemessen wird).

 **Weiterführende Informationen**

Anforderungen an die Überprüfung der Fehlerschleifenimpedanz bei der Prüfung von Maschinen und maschinellen Anlagen ► Kap. 1.2.2.2 „Prüfung 2: Überprüfung der Fehlerschleifenimpedanz und der Eignung der zugeordneten Überstromschutzeinrichtung"

Fehlerschutz

(oder „Schutz bei indirektem Berühren")

Diese Vorkehrung zum Schutz gegen elektrischen Schlag dient der Vermeidung bzw. dem Abschalten gefährlicher Spannungen im Fall eines Isolationsfehlers zwischen aktiven Leitern und Körpern.

Der Fehlerschutz bewirkt in diesem Fall, dass der Berührungsstrom entweder so niedrig ist, dass eine Gefährdung (► „Gefährdungen") nicht besteht, oder aber so schnell abgeschaltet wird, dass ein tödliches Herzkammerflimmern mit großer Wahrscheinlichkeit nicht auftreten kann.

Um das Auftreten einer Berührungsspannung zu verhindern, verlangt die VDE 0113-1 für jeden Stromkreis bzw. Teil der elektrischen Ausrüstung mindestens:

- die Verwendung von Geräten der SK II oder mit gleichwertiger Isolierung (z. B. zusätzliche oder verstärkte Isolierung nach DIN VDE 0100-410)
- ► „Schutztrennung“ nach DIN VDE 0100-410
- die automatische Abschaltung der Stromversorgung bevor eine gefahrbringende Berührungszeit mit einer Berührungsspannung auftreten kann.

Die DIN VDE 0100-410 stellt an den Fehlerschutz bei der Schutzmaßnahme „Schutz durch automatische Abschaltung der Stromversorgung“ folgende Anforderungen:

1. Einsatz von ► „Schutzeinrichtungen“, die im Fall eines Fehlers vernachlässigbarer Impedanz zwischen dem Außenleiter und einem ► „Körper“ oder einem ► „Schutzleiter“ des Stromkreises oder Betriebsmittels das automatische Abschalten der Stromversorgung zu den Außenleitern innerhalb festgelegter Zeiten bewirken; Schutzeinrichtungen und System sind dabei je nach Art der Erdverbindung (TN-System, TT-System oder IT-System, vgl. hierzu ► Kap. 1.1.1) miteinander zu koordinieren
2. ► „Schutzerdung und Herstellen eines Schutzpotentialausgleichs (► „Schutzpotentialausgleich“) über die Haupterdungsschiene (Abschnitt 411.3.1 der Norm)
3. ► „zusätzlicher Schutz“ für Steckdosen für den allgemeinen Gebrauch und Endstromkreise im Außenbereich. Diesbezüglich wird in der Normfassung von Oktober 2018 bei Endstromkreisen zwischen Stromkreisen mit fest angeschlossenen Betriebsmitteln (≤ 32 A) und Stromkreisen mit Steckdosen (≤ 63 A) unterschieden.

 **Weiterführende Informationen**

Anforderungen an die Überprüfung der Bedingungen zum ► „Schutz durch automatische Abschaltung" der Stromversorgung (nach DIN EN 60204-1 sowie DIN VDE 0100-410) ► Kap. 1.2.2 „Überprüfung der Bedingungen zum Schutz durch automatische Abschaltung der Stromversorgung"

Maßnahmen zum Schutz gegen elektrische Gefährdungen und insbesondere bei indirektem Berühren ► Kap. 2.7.3 „Fehlerschutz".

Fehlerstrom

Als Fehlerstrom wird der Strom bezeichnet, welcher durch Isolationsfehler entsteht.

Fehlerstromschutz

Der Fehlerstromschutz dient der Trennung des damit überwachten Stromkreises vom Stromnetz im Fall des Auftretens eines unzulässig hohen Fehlerstroms (► „Fehlerstrom") oder bei der Überschreitung eines bestimmten Differenzstroms (► „Differenzstrom").

Im Normalbetrieb sind hin- und rückfließende Ströme gleich. Treten Differenzen auf oder fließt Strom auf dem ► „Schutzleiter", geht der Fehlerstromschutz von einem Fehler im Stromkreis aus und schaltet ab.

Da der Fehlerstromschutz keinen Überstromschutz enthält, wird zusätzlich die Anwendung einer Überstromschutzeinrichtung (► „Überstromschutzeinrichtungen“) vorgeschrieben. Geräte, die beide Schutzarten kombinieren, werden als FI/LS-Schalter bezeichnet. Häufig werden aber Fehlerstrom- und Überstromschutz getrennt ausgeführt, hauptsächlich im Hausanschluss bzw. in der Unterverteilung.

Fehlerstromschutzeinrichtungen

Fehlerstromschutzeinrichtungen dienen dem Schutz gegen elektrischen Schlag unter Fehlerbedingungen und werden der Kategorie des Zusatzschutzes (► „Zusätzlicher Schutz“) zugeordnet. Als alleiniger Schutz sind sie entsprechend unzulässig und dürfen somit nur zusammen mit anderen ► „Schutzmaßnahmen“ (► „Basisschutz“ oder ► „Fehlerschutz“) angewandt werden.

In der Vergangenheit wurde in Deutschland noch zwischen netzspannungsunabhängigen Geräten (den sog. Fehlerstromschutz- oder FI-Schaltern) und netzspannungsabhängigen Geräten (den sog. Differenzstrom- oder DI-Schaltern) unterschieden. Unter dem Einfluss der IEC- und EN-Normen, in denen diese Unterscheidung nicht üblich ist, wurde diese Differenzierung inzwischen aufgegeben. Entsprechend tritt mittlerweile in den Errichtungsbestimmungen für elektrische Anlagen (►

„Elektrische Anlage") einheitlich der übergeordnete Begriff ▶ „RCD" (aus dem Engl. *Residual Current operated Device*) auf.

Die Schutzwirkung von Fehlerstromschutzeinrichtungen beruht auf nachfolgendem Funktionsprinzip: Durch Auftreten eines Differenzstroms (▶ „Differenzstrom") (genauer: durch die Höhe des Nennfehlerstroms) wird in der Sekundärwicklung des Fehlerstrom-Schutzschalters eine Spannung induziert, die einen allpoligen Abschaltvorgang auslöst. Schon bei Überschreitung eines Bemessungsstroms (▶ „Bemessungsstrom") von (meist) 30 mA reagieren die Fehlerstrom-Schutzschalter mit einer Ausschaltzeit von 20 bis 40 ms. Die tatsächliche Abschaltzeit kann aber noch kürzer sein, da sie von dem Stromanstieg pro Zeiteinheit und dem Auslösestrom abhängt. Im Handel sind Fehlerstrom-Schutzschalter mit Nennfehlerströmen von 10 mA, 30 mA, 100 mA, 300 mA, 500 mA und 1000 mA üblich. Fehlerstromschutzeinrichtungen mit Nennfehlerströmen bis 30 mA dienen dem Personenschutz, während Fehlerstromschutzeinrichtungen mit höheren Nennfehlerströmen dem Schutz vor Bränden dienen.

Erforderlich sind Fehlerstromschutzeinrichtungen z. B.

- bei Anlagen, die
  nicht die Anforderungen der DIN VDE 0100-410 erfüllen (z. B. Altanlagen ohne Schutzmaßnahmen gegen ▶ „indirektes Berühren") oder

a) nicht überwacht werden oder
   a) gemäß der Gruppe 700 der DIN VDE 0100 („Anforderungen für Betriebsstätten, Räume und Anlagen besonderer Art") besonders gefährdet sind, wie z. B. Laborräume,

Schulen und Ausbildungsstätten, landwirtschaftliche und gartenbauliche Anlagen, Schwimmbäder, medizinisch genutzte sowie feuergefährdete Betriebsstätten.

- bei Nutzung nicht klassifizierter ► „Arbeitsmittel" oder wenn unklar ist, ob mit mangelnder Sorgfalt im Umgang mit den zu nutzenden Arbeitsmitteln zu rechnen ist
- bei der Neuinstallation von Steckdosen, für die ein Zusatzschutz verlangt wird

Üblicherweise werden Fehlerstromschutzeinrichtungen fest in den Stromverteilern installiert. Zur Gewährleistung der Schutzfunktion bei sonst nicht geschützten Anlagen und Leitungen ist es aber mittlerweile auch möglich, sie in Steckdosen/-leisten oder Kabelboxen zu integrieren.

Weiterhin sind mobile Fehlerstromschutzeinrichtungen (PRCDs) erhältlich, welche in die Zuleitungen mobiler Verbraucher integriert werden.

Für Fehlerstromschutzeinrichtungen gelten die Empfehlungen für Prüffristen und Prüfarten gemäß den ► „Durchführungsanweisungen" zu § 5 der DGUV Vorschrift 3 bzw. 4 (► Kap. 2.4.4 „Prüffristen").

Ebenfalls ist die Wirksamkeit der Schutzmaßnahme zu prüfen.

 **Weiterführende Informationen**

Anforderungen an die Prüfung von Fehlerstromschutzeinrichtungen bei Maschinen und maschinellen Anlagen ► Kap. 1.2.2 „Überprüfung der Bedingungen zum Schutz durch automatische Abschaltung der Stromversorgung"

FELV

(aus dem Engl. *Functional Extra Low Voltage*)

Alternative Bezeichnung für ► „Funktionskleinspannung“ ohne sichere Trennung.

Fremdes leitfähiges Teil

Als solches definiert die DIN EN 60204-1 leitfähige, nicht zu einer elektrischen Anlage (► „Elektrische Anlage“) gehörige Teile, über die dennoch ein elektrisches Potential (im Allgemeinen das einer lokalen Erde) eingeführt werden kann.

Funktionserdung

Die Funktionserdung hat die Aufgabe, den störungsfreien Betrieb der elektrischen ► „Arbeitsmittel“ zu gewährleisten.

Sie ermöglicht beispielsweise das Ableiten von Störströmen und hochfrequenten Strömen, das Erden von Prüfadaptern und das Festlegen von gemeinsamen Bezugspotentialen zwischen elektrischen Einrichtungen und Geräten sowie den EMV-gerechten Aufbau einer Anlage.

Zur Vermeidung von Störsignalen, die über elektrische Störfelder empfangen werden, sind metallische ► „Gehäuse“ miteinander und mit dem Erdpotential verbunden.

Funktionskleinspannung

Die Funktionskleinspannung ist eine Unterart der ► „Schutzkleinspannung“ und dient genauso wie diese dem Schutz gegen elektrischen Schlag sowohl bei direktem als auch bei indirektem Berühren, da aufgrund der geringen Spannungshöhe keine gefährlichen Körperströme auftreten können.

Eingesetzt wird sie,

- wenn eine sichere Trennung wie bei der Schutzkleinspannung nicht hergestellt werden kann oder sonstige an die Schutzkleinspannung gestellte Forderungen nicht erfüllt werden,
- bei Arbeitsmitteln (► „Arbeitsmittel“),
  die aus Funktionsgründen eine ► „Erdung“ erfordern oder
  deren Isolierung gegenüber den Stromkreisen höherer Spannung nicht den für die Schutzkleinspannung erforderlichen Bedingungen entspricht und die dementsprechend nicht sicher getrennt sind.

Im Unterschied zur Schutzkleinspannung ist bei der Funktionskleinspannung eine Erdung der ► „Körper“ oder aktiven Teile (► „Aktives Teil“) von Arbeitsmitteln des Sekundärstromkreises möglich.

Je nachdem, ob eine sichere Trennung (wie bei der Schutzkleinspannung) hergestellt werden kann oder nicht, wird zwischen Funktionskleinspannung mit sicherer Trennung (der sog. ► „PELV“ vom Engl. *Protective Extra Low Voltage*) und Funktionskleinspannung ohne sichere Trennung (der sog. ► „FELV“ vom Engl. *Functional Extra Low Voltage*) unterschieden.

Anwendung findet die Funktionskleinspannung z. B. bei Messstrom- und Steuerstromkreisen, Fernmeldeanlagen, Steuerungen von Maschinen (► „Maschine“).

Zum Schutz gegen ► „direktes Berühren“ ist bei ihrem Einsatz die Isolierung oder das Abdecken bzw. Umhüllen der aktiven Teile sicherzustellen.

Funktionspotentialausgleich

Der Funktionspotentialausgleich ist ein ► „Potentialausgleich“, der keine Schutzfunktion hat. Er ist ein aus betrieblichen Gründen notwendiger Potentialausgleich, z. B. um das ordnungsgemäße Funktionieren der elektrischen Ausrüstung (EMV, Blitzschutz, Auswirkungen von Isolationsfehlern usw.) zu gewährleisten.

Funktionsprüfung

Die Funktionsprüfung ist Teil des Erprobens (► „Erproben“). Hierdurch wird geprüft, ob ein elektrisches ► „Arbeitsmittel“

für seine ► „bestimmungsgemäße Verwendung" funktionsfähig ist. Durch die Funktionsprüfung können Fehler erkannt werden, die mit messtechnischen Mitteln zumeist nicht erfasst werden können (z. B. Vibrationen, Erwärmung, Gerüche usw.). Die Funktionsprüfung umfasst auch die Prüfung von ► „Schutzeinrichtungen", wie z. B. NOT-AUS-Einrichtungen, thermische Überlastsicherungen etc.

 **Weiterführende Informationen**

Anforderungen an die Funktionsprüfung bei der wiederkehrenden Prüfung von Maschinen und maschinellen Anlagen ► Kap. 1.2.6 „Funktionsprüfungen"

Gefährdungen

Unter „Gefährdungen" versteht VDE 0113-1 Faktoren, die potentiell zu physischen Verletzungen oder Schädigungen der Gesundheit führen können.

Je nach Ursprung (z. B. elektrisch, thermisch, mechanisch) oder Art des erwarteten Schadens lässt sich der Begriff „Gefährdung" näher präzisieren. Entsprechend der Normdefinition (Abschnitt 3.1.33) umfasst er sowohl Gefahren, die auch bei bestimmungsgemäßer Verwendung (► „Bestimmungsgemäße Verwendung") der ► „Maschine" dauerhaft vorhanden sind (z. B. Geräuschemission, unkontrolliert bewegliche Teile, Lichtbogen beim Schweißen, hohe Temperatur), als auch Gefahren, die unerwartet auftreten können (z. B. Explosion, Ausrutschen,

Stürzen als Folge von Abbremsen, Quetschen nach unerwartetem Anlauf).

Dabei ist zu beachten, dass die Schutzziele sowohl der Maschinenrichtlinie 2006/42/EG als auch der Betriebssicherheitsverordnung nicht nur Personen, sondern auch Haustiere und Sachen umfassen. Die Ermittlung der von einer Maschine ausgehenden Gefährdungen bildet die Grundlage für die von Herstellern vorzunehmenden ► „Risikobeurteilung" (vgl. Anhang I, Ziff. 1 Maschinenrichtlinie 2006/42/EG) ebenso wie für die von Arbeitgebern/Betreibern vorzunehmende ► „Gefährdungsbeurteilung".

 **Weiterführende Informationen:**

Typischerweise im Rahmen der Prüftätigkeit auftretende Gefährdungen und anzuwendende Schutzmaßnahmen ► Kap. 2.6.2 „Typische Gefährdungen und Schutzmaßnahmen im Rahmen der Prüftätigkeit".

Gefährdungsbeurteilung

Eine Gefährdungsbeurteilung und ihre Dokumentation werden sowohl im Arbeitsschutzgesetz (ArbSchG, §§ 5 und 6) als auch in weiteren konkretisierenden Verordnungen (z. B. BetrSichV, GefStoffV) verlangt und gehören somit zu den Grundpflichten des Arbeitgebers. Gemäß § 3 der Betriebssicherheitsverordnung ist sie bereits vor der erstmaligen Benutzung eines Arbeitsmittels (► „Arbeitsmittel") durchzuführen, um daraus notwendige und geeignete ► „Schutzmaßnahmen" abzuleiten bzw.

festzustellen, ob die Verwendung des Arbeitsmittels nach dem ► „Stand der Technik“ sicher ist.

 **Gesetz**

„In die Beurteilung sind alle Gefährdungen einzubeziehen, die bei der Verwendung von Arbeitsmitteln ausgehen, und zwar von

1. den Arbeitsmitteln selbst,
2. der Arbeitsumgebung und
3. den Arbeitsgegenständen, an denen Tätigkeiten mit Arbeitsmitteln durchgeführt werden.“

Dies bedeutet konkret, dass der Arbeitgeber bereits im Vorfeld der Beschaffung einer ► „Maschine“ sicherstellen muss, dass diese dem betrieblichen Umfeld und den produktionstechnischen Anforderungen genügt. Dabei ist es gemäß § 3 BetrSichV nicht ausreichend, wenn lediglich auf das Vorhandensein eines CE-Zeichens und der ► „EG-Konformitätserklärung“ des Herstellers geachtet wird:

 **Gesetz**

„Das Vorhandensein einer CE-Kennzeichnung am Arbeitsmittel entbindet nicht von der Pflicht zur Durchführung einer Gefährdungsbeurteilung.“

Die sicherheitstechnische ► „Prüfung“ von Maschinen ist somit Bestandteil der Gefährdungsbeurteilung nach ArbSchG und BetrSichV.

Gefahrenbereich

Anhang I Ziff. 1.1.1. b) der Maschinenrichtlinie 2006/42/EG versteht darunter den „Bereich in einer Maschine und/oder in ihrem Umkreis, in dem die Sicherheit oder die Gesundheit einer Person gefährdet ist". Entsprechend ergibt sich z. B. für Hersteller die Forderung, die ► „Maschine" so zu konstruieren, dass sich Personen möglichst nicht darin aufhalten müssen und Stellteile außerhalb dieses Bereichs anzuordnen sind. Davon zu unterscheiden ist die „**Gefahrenzone**" i. S. v. DIN VDE 0105-100, womit der Bereich um unter Spannung stehende Teile gemeint ist, in dem „beim Eindringen ohne Schutzmaßnahme der zur Vermeidung einer elektrischen Gefahr erforderliche Isolationspegel nicht sichergestellt ist" (vgl. Abschnitt 3.3.2).

Gehäuse

Als konkrete Beispiele für Gehäuse erwähnt VDE 0113-1

- an der ► „Maschine" angebrachte oder getrennt von der Maschine aufgestellte Schränke oder Kästen,
- umschlossene Einbauräume innerhalb des Maschinenkörpers (► „Körper").

Diese dienen dem Schutz der Ausrüstung gegen bestimmte äußere Einflüsse und von Personen und Tieren gegen das Erreichen gefahrbringender Teile.

„Abdeckungen, ausgeformte Öffnungen oder beliebige andere Mittel“ – unabhängig davon, ob sie an dem Gehäuse angebracht oder durch die umschlossene Ausrüstung gebildet werden – zählen im Sinne der Norm als Teile eines Gehäuses, sofern sie

- das Eindringen von festgelegten Prüfsonden verhindern oder begrenzen,
- nur mit Schlüsseln oder Werkzeugen entfernbar sind.

Geräteprüfung

Wie beim Begriff ► „Arbeitsmittel“ bereits beschrieben, gelten die Anforderungen der Betriebssicherheitsverordnung zur Prüfung auch für elektrische Geräte. Bei der Prüfung sind die Prüfnormen zu beachten.

Grenzwerte

Die in elektrotechnischen Prüfnormen enthaltenen Grenzwerte geben Auskunft darüber, welche Werte nicht über- bzw. unterschritten werden dürfen, um ein Prüfobjekt als „sicher“ beurteilen zu können. Die Festlegung allgemeingültiger Grenzwerte wird allerdings in Zeiten immer vielfältiger werdender neuer Technologien und Bauformen zunehmend schwieriger. Normen lassen deshalb inzwischen auch abweichende Werte aufgrund von Herstellerangaben oder eigenen Prüferfahrungen zu.

Die Einhaltung der Grenzwerte innerhalb einer ► „Prüfung" muss zudem nicht bedeuten, dass das geprüfte Gerät bzw. die geprüfte Anlage in Ordnung ist. Die Annäherung an die jeweils festgelegten Grenzwerte deutet i. d. R. bereits auf einen sich anbahnenden Mangel (► „Mängel") hin.

Inbetriebnahme

Unter Inbetriebnahme wird nach Art. 2 k) der Maschinenrichtlinie (MRL) 2006/42/EG die erstmalige ► „bestimmungsgemäße Verwendung" einer ► „Maschine" innerhalb der europäischen Gemeinschaft verstanden.

Zum Zeitpunkt der Inbetriebnahme einer Maschine zu Produktionszwecken muss diese dementsprechend funktionstüchtig sein und ein sicheres sowie gesundheitsgerechtes Bedienen und Instandhalten ermöglichen.

Spätestens bei der Inbetriebnahme sollte der Hersteller demnach nachvollziehbar darlegen können, dass er seinen diesbezüglichen Pflichten nachgekommen ist.

Dazu gehören z. B. folgende Punkte:

- Erfüllung der grundlegenden Sicherheits- und Gesundheitsschutzanforderungen gemäß MRL
- Bereitstellung der notwendigen Informationen, insbesondere der ► „Betriebsanleitung" für den ► „Betreiber"
- Ausstellung der ► „EG-Konformitätserklärung
- Anbringung der CE-Kennzeichnung

Grundsätzlich dürfte der Besteller einer Maschine davon ausgehen, dass diese sicher ist und alle erkennbaren Risiken auf ein akzeptables Maß begrenzt wurden. Als Betreiber obliegt ihm aber gemäß BetrSichV wiederum die Pflicht, nur sichere Maschinen zur Benutzung zur Verfügung zu stellen. Rechtsrisiken kann er demnach effektiv vermeiden, indem auch er die erworbene Maschine auf Einhaltung der grundlegenden Anforderungen nach Anhang I MRL bzw. den sonstigen einschlägigen Rechtsvorschriften an die erstmalige Bereitstellung prüft.

 **Praxistipp**

Der Besteller/zukünftige Betreiber sollte insbesondere darauf achten, dass die Vorgaben hinsichtlich Information und Warnhinweise gemäß Punkt 1.7 im Anhang I der MRL eingehalten sind. Dies ist v. a. deswegen wichtig, weil gemäß der MRL zurückbleibende Restrisiken haftungsrechtlich durch ausreichende Informationen und Warnhinweise deutlich reduziert werden können.

Mit der Inbetriebnahme werden auch die vertraglichen Pflichten des Käufers der Maschine rechtswirksam und er muss diesen (► „Abnahme“, Vergütung) nachkommen.

 **Weiterführende Informationen**

Rechtsgrundlagen im Zusammenhang mit neuen Produkten allgemein und im Besonderen mit elektrischen Maschinen ► Kap. 2.1 „Produkte in Verkehr bringen“

Inbetriebnahmeprüfung

Siehe ► „Erstprüfung“

Indirektes Berühren

Gemäß DIN EN 60204-1 das Berühren von leitfähigen Körpern (► „Körper“) elektrischer ► „Betriebsmittel“ durch Personen oder Nutztiere, wenn die Körper bedingt durch Fehler unter Spannung stehen.

Weiterführende Informationen

Maßnahmen zum Schutz gegen elektrische Gefährdungen und insbesondere gegen indirektes Berühren ► Kap. 2.7.3 „Fehlerschutz“

Inspektion

Gemäß DIN 31051 dient die Inspektion der Feststellung des ordnungsgemäßen Zustands (► „Ordnungsgemäßer Zustand“) eines Gegenstands und umfasst entsprechend Maßnahmen zur Beurteilung des Ist-Zustands, d. h. die ► „Prüfung“ von technischen Teilen eines Systems einschließlich der Analyse der Ursachen für eine Abnutzung. Eine Inspektion ist somit im Allgemeinen eine prüfende Tätigkeit durch eine ausgebildete Fachkraft.

Im Gegensatz zu einer ► „Wartung“, bei der im Allgemeinen in regelmäßigen Intervallen oder zu einem bestimmten Zeitpunkt definierte bzw. vom Hersteller vorgeschriebene Tätigkeiten an einer Anlage bzw. ► „Maschine“ durchgeführt werden, gehen der Inspektion prüfende Tätigkeiten voraus, weil diese die entsprechende Grundlage für die Bewertung des Anlagezustands und möglichen Instandsetzungsbedarfs darstellt.

Entsprechend sollen im Rahmen der Inspektion auch Bedingungen erörtert werden, die eine künftige Nutzung der Maschine optimieren sollen. Typische Maßnahmen sind u. a.:

- Erstellung eines Auftrags mit entsprechenden Auftragsinhalten und einer Dokumentation
- Erstellen eines Plans mit Einzelheiten zu Methoden, Messgeräten und Merkmalswerten (z. B. Verschleißmaße, Betriebsstunden)
- Ergebnisbericht zum Ist-Zustand, Beurteilung der Daten, Fehleranalyse
- Erarbeiten von alternativen Lösungen und Entscheidung für eine Lösung, z. B. ► „Instandsetzung“ oder Verbesserung

Instandhaltung

Als Instandhaltung definiert die TRBS 1112 „die Gesamtheit aller Maßnahmen zur Erhaltung des sicheren Zustands oder der Rückführung in diesen“. Nach § 2 Abs. 7 BetrSichV umfasst Instandhaltung somit insbesondere ► „Inspektion, ► „Wartung“ und ► „Instandsetzung“.

Als Instandhaltung definieren DIN 31051 „Grundlagen der Instandhaltung“ und DIN EN 13306 „Instandhaltung – Begriffe der Instandhaltung“ eine Kombination aus verschiedenen Maßnahmen mit dem Ziel, durch Verminderung des Verschleißes und Vorbeugung des Verfalls eine Einheit (z. B. ► „Maschine“) über einen Lebenszyklus so zu erhalten oder wiederherzustellen, dass ihre Funktionstüchtigkeit gegeben ist.

Auch die Betriebssicherheitsverordnung behandelt die Instandhaltung im § 10. Danach hat der Arbeitgeber Instandhaltungsmaßnahmen zu treffen, damit die ► „Arbeitsmittel“ während der gesamten Verwendungsdauer den für sie geltenden Sicherheits- und Gesundheitsschutzanforderungen entsprechen und in einem sicheren Zustand erhalten werden. Das bedeutet, dass der sichere Zustand, der von einem Hersteller ursprünglich gewährleistet wurde, über die gesamte Dauer der Verwendung aufrechterhalten werden muss.

Zwangsläufig enthält die BetrSichV daher die Anforderung, dass mängelbehaftete Arbeitsmittel nicht verwendet werden dürfen (§ 5 Abs. 2).

Liegen einem ► „Betreiber“ Hinweise auf die Sicherheit negativ beeinflussende Eigenschaften eines Arbeitsmittels vor, hat er unverzüglich Instandhaltungsarbeiten durchzuführen. Angaben und Anweisungen der Hersteller bezüglich der Instandhaltung müssen dabei beachtet werden.

Es wird darauf verwiesen, dass Instandhaltungsmaßnahmen nur von fachkundigen, beauftragten und unterwiesenen Beschäftigten oder von sonstigen für die Durchführung der Instandhaltungsarbeiten geeigneten Auftragnehmern mit vergleichbarer

Qualifikation durchgeführt werden dürfen (im Fall der elektrischen Arbeitsmittel kann dies nur die Elektrofachkraft sein).

VDE 0113-1 fordert darüber hinaus in Abschnitt 17 ff., dass die ► „technische Dokumentation“ die notwendigen Informationen für die Instandhaltung enthält. Darin sind z. B. Häufigkeit und Methoden der Funktions-. Justierungs- und Reparaturabläufe, Angaben zu möglichen Restrisiken, zu Handhabung, Transport und Lagerung sowie für die Durchführung von sicherheitstechnischen Prüfungen zu beschreiben.

Instandhalter sind erhöhten Risiken ausgesetzt, welche nur durch die systematische Umsetzung technischer, organisatorischer und personenbezogener Maßnahmen wirksam zu mindern sind. Nachfolgend werden die wichtigsten Maßnahmen als kurzer Überblick aufgeführt:

- **Verantwortlichkeiten für die Umsetzung von Sicherungsmaßnahmen und die Überwachung ihrer Aufrechterhaltung festlegen**
  Insbesondere dann, wenn für die Dauer der Instandhaltungsarbeiten ► „Schutzeinrichtungen“/-funktionen, welche im Normalbetrieb aktiv sind, außer Kraft gesetzt werden müssen, ist das Ergreifen von Ersatzschutzmaßnahmen unbedingt erforderlich. Deren Umsetzung sollte durch einen Verantwortlichen erfolgen, der zum Schluss der Arbeiten und nach allen notwendigen Prüfungen (► „Prüfung“) kontrolliert, z. B. ob sämtliche Instandhalter den ► „Gefahrenbereich“ verlassen haben, und die Freigabe zum (Wieder-)Ingangsetzen der Maschine erteilt.

- **Kommunikation zwischen Bedien- und Instandhaltungspersonal sicherstellen**
  Bedienern darf es während der Durchführung von Instandhaltungsarbeiten nicht möglich sein, ein Arbeitsmittel in Gang zu setzen. Vor allem dann, wenn z. B. der Instandhalter auf Bedienvorgänge angewiesen ist, um die Instandhaltungsaufgabe zu lösen, muss eine sichere Kommunikation stattfinden. Zu diesem Zweck ist im Vorfeld sicherzustellen, dass alle Beteiligten die Zeichen oder Worte, welche zur Kommunikation genutzt werden, verstehen können.
- **Instandhaltungsbereich absichern**
  Maschinen und Anlagen sind oft durch trennende Schutzeinrichtungen gegen unbefugten Zugang bei automatisch ablaufenden Bewegungen gesichert. Sofern diese Schutzeinrichtungen für Instandhaltungsarbeiten geöffnet werden müssen, sind sie durch alternative ► „Schutzmaßnahmen" zu sichern.
  Vor Beginn der Instandhaltungsarbeiten sollte der Betreiber ein Konzept dafür erarbeiten und festlegen, unter welchen Umständen Schutzsysteme geöffnet werden müssen. Offene Zugangsstellen sind während der Durchführung der Instandhaltungsarbeiten zu überwachen. Kann das nicht sichergestellt werden, ist vor dem Ingangsetzen zu prüfen, dass sich im Gefahrenbereich kein Instandhaltungspersonal oder sonstiges Personal aufhält.
- **Betreten des Gefahrenbereichs verhindern**
  Es sind Maßnahmen zu treffen, um ein Betreten des Gefahrenbereichs durch Personal während der Instandhaltungsarbeiten zu verhindern.
- **Sichere Zugänge für Instandhaltungspersonal schaffen**
  Instandhalter müssen oft an Stellen der Maschinenanlagen gelangen, die nicht für einen Zugang mit sicheren Wegen,

Treppen o. Ä. ausgestattet sind. Dies ist z. B. der Fall, wenn Maschinendächer oder Umhausungen bestiegen werden müssen. Dafür sollten die Zugänge dorthin so gestaltet sein, dass sie sicher begangen werden können und sich die Instandhalter auf dem Maschinendach sicher aufhalten und nicht abstürzen können.

Stellt sich erst nach ► „Inbetriebnahme" einer Maschine heraus, dass diese über keine sicheren Zugänge für das Instandhaltungspersonal verfügt, sollten diese nachgerüstet werden.

- **Gefahren durch unkontrolliert bewegte Teile oder Energien vermeiden**
  Dies ist vor Beginn der Instandhaltungsaufgaben mit organisatorischen Maßnahmen zu gewährleisten. Auch das Freiwerden oder plötzliche Eindringen von schädlichen Energien muss für die Dauer der Instandhaltungsarbeiten ausgeschlossen sein.
- **Gespeicherte Energien wirksam beseitigen**
  Vor Aufnahme der Arbeiten sind Maßnahmen einzuleiten, um gespeicherte Energien beseitigen oder absenken zu können. Diese können auch nach der Trennung von der Energiequelle noch anstehen und somit für den Instandhalter ein signifikantes Risiko darstellen. Die Einrichtungen zum gefahrlosen Beseitigen der gespeicherten Energien müssen gekennzeichnet sein und auf ihre Wirksamkeit geprüft werden.
- **Warn- und Gefahrenhinweise anbringen**
  Für die Dauer der Instandhaltungsarbeiten müssen aussagekräftige Warn- und Gefahrenhinweise an den Gefahrenstellen oder -bereichen vorhanden sein.
- **Zur Durchführung der anstehenden Arbeiten geeignete Geräte, Werkzeuge und Persönliche Schutzausrüstung bereitstellen**

- **Schutzmaßnahmen bei explosionsfähiger Atmosphäre vorsehen**
  Sofern bei der Durchführung von Instandhaltungsarbeiten explosionsfähige Atmosphären entstehen können, hat der für die Instandhaltung Verantwortliche angemessene Schutzmaßnahmen einzuleiten. Explosionsfähige Atmosphäre kann sowohl bei den Arbeiten als auch durch diese erst entstehen.
- **Freigabesysteme anwenden**
  Für Instandhaltungsarbeiten mit Beteiligung mehrerer Personen empfiehlt sich der Einsatz von Systemen zur Freigabe. Dazu gehören z. B. Vorrichtungen, die in den Hauptschalter der Maschine eingesetzt werden und in denen sich jeder Instandhalter durch sein Schloss einhängen kann. Der Hauptschalter kann erst freigegeben werden, wenn alle Schlösser entfernt worden sind, d. h., wenn sämtliche Instandhalter ihre Arbeiten abgeschlossen und den Gefahrenbereich verlassen haben.

Instandsetzung

Die TRBS 1112 versteht hierunter die Maßnahmen zur Rückführung eines Arbeitsmittels in den ► „Soll-Zustand“, z. B. Austausch von abgenutzten oder defekten Teilen gegen vorgegebene Ersatzteile. Vorgegebene Ersatzteile sind insbesondere diejenigen, die den Herstellerspezifikationen entsprechen. Die Instandsetzung besteht in konkreten Reparaturarbeiten, bei denen Bauteile ausgetauscht oder aufgearbeitet werden. Ziel ist die Wiederherstellung der ursprünglichen Funktionseigenschaften einer ► „Maschine“. Die Instandsetzung lässt sich u. a. in folgende Schritte untergliedern:

- Vorbereitung der Arbeiten (Kalkulation, Terminplanung, Abstimmung mit anderen Unternehmensbereichen, Bereitstellung von Personal und Materialien)
- Erstellung von Arbeitsplänen
- Auswertung einschließlich Dokumentation, Kostenermittlung und Hinweisen für Verbesserungen

Die Planung der Instandsetzung von Maschinen ist betriebswirtschaftlich betrachtet von enormer Bedeutung. Mit der Organisation dieser Maßnahmen entscheidet sich nicht nur die Verfügbarkeit, sondern auch die kostengünstige Nutzung der Maschinen.

Anstelle des in der bisher gültigen VDE 0701-0702 verwendeten Begriffs „Instandsetzung" wird in der aktuellen VDE 0701 der Begriff „Reparatur" verwendet.

Inverkehrbringen

Im Produktsicherheitsgesetz (ProdSG) § 2 Nr. 15 wird dieser Begriff als die erstmalige Bereitstellung eines Produkts auf dem Markt definiert.

 **Weiterführende Informationen**

Rechtsgrundlagen im Zusammenhang mit neuen Produkten allgemein und im Besonderen mit elektrischen Maschinen ► Kap. 2.1 „Produkte in Verkehr bringen"

Isolationswiderstand

Der Isolationswiderstand gibt Auskunft über die Qualität der galvanischen Trennung zwischen den aktiven Leitern untereinander sowie gegen den ► „Schutzleiter“. Ist der Isolationswiderstand (z. B. aufgrund von Alterung, Verschmutzung oder Isolationsfehlern) zu gering, kann es zu gefährlichen Berührungsspannungen oder durch Fehlerströme (► „Fehlerstrom“) zu Bränden in der Anlage kommen.

Weiterführende Informationen

Messung des Isolationswiderstands bei der Prüfung von Maschinen und maschinellen Anlagen ► Kap. 1.2.3 „Isolationswiderstandsprüfung“

Ist-Zustand

Der Ist-Zustand ist der tatsächlich gegebene momentane Zustand. Die Bewertung der Abweichung des Ist-Zustands vom angestrebten (sicheren) ► „Soll-Zustand“ gibt Aufschluss darüber, ob ein Mangel (► „Mängel“) vorliegt. Dies kann entweder zur sofortigen Stilllegung der Anlage bzw. des Arbeitsmittels (► „Arbeitsmittel“) oder zur Ableitung von ► „Schutzmaßnahmen“ für den eingeschränkten Weiterbetrieb bis zur Mängelbeseitigung führen.

Kennzeichnung

Die Kennzeichnung (auch Beschriftung) dient vorzugsweise der Identifikation von Ausrüstungen, Baugruppen und Geräten. Kennzeichnungen müssen gemäß VDE 0113-1 ausreichende Dauerhaftigkeit aufweisen, um den jeweiligen Umweltbedingungen standzuhalten, und für die Lebensdauer der Maschine dauerhaft ausreichend lesbar sein. Das Anbringen von Kennzeichnungen ist gemäß der Norm in folgenden Fällen erforderlich:

a) **Funktionskennzeichnungen**
   auf oder neben folgenden Betriebsmitteln (► „Betriebsmittel"), mit Angaben bezüglich ihrer Funktion:
   - Steuergeräte und
   - optische Anzeigen

 **Hinweis**

VDE 0113-1 empfiehlt, die Kennzeichnungen in Übereinstimmung mit IEC 60417 und ISO 7000 auszuführen.

b) **Kennzeichnungen von Gehäusen der elektrischen Ausrüstung**
   an Gehäusen (► „Gehäuse"), die an externe Stromversorgung angeschlossen sind, müssen folgende Informationen erscheinen (vgl. 16.4):
   - Name bzw. Firmenzeichen des Lieferanten
   - Typbezeichnung bzw. Modell und Seriennummer (falls erforderlich/zutreffend)

- Nennspannung, Anzahl der Außenleiter und Frequenz (bei Wechselstromversorgung), Volllaststrom für jede Einspeisung
- Nummer der Hauptdokumentation

 **Hinweis**

Diese Kennzeichnungen müssen dauerhaft so angebracht sein, dass sie auch nach der Installation der Ausrüstung deutlich sichtbar und lesbar sind. Es wird empfohlen, die o. g. Angaben in der Nähe der Hauptversorgung anzubringen.

c) **Referenzkennzeichen**
an Gehäusen, Baugruppen, Steuergeräten und Komponenten anzubringen, die somit mit demselben Referenzkennzeichen wie in der technischen Dokumentation (► „Technische Dokumentation“) angegeben, identifizierbar sein müssen.

Kleinspannung

Darunter werden solche Spannungen verstanden, die weniger als 50 V AC bzw. 120 V DC betragen und selbst bei Berührung nicht lebensbedrohlich sind.

Die ► „Grenzwerte“ für Kleinspannungen sind in der IEC 60449 und VDE 0100 festgelegt, die für bestimmte Bereiche, wie z. B. landwirtschaftliche Betriebe mit Tierhaltung oder elektrisch betriebenes Spielzeug, sogar niedrigere zulässige Betriebsspannungen (25 V) vorschreiben.

Bei Kleinspannung wird noch zwischen ► „Schutzkleinspannung (► „SELV"), ► „Funktionskleinspannung" (► „FELV") und Schützender Kleinspannung bzw. Funktionskleinspannung mit sicherer Trennung (► „PELV") unterschieden.

Kontrolle

Neben den Begriff „Prüfung" wird in der TRBS 1201 auch die Kontrolle eines Arbeitsmittels gemäß § 4 Abs. 5 BetrSichV näher definiert. Gegenüber Prüfungen können Kontrollen auch ohne bzw. mit einfachen Hilfsmitteln erfolgen. Durch Kontrollen werden Schutz- und Sicherheitseinrichtungen auf ihre Funktionsfähigkeit sowie ► „Arbeitsmittel" auf offensichtliche ► „Mängel", die ihre sichere Verwendung beeinträchtigen können (z. B. nicht-ordnungsgemäße Befestigung, nicht-ordnungsgemäßer Zustand, fehlende Wirkung von ► „Schutzmaßnahmen"), regelmäßig überprüft. Ebenso wie für Prüfungen sind auch für erforderliche Kontrollen Art und Umfang im Rahmen einer ► „Gefährdungsbeurteilung" zu ermitteln. Die Kontrollen dürfen gemäß Abschnitt 6.4 der TRBS 1201 auch im Rahmen von Instandhaltungsmaßnahmen oder von regelmäßigen Prüfungen des Arbeitsmittels durchgeführt werden.

Körper

Als Körper (elektrischer ► „Betriebsmittel") werden ► „berührbare leitfähige Teile" elektrischer Ausrüstungen definiert, die bei normalen Betriebsbedingungen nicht unter Spannung stehen, aber im Fehlerfall spannungsführend sein können.

Leiterwiderstandsbeläge

Der Leiterwiderstandsbelag oder Widerstandsbelag R' ist der ohmsche ► „Widerstand“ R einer elektrischen Leitung, bezogen auf ihre Länge l (R' = R/l).

Der Widerstand R für einen Einzelleiter mit einem spezifischen Widerstand ρ und einem Querschnitt A errechnet sich nach der Formel R = ρ * l/A.

Die Einheit des Widerstandsbelags ist Ohm pro Meter.

Mängel

Bei der ► „Prüfung“ werden unter Mangeln meistens Abweichungen von den Bestimmungen der jeweils einschlägigen Normen bezeichnet, infolge derer ► „Gefährdungen“ für Menschen, Nutztiere oder Wertgegenstände entstehen können.

Bei sicherheitsrelevanten Bauteilen oder ► „Schutzeinrichtungen“ liegt ein Mangel vor, wenn Sicherheitsfunktionen nicht mehr oder nur unvollständig ausführt werden.

Je nach Schwere des daraus resultierenden Unfallrisikos wird zwischen schwerwiegenden Mängeln (die jederzeit zu einem

Unfall mit schweren Gesundheitsschäden führen können) und geringfügigen Mängeln (mit geringem Unfallrisiko) unterschieden.

Ist beim Vorhandensein von geringfügigen Mängeln das Weiterbetreiben der ► „Maschine" für einen begrenzten Zeitraum zulässig (unter der Voraussetzung, dass zusätzliche organisatorische Maßnahmen angewandt werden und der Mangel innerhalb dieses Zeitraums beseitigt werden kann), so stellt ein schwerwiegender Mangel Gefahr im Verzug dar und macht es erforderlich, die Anlage stillzulegen.

Stellt der Prüfer einen Mangel fest und empfiehlt er dem ► „Betreiber" der Maschine dessen Beseitigung, so sollte er ihm auch Hinweise zur Dringlichkeit geben, so z. B. „sofort" (= bei erkennbarer unmittelbarer Gefährdung), „unverzüglich", „demnächst" (= falls keine unmittelbare Gefährdung vom Mangel ausgeht).

Seine Empfehlung, den Mangel zu beseitigen, eine kurze Begründung dafür und Hinweise auf die Dringlichkeit der Beseitigung sollte der Prüfer schriftlich an den Betreiber weitergeben (am besten in seinem ► „Prüfbericht" dokumentiert) und vom Betreiber bestätigen lassen.

Maschine

Der Begriff „Maschine" bzw. „maschinelle Anlage" gilt gemäß DIN EN 60204-1 (VDE 0113-1) als Oberbegriff für alle

- mit- und untereinander verbundenen Teile bzw. Baugruppen (davon muss mindestens eins beweglich sein) und
- entsprechenden Maschinen-Antriebselemente, Steuer- und Energiekreise,

welche insbesondere zur Verarbeitung, Behandlung, Fortbewegung oder Verpackung eines Materials oder sonstigen bestimmten Anwendung als Einheit zusammengefügt sind.

Der Begriff „Maschine“ kann laut besagter Norm aber auch eine Gruppierung verschiedener Maschinen umfassen/miteinschließen, sofern diese zur Erreichung eines gleichen Ziels so angeordnet und gesteuert werden, dass sie als einheitliches Ganzes funktionieren.

Somit umfasst die Definition relativ kleine ortsveränderliche Maschinen, fest installierte Einzelmaschinen bis hin zu umfangreichen Produktionsanlagen.

Wie im Anwendungsbereich der DIN EN 60204-1 erläutert wird, gilt diese Norm für „elektrische, elektronische und programmierbare elektronische Ausrüstungen und Systeme für Maschinen, die während des Arbeitens nicht von Hand getragen werden, einschließlich einer Gruppe von Maschinen, die abgestimmt zusammenarbeiten.“

Die „Maschine“ beginnt demnach an der Netzanschlussstelle ihrer elektrischen und/oder elektronischen Ausrüstung.

 **Weiterführende Informationen**

Anforderungen an die Prüfung von Maschinen und maschinellen Anlagen ► Kap. 1 „Prüfablauf“

Messen

Bei der Messung bzw. beim Messen werden mithilfe von Messgeräten/Messtechnik elektrische und andere physikalische Werte (Druck, Temperatur u. a.) sowie Messergebnisse ermittelt, die zur ► „Prüfung“ eines Arbeitsmittels (► „Arbeitsmittel“) oder einer Anlage unerlässlich sind. Die Bewertung der Messergebnisse bzw. der Vergleich der gemessenen Werte mit vorgeschriebenen Werten (► „Grenzwerte“) führt zum Ergebnis der Prüfung.

 **Weiterführende Informationen**

Anforderungen an das Messen bei der Prüfung von Maschinen und maschinellen Anlagen ► Kap. 1.2 „Prüfablauf gemäß DIN EN 60204-1 (VDE 0113-1)“

Nicht prüfpflichtige Änderung

Nicht prüfpflichtige Änderungen sind gemäß TRBS 1201 insbesondere Maßnahmen, die

- der ► „Wartung“ des Arbeitsmittels (► „Arbeitsmittel“) dienen (siehe auch TRBS 1112) oder
- der ► „Instandhaltung“ des Arbeitsmittels dienen, wenn dabei nur Teile durch identische bzw. baugleiche Teile ausgetauscht werden, welche gegenüber den Originalbauteilen identische Sicherheits- und Betriebsparameter aufweisen. Diesbezüglich sind die weiteren Voraussetzungen gemäß Abschnitt 3.2.2 Abs. 1 der TRBS 1201 zu beachten (► Kap. 2.4.1)

 **Weiterführende Informationen**

Prüfpflicht bei ortsfesten elektrischen Arbeitsmitteln/Anlagen gemäß § 14 BetrSichV und Unterscheidung zwischen prüfpflichtigen und nicht prüfpflichtigen Veränderungen gemäß TRBS 1201 ► Kap. 2.4.1 „Prüfpflicht“

Niederohmig

Als niederohmig wird (z. B. bei Leiterschleifen) der Eingangs- oder Ausgangswiderstand eines Schutz- oder Potentialausgleichsleiters bezeichnet, wenn dieser einen geringen elektrischen Widerstand aufweist und sein Wert 1 Ω oder weniger beträgt. Bei Widerstandsmessgeräten gilt der Messbereich von 0 bis 30 Ω als Niederohmbereich.

Niederohmmessung

Frühere Bezeichnung für Schutzleiterwiderstandsmessung.

Normgerecht

Grundlage einer jeden ► „Prüfung“ sind zunächst die Vorgaben der für einen Prüfling geltenden Errichtungs- und Herstellernormen in der zum Zeitpunkt der Errichtung/Herstellung geltenden Ausgabe. Als „normgerecht“ werden Prüflinge bezeichnet, die diesen Normenvorgaben entsprechen. Normgerecht impliziert jedoch nicht, dass eine Normvorgabe dem Wortlaut entsprechend zu erfüllen ist. Entscheidend ist vielmehr, ob das mit der Vorgabe verbundene Schutzziel gewährleistet wird.

Dies schließt mit ein, dass die jeweiligen Anforderungen bezüglich der einzusetzenden Prüfschritte und -abläufe mit den dazugehörigen Grenz- und Richtwerten bekannt sind und befolgt werden.

Normgerecht bedeutet allerdings auch, dass der aktuelle ► „Stand der Technik“ (der in einer Normfassung womöglich noch nicht berücksichtigt werden konnte) mit Bedacht und ggf. angewandt wurde.

NOT-AUS

Dieser Begriff gehört zu den Handlungen im Notfall gemäß Anhang E der Norm DIN EN 60204-1. Funktion dieser Handlung ist das Ausschalten im Notfall. Im Fall, dass ► „elektrische Gefährdungen“ bestehen, muss mit NOT-AUS die Versorgung einer Installation bzw. von Teilen einer Installation mit elektrischer Energie wirksam abgeschaltet werden können.

Ebenso wie ► „NOT-HALT“ zählt NOT-AUS nicht zu den ► „Schutzeinrichtungen“ im engeren Sinne, sondern zu den ergänzenden ► „Sicherheitsmaßnahmen“. NOT-AUS wird nur durch bewusste menschliche Handlungen wirksam und beim Vorhandensein besonderer elektrischer Gefährdungen angewandt (so z. B., wenn ► „direktes Berühren“ von spannungsführenden Teilen nur durch Abschalten zu verhindern ist). Sind dennoch mit NOT-AUS in anderen Bereichen zusätzliche Risiken verbunden (und besteht z. B. infolgedessen für eingeklemmte Personen keine Befreiungsmöglichkeit), sind die elektrischen Gefährdungen soweit zu verringern, dass kein NOT-AUS notwendig ist.

NOT-EIN

Dieser Begriff gehört zu den Handlungen im Notfall gemäß Anhang E der Norm DIN EN 60204-1. Funktion dieser Handlung ist das Einschalten im Notfall. NOT-EIN dient dazu, in Notsituationen die elektrische Versorgung von Teilen einer Anlage einzuschalten.

NOT-HALT

Dieser Begriff gehört zu den Handlungen im Notfall gemäß Anhang E der Norm DIN EN 60204-1. Funktion dieser Handlung ist das Stillsetzen im Notfall. NOT-HALT ermöglicht, gefahrbringende Prozesse oder Bewegungen anzuhalten bzw. so schnell wie möglich zu beseitigen.

Die NOT-HALT-Funktion darf nur als ergänzende Schutzmaßnahme (► „Schutzmaßnahmen“) eingesetzt werden und somit weder als Ersatz für Schutzmaßnahmen und andere Sicherheitsfunktionen dienen noch deren Wirksamkeit beeinträchtigen.

Zur Aufrechterhaltung der Funktionsfähigkeit ist es sinnvoll, dass NOT-HALT, z. B. durch dafür unterwiesene Maschinenbediener, wiederkehrenden Sicht- und Funktionsprüfungen (► „Funktionsprüfung“) unterzogen wird. Neben arbeitstäglichen Sichtprüfungen (► „Sichtprüfung“) auf offensichtliche ► „Mängel“ sollte die NOT-HALT-Ausrüstung in Abhängigkeit vom Performance Level PL der nachgeschalteten Steuerung monatlich (bei PL = d oder c) bzw. jährlich (z. B. bei kontinuierlich laufenden Anlagen mit PL = e) geprüft werden.

NOT-START

Dieser Begriff gehört zu den Handlungen im Notfall gemäß Anhang E der Norm EN 60204-1. Funktion dieser Handlung ist das Ingangsetzen im Notfall. NOT-START ermöglicht, Prozesse oder

Bewegungen zu starten, um gefahrbringende Situationen zu beseitigen oder zu verhindern.

Ordnungsgemäßer Zustand

In ihrer aktuellen Fassung (Stand: Oktober 2015) definiert DIN VDE 0105-100 genau, was unter dem „ordnungsgemäßen Zustand" einer Anlage zu verstehen ist.

Demnach muss die Anlage folgende Kriterien erfüllen:

- Sie stimmt mit den zum Zeitpunkt ihrer Errichtung gültigen Errichtungsnormen überein oder – alternativ – sie entspricht den zum Zeitpunkt der wiederkehrenden Prüfung (► „Wiederkehrende Prüfung") geltenden Errichternormen.
- Sie erbringt ihre Nutzfunktionen ohne ► „Gefährdungen".
- Bei wiederkehrenden Prüfungen sind keine sicherheitsrelevanten ► „Mängel" (z. B. aufgrund von Alterung und Abnutzung) festzustellen.
- Sie wurde und wird an ggf. zwischenzeitlich geänderte Umgebungs- und Betriebsbedingungen entsprechend angepasst.

Ordnungsprüfungen

Gemäß der TRBS 1201 sind Prüfarten je nach Methode und Verfahren in Ordnungsprüfungen und ► „technische Prüfungen" zu unterscheiden.

 **Weiterführende Informationen**

Anforderungen an die Prüfart gemäß TRBS 1201 ► Kap. 2.3.2 „Prüfart“

Ortsfeste elektrische Arbeitsmittel

Als ortsfest gelten elektrische ► „Arbeitsmittel“, die

- während ihres Betriebs nicht leicht bewegt und nicht in der Hand gehalten werden. Dies trifft z. B. sowohl auf solche Arbeitsmittel zu, die fest mit ihrer Umgebung verbunden sind (wie Durchlauferhitzer, Ständerbohrmaschinen etc.), als auch auf solche, deren Masse so groß ist, dass sie nicht leicht bewegt werden können (z. B. Kühlschränke, Waschmaschinen etc.),
- über keine Tragevorrichtungen verfügen.

Auch vorübergehend befestigte elektrische Arbeitsmittel, wie z. B. temporär angebrachte Scheinwerfer, können ggf. als ortsfest gelten, sofern sich die Befestigungsschrauben nicht per Hand, sondern nur unter Zuhilfenahme von Werkzeugen lösen lassen.

Aus organisatorischen Gründen werden oftmals ortsfeste elektrische Arbeitsmittel im gleichen Prüfintervall wie die ortsveränderlichen Arbeitsmittel (► „Ortsveränderliche elektrische Arbeitsmittel“) mitgeprüft. Auch sind viele Arbeitsmittel weder eindeutig als ortsfest noch als ortsveränderlich einzuordnen, da sie Kriterien beider Gruppen erfüllen (z. B. Computer und ihre Peripheriegeräte, deren Anschlussleitungen fest verlegt sind). Für solche Fälle sind deshalb insbesondere den elektrotechnisch unterwiesenen Personen (► Kap. 2.5.5), die aufgrund fehlender Ausbildung und Erfahrung diese Entscheidungen selbst nicht treffen können, geeignete Informationen (z. B. in Form von Prüfanweisungen) durch die befähigte Person (► Kap. 2.5.1) an die Hand zu geben.

Ortsveränderliche elektrische Arbeitsmittel

Ortsveränderliche elektrische ► „Arbeitsmittel" sind solche, die während ihres Betriebs bewegt oder leicht von einem Platz zum anderen gebracht werden können, während sie an den Versorgungsstromkreis angeschlossen sind (z. B. elektrische Handwerkzeuge oder handgeführte Haushaltsgeräte, elektrische Anschluss- und Verlängerungsleitungen etc.).

Siehe auch ► „Betriebsmittel"

PELV

(aus dem Engl. *Protective Extra Low Voltage*)

Alternative Bezeichnung für ► „Funktionskleinspannung" mit sicherer Trennung. Die Anwendung von PELV dient dazu, Personen bei einer indirekten Berührung bzw. nicht großflächigen direkten Berührung gegen elektrischen Schlag zu schützen. Bei der Realisierung des Schutzes durch PELV sind die Anforderungen an die Ausführung der PELV-Stromkreise und an die dafür anzuwendenden Stromquellen gemäß Abschnitt 6.4 der VDE 0113-1 zu beachten.

 **Weiterführende Informationen**

Maßnahmen gegen elektrischen Schlag und zum Schutz durch PELV ► Kap. 2.7.4 „Schutz durch PELV“

Potentialausgleich

Unter Potentialausgleich versteht VDE 0113-1 Maßnahmen, die dazu dienen, elektrische Verbindungen zwischen leitfähigen Teilen herzustellen, damit Potentialgleichheit erzielt werden kann.

Siehe auch ► „Schutzpotentialausgleich“, ► „Funktionspotentialausgleich“

Potentialausgleichsleiter

Der Potentialausgleichsleiter ist ein Leiter, der die durchgehende elektrische Verbindung aller leitfähigen Teile zum Zwecke des Potentialausgleichs (► „Potentialausgleich“) ermöglicht.

Prüfablauf

Durch die Einhaltung der in den Prüfnormen beschriebenen Prüfabläufe soll gewährleistet werden, dass Prüfverfahren mit anliegender Netzspannung erst angewendet werden, wenn ► „elektrische Gefährdungen" durch vorhergehende Prüfverfahren deutlich minimiert wurden.

Deshalb sind im Allgemeinen als erstes Sichtprüfungen (► „Sichtprüfung") durchzuführen. Diese sind dann durch weitere Messungen zu ergänzen, die kein Unter-Spannung-Setzen der Anlagen oder Maschinen (► „Maschine"), wie z. B. Schutzleiter- und ggf. Isolationswiderstandsmessungen, erfordern.

Weiterführende Informationen

Prüfablauf für die Prüfung von Maschinen und maschinellen Anlagen ► Kap. 1.2 „Prüfablauf gemäß DIN EN 60204-1 (VDE 0113-1)"

Prüfaufzeichnungen

Gemäß § 14 Abs. 7 BetrSichV hat der Arbeitgeber dafür zu sorgen, dass die Ergebnisse der Prüfungen nach § 14 Abs. 1 bis 4 aufgezeichnet und mindestens bis zur nächsten Prüfung aufbewahrt werden.

Die TRBS 1201 präzisiert im Abschnitt 8.3, dass die Aufzeichnungen mindestens folgende Angaben enthalten müssen:

- Art, Umfang und Ergebnis der Prüfung
- Anlass der Prüfung, z. B. Prüfung vor erstmaliger Verwendung, wiederkehrende Prüfung, Prüfung nach prüfpflichtiger Änderung
- Name und Unterschrift der zur Prüfung befähigten Person (► Kap. 2.4.1); bei ausschließlich elektronisch übermittelten Dokumenten eine elektronische Signatur.

Die Dokumentation des Prüfdatums ergibt sich aus § 14 Abs. 5 BetrSichV

Prüfbericht

Nach Beendigung der ► „Prüfung“ einer neuen, erweiterten, geänderten oder bestehenden Anlage, ► „Maschine“ bzw. eines Geräts muss ein Prüfbericht erstellt werden, der den Umfang und die Ergebnisse aus ► „Sichtprüfung“, ► „Messen“ und ► „Erproben“ dokumentiert.

Durch den Umfang und die Komplexität elektrischer Anlagen (► „Elektrische Anlage“) werden einfache Prüfprotokolle den Anforderungen nach einer ordnungsgemäßen Prüfdokumentation oft nicht mehr gerecht. In diesen Fällen empfiehlt es sich, die Prüfprotokolle zusammen mit einem Mangelbericht (► „Mängel“) und Empfehlungen zum weiteren Betrieb sowie ggf. weiteren im Zusammenhang mit der Prüfung stehenden Unterlagen zu einem Prüfbericht zusammenzufassen.

 **Weiterführende Informationen**

Anforderungen an den Prüfbericht ► Kap. 1.2.8 „Dokumentation/Erstellen eines Prüfberichts“

Prüfpflichtige Änderung

Als „prüfpflichtige Änderung“ im Sinne des §10 Abs. 5 BetrSichV ist gemäß der TRBS 1201 jede Maßnahme zu verstehen, durch welche die Sicherheit eines Arbeitsmittels beeinflusst wird. Konkretisiert wird dieser Begriff durch die TRBS 1201.

 **Weiterführende Informationen**

Prüfplicht gemäß § 14 BetrSichV und Definition von prüfpflichtiger bzw. nicht prüfpflichtiger Änderung nach TRBS 1201 ► Kap. 2.4.1 „Prüfplicht“

Prüfstrom

Als Prüfstrom wird jener Strom bezeichnet, der während einer ► „Prüfung“ vom Messgerät erzeugt wird oder in der Messschaltung fließt. Für genannte Ströme schreiben die Geräte- und/oder Prüfnormen je nach Prüfverfahren und -methode entsprechende Richt- und ► „Grenzwerte“ vor.

Prüfung

Als „Prüfung“ (in VDE 0113-1 auch „Überprüfung“) wird das Verfahren zur Erbringung des Nachweises bezeichnet, dass eine ► „elektrische Anlage“ oder ► „Maschine“ den Errichtungsnormen und den Sicherheitsvorschriften entspricht.

In der DIN VDE-Reihe 0100 (und hierbei insbesondere in DIN VDE 0105-100) wird die v. g. Definition präzisiert. Demnach umfasst die Prüfung alle Maßnahmen, die der Überprüfung dienen, ob eine elektrische Anlage tatsächlich alle Normanforderungen erfüllt und eine korrekte Funktion gewährleistet. Als Bestandteil der Prüfung zählen demnach das Besichtigen (► „Sichtprüfung“), ► „Messen“ und ► „Erproben“, aber auch die Erstellung eines Prüfberichts (► „Prüfbericht“), der die Durchführung der Maßnahmen und erzielten Ergebnisse dokumentiert.

Gemäß der TRBS 1201 umfasst die Prüfung eines Arbeitsmittels

1. die Ermittlung des Ist-Zustands (► „Ist-Zustand“),
2. den Vergleich des Ist-Zustands mit dem ► „Soll-Zustand“ sowie
3. die Bewertung der Abweichung des Ist-Zustands vom Soll-Zustand.

Ihre Durchführung und die erzielten Ergebnisse sind gemäß § 14 Absatz 7 oder § 17 BetrSichV zu dokumentieren.

 **Weiterführende Informationen**

Art und Umfang erforderlicher Prüfungen nach TRBS 1201 ► Kap. 2.3.2 „Prüfart" und ► Kap. 2.3.3 „Prüfumfang"

RCD

(aus dem Engl. *Residual Current Device*)

Siehe auch ► „Fehlerstromschutzeinrichtungen"

Rechtsdrehfeld

Siehe ► „Drehfeld" und ► „Drehfeldüberwachung"

Reparatur

Der Begriff „Reparatur" umfasst im Sinne der VDE 0701 alle Maßnahmen zur Wiederherstellung der beabsichtigten Funktion eines reparierten Geräts und wird anstelle des in der bisher gültigen VDE 0701-0702 verwendeten Begriffs „Instandsetzung" verwendet. Der Begriff „Instandsetzung" wird aber nach wie vor auch in der Betriebssicherheitsverordnung sowie ihrem zugehörigen Technischen Regelwerk (TRBS) verwendet.

Restspannung

Spannung, die nach Ausschalten der Versorgung an aktiven Teilen (► „Aktives Teil“) noch anliegt und mehr als 60 V beträgt. Nach VDE 0113-1 müssen diese Teile innerhalb von 5 s auf 60 V oder weniger reduziert werden – unter der Bedingung, dass durch diese Entladerate die ordnungsgemäße Funktion der Anlage nicht gestört wird. Bauteile mit einer Speicherladung ≤ 60 µC sind von dieser Regelung ausgenommen.

Wenn die Entladerate die ordnungsgemäße Funktion der Maschinenausrüstung gefährdet oder beeinflusst, muss an leicht sichtbarer Stelle (an oder nahe neben dem ► „Gehäuse“) ein Warnhinweis angebracht werden. Dieser muss auf die Gefahr und den entsprechenden Zeitverzug zum Öffnen des Gehäuses hinweisen.

Werden durch Ziehen von Steckern oder ähnlichen Verbindungen Leiter freigelegt (z. B. Steckerstifte), so darf die Entladezeit auf 60 V 1 s nicht überschreiten oder es muss gegen ► „direktes Berühren“ der Schutzgrad IP2X bzw. IPXXB angewendet werden. Ist die Entladezeit von 1 s nicht erreichbar, müssen zusätzliche Schalteinrichtungen oder geeignete Warnungen (Symbolwarnhinweise mit Hinweisen auf die Gefahr und den erforderlichen Zeitverzug, bis das Gehäuse geöffnet werden darf) vorgesehen werden. Bei Ausrüstungen, die für jede Person (einschließlich Kinder) zugänglich sind, sind Warnhinweise nicht ausreichend. Es ist dort die Mindestschutzart IP4X oder IPXXD zu realisieren.

 **Beispiel**

Anforderungen an die Überprüfung des Schutzes gegen Restspannung bei Maschinen und maschinellen Anlagen
► Kap. 1.2.5 „Schutz vor Restspannungen"

Risikobeurteilung

Anhang 1 Ziffer 1.1.1 e) der Maschinenrichtlinie 2006/42/EG definiert **Risiko** als „die Kombination aus der Wahrscheinlichkeit und der Schwere einer Verletzung oder eines Gesundheitsschadens, die in einer Gefährdungssituation eintreten können".

Als Risikobeurteilung wird entsprechend das Verfahren bezeichnet, mit dem Gefahren und Gefährdungsquellen für Menschen anhand bestimmter Parameter (Häufigkeit und Ausmaß der zu erwartenden Verletzungen und Gesundheitsschädigungen) analysiert und bewertet werden, um wirksame Schutzmöglichkeit herleiten zu können.

Die Durchführung einer Risikobeurteilung gehört gemäß Maschinenrichtlinie zu den Pflichten des Herstellers und stellt einen zwingenden Bestandteil im Produktionsprozess dar. Analog zu der BetrSichV ist sie schriftlich zu dokumentieren.

Schleifenimpedanz

Die Summe aller Impedanzen eines geschlossenen elektrischen Stromkreises, der

- bei einem Isolationsfehler in einem elektrischen ► „Betriebsmittel“ und
- bei Körperschluss

vom ► „Fehlerstrom“ durchflossen wird, wird als Schleifenimpedanz (oder aus genanntem Grund auch ► „Fehlerschleifenimpedanz“) genannt.

 **Weiterführende Informationen**

Anforderungen an die Überprüfung der Fehlerschleifenimpedanz bei der Prüfung von Maschinen und maschinellen Anlagen ► Kap. 1.2.2.2 „Prüfung 2: Überprüfung der Fehlerschleifenimpedanz und der Eignung der zugeordneten Überstromschutzeinrichtung“

Schutz durch automatische Abschaltung

Diese Maßnahme ermöglicht, im Fehlerfall einen oder mehrere Außenleiter durch das automatische Ansprechen einer Schutzeinrichtung (► „Schutzeinrichtungen“) zu unterbrechen. Ausgelöst durch einen Insolationsfehler dient diese Schutzmaßnahme dazu, gefahrbringende Zustände aufgrund von Berührungsspannungen zu verhindern. Damit das Auftreten der Berührungsspannung auf eine Zeit begrenzt wird, innerhalb der dieses nicht gefahrbringend ist, muss die Unterbrechung innerhalb einer ausreichend kurzen Zeit erfolgen. Unterbrechungszeiten für TN- und TT-Systeme sind in Anhang A der VDE 0113-1 angegeben.

Ihre Realisierung erfordert die Abstimmung

- der Art der Stromversorgung mit deren Impedanz und dem Erdungssystem;
- der Impedanzwerte zwischen verschiedenen Teilen des Stromkreises und des zugehörigen Fehlerstrompfades über das Schutzleitersystem;
- zwischen den Charakteristiken der Schutzeinrichtungen zur Erkennung von Isolationsfehlern.

Weitere Anforderungen an die automatische Abschaltung der Stromversorgung beschreibt VDE 0113-1 im Abschnitt 6.3.3.

 **Weiterführende Informationen**

Anforderungen an die Überprüfung der Bedingungen zum Schutz durch automatische Abschaltung der Stromversorgung bei der Prüfung von Maschinen und maschinellen Anlagen ► Kap. 1.2.2 „Überprüfung der Bedingungen zum Schutz durch automatische Abschaltung der Stromversorgung“

Besonderheiten des TN-Systems und seiner Varianten ► Kap. 1.1.1.1 „TN–Netze"; zum TT-System ► Kap. 1.1.1.2 „TT–Netze" und zum IT-System ► Kap. 1.1.1.3 „IT–Netze

Schutzeinrichtungen

Die TRBS 1201 definiert als Schutzeinrichtung eine Einrichtung (konkreter: eine technische Maßnahme) zur Verhinderung von Gefährdungen bei der Verwendung von Arbeitsmitteln. Die Funktionsfähigkeit von Schutz- und Sicherheitseinrichtungen ist nach der aktualisierten TRBS 1201 durch regelmäßige Kontrollen sicherzustellen. Die ► „Kontrolle" kann u. U. auch durch automatische Überwachungseinrichtungen erfolgen und darf im Rahmen von Instandhaltungsmaßnahmen oder von regelmäßigen Prüfungen des Arbeitsmittels durgeführt werden.

Wenn das Auslösen der Schutz- und Sicherheitseinrichtungen

- zu ihrem Außerkraftsetzen bzw. zu einer Unterbrechung der weiteren Verwendung des Arbeitsmittels führen würde oder
- nur durch das Herbeiführen eines unzulässigen Betriebszustands erfolgen kann,

ist gemäß TRBS 1201 Abschn. 5.3 Abs. 3 zu kontrollieren, ob die Einbaubedingungen weiter eingehalten sind und die Schutz- und Sicherheitseinrichtungen in dem im Ergebnis der Gefährdungsbeurteilung festgelegten Zustand sind.

Die ► „Prüfung" von Schutzeinrichtungen ist außerdem Teil des Erprobens (► „Erproben").

Mit Schutzeinrichtungen sollen die Bediener von Maschinen (► „Maschine") vor Risiken geschützt werden, die konstruktiv nicht vermieden oder signifikant verringert werden konnten.

Eine zentrale Rolle in Bezug auf die Sicherheit von Maschinen kommt den Einrichtungen zum Stillsetzen gefährlicher Maschinenfunktionen im Gefahrenfall zu. Hierfür enthält die Betriebssicherheitsverordnung entsprechend folgende Vorgaben:

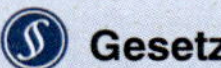

§ 8 Abs. 6 BetrSichV

„Kraftbetriebene Arbeitsmittel müssen mit einer schnell erreichbaren und auffällig gekennzeichneten Notbefehlseinrichtung zum sicheren Stillsetzen des gesamten Arbeitsmittels ausgerüstet sein, mit der Gefahr bringende Bewegungen oder Prozesse ohne zusätzliche Gefährdungen unverzüglich stillgesetzt werden können."

§ 9 Abs. 3 BetrSichV

„Der Arbeitgeber hat weiterhin dafür zu sorgen, dass Schutzeinrichtungen

1. einen ausreichenden Schutz gegen Gefährdungen bieten,
2. stabil gebaut sind,
3. sicher in Position gehalten werden,
4. die Eingriffe, die für den Einbau oder den Austausch von Teilen sowie für Instandhaltungsarbeiten erforderlich sind, möglichst ohne Demontage der Schutzeinrichtungen zulassen,
5. keine zusätzlichen Gefährdungen verursachen,

6. nicht auf einfache Weise umgangen oder unwirksam gemacht werden können und
7. die Beobachtung und Durchführung des Arbeitszyklus nicht mehr als notwendig einschränken."

Grundsätzlich werden Schutzeinrichtungen wie folgt eingeteilt:

- **Trennende Schutzeinrichtungen** gewährleisten, dass Gefahrstellen/-bereiche und Arbeitsbereiche räumlich abgetrennt bleiben, sodass Personen keinen Zugang zu gefährdenden Maschinenfunktionen haben können. Diese werden wiederum unterteilt in:
  - **bewegliche trennende Schutzeinrichtungen**, die ohne Verwendung von Werkzeugen geöffnet werden können und entsprechend ohne ► „Verriegelung" unzulässig sind.
  - **feststehende trennende Schutzeinrichtungen**, deren Befestigungen (durch Verschrauben oder Verschweißen) nur durch Werkzeuge oder Zerstörung geöffnet oder entfernt werden können.
  - **trennende Schutzeinrichtungen mit einer Verriegelungseinrichtung**. Hier wird über das Steuersystem der Maschine gewährleistet, dass die Ausführung gefährdender Maschinenfunktionen nur bei geschlossener trennender Schutzeinrichtung möglich ist. Verriegelungseinrichtungen (z. B. Positionsschalter und/oder Zuhaltungen) erzeugen dann beim Öffnen der Schutzeinrichtung ein Signal zum Abschalten der Maschine.
  - **verriegelte trennende Schutzeinrichtungen mit ► „Zuhaltung**, bei denen diese Zuhaltung das Öffnen der Schutzeinrichtung unterbindet, solange gefährliche Maschinenzustände bestehen.

- **Nichttrennende Schutzeinrichtungen** (so z. B. Zweihandschaltungen, Schaltmatten, Lichtschranken) verfügen über keine trennende Funktion. Sie verhindern einen direkten Zugang zum ► „Gefahrenbereich" nicht und müssen deshalb in einem ausreichenden Abstand angeordnet werden. Sie werden grundsätzlich in zwei Gruppen unterteilt,
  - mit Annäherungsreaktion (Schaltmatten, Schaltleisten und Schaltleinen u. a.), mechanisch betätigt, und
  - mit Ortsbindung (z. B. ultraschallsensorbasierte und elektrooptische Schutzeinrichtungen, wie Lichtvorhänge, -schranken, Laserscanner oder Kamerasysteme).

Die eingebaute Sicherheitstechnik, wie Schutzeinrichtungen und Sicherheitsfunktionen, sollte unbedingt in die ► „Prüfung" mit einbezogen werden, insbesondere mit Berücksichtigung folgender Aspekte:

- Wirksamkeit der Schutzeinrichtungen
- Geschwindigkeiten und Wegbegrenzungen
- elektrische Ausrüstung
- Sicherung gegen unabsichtliches Ingangsetzen
- Minderung der Energiezufuhr
- Maschinensteuerung hinsichtlich sicherheitsrelevanter Stromkreise und Schaltungen

 **Weiterführende Informationen**

Überprüfung der Bedingungen zum ► „Schutz" durch automatische Abschaltung der Stromversorgung bei der Prüfung von Maschinen und maschinellen Anlagen ► Kap. 1.2.2 „Überprüfung der Bedingungen zum Schutz durch automatische Abschaltung der Stromversorgung"

Schutzerdung

Die Schutzerdung stellt eine sichere und niederohmige Verbindung der Elektroinstallation mit dem Erdreich her, sodass sich im Fehlerfall einerseits keine gefährlich hohen Berührungsspannungen aufbauen können und andererseits so ausreichend hohe Fehlerströme entstehen, dass die ► „Schutzeinrichtungen“ zuverlässig auslösen können.

Schutzisolierung

Frühere Bezeichnung für ► „doppelte oder verstärkte Isolierung“

Schutzklasse

Elektrische ► „Betriebsmittel“ werden in Schutzklassen eingeteilt und entsprechend gekennzeichnet. Als Klassifizierungskriterium dienen hierbei die Maßnahmen zur Verhinderung eines elektrischen Schlags, die bei dem betreffenden Betriebsmittel oder seinem Anschluss an eine ► „elektrische Anlage“ vorhanden sind oder wirksam werden.

Die Symbole zur ► „Kennzeichnung“ der Betriebsmittel mit der betreffenden Schutzklasse sind in der IEC 60417 enthalten. Die DIN EN 61140 (VDE 0140-1) regelt im Abschnitt 7 die Verwendung von Schutzvorkehrungen je nach Schutzklasse.

Unterschieden werden drei Schutzklassen:

- **Betriebsmittel der Schutzklasse I (SK I)**
  Der Schutz gegen gefährliche Körperströme wird hierbei realisiert, indem elektrisch leitfähige Teile mit dem ► „Schutzleiter“ verbunden sind. Im Fehlerfall, bei Berührung eines stromführenden Leiters mit einem mit dem Schutzleiter verbundenen Gehäuseteil, wird durch eine gute Schutzleiterverbindung ein Erdschluss hergestellt und der Schutz durch schnelle Abschaltung erreicht.
- **Betriebsmittel der Schutzklasse II (SK II)**
  Der Schutz gegen elektrischen Schlag beruht auf doppelter oder verstärkter Isolierung (► „Doppelte oder verstärkte Isolierung“). Geräte der Schutzklasse II haben i. d. R. keinen Schutzkontaktstecker.
- **Betriebsmittel der Schutzklasse III (SK III)**
  Betriebsmittel der Schutzklasse III arbeiten mit ► „Schutzkleinspannung“ und haben doppelte oder verstärkte Isolierung zwischen Netzstromkreisen und der Ausgangsspannung. Diese Geräte dürfen nur an SELV- oder PELV-Stromkreisen betrieben und nicht an den Schutzleiter angeschlossen werden.

Da manche Betriebsmittel zwar bestimmte Merkmale einer Schutzklasse aufweisen, diese aber nicht gänzlich erfüllen, wird in VDE 0701 bzw. VDE 0702 zwischen den Begriffen Schutzklasse und Schutzmaßnahme (► „Schutzmaßnahmen“) unterschieden: Kaffeemaschinen mit Isolierkanne weisen oft keine kontaktierbaren, an den Schutzleiter angeschlossenen Teile auf. Die Messung der Schutzleiterverbindung ist somit nicht möglich, ohne das Gerät zu öffnen. In diesem Fall hat der Prüfer zu beurteilen, ob das Gerät ggf. die Anforderungen der Schutzmaßnahme► „Schutzisolierung“ erfüllt.

 **Hinweis**

Die IEC 60529 klassifiziert die Betriebsmittel in sog. IP-Schutzarten bzw. -Codes (IP aus dem Engl. *International Protection Marking*, teilweise interpretiert als *Ingress Protection Marking*). Diese sind aber nicht mit den Schutzklassen zu verwechseln, da sie lediglich den Schutzgrad des Gehäuses (► „Gehäuse“) gegen Berührung, Fremdkörper und Feuchtigkeit beschreiben, während Schutzklassen Maßnahmen zum Schutz gegen berührungsgefährliche Spannungen definieren.

Schutzkleinspannung

(auch Sicherheitskleinspannung oder ► „SELV“, aus dem Engl. *Safety Extra-Low Voltage*, genannt)

Die Maßnahme der Schutzkleinspannung dient dem Schutz gegen elektrischen Schlag. Dabei (wie auch bei der ► „Funktionskleinspannung“) werden Stromkreise mit höchstzulässiger Nennspannung von max. 50 V AC und 120 V DC ungeerdet betrieben; eine galvanisch sichere Trennung unterbindet ferner Speisungen aus Stromkreisen mit höheren Spannungen.

Die Schutzkleinspannung unterscheidet sich von der Funktionskleinspannung nur in der Art der Verbindung zur Erde (bei Letzterer ist eine ▶ „Erdung“ der Sekundärseite aus betrieblichen Gründen möglich).

Für ihre Anwendung gelten folgende Anforderungen:

- Ortsveränderliche Stromquellen für Schutzkleinspannung müssen schutzisoliert sein, wenn sie an das Netz angeschlossen werden.
- Die Verbindung von aktiven Teilen (▶ „Aktives Teil“) der Anlage mit geerdeten Teilen anderer Stromkreise ist unzulässig.
- Leitungen für Schutzkleinspannungen sind getrennt von anderen Stromleitungen zu führen.
- Nur Steckverbindungen, die für Werte der ▶ „Kleinspannung“ geeignet sind, sind bei ortsveränderlichen Verbrauchern zulässig. SELV-Steckverbindungen dürfen wiederum nicht für höhere Spannungen verwendbar sein.

Angewendet wird die Funktionskleinspannung z. B. bei elektrisch betriebenen ortsveränderlichen Kleinwerkzeugen.

Schutzleiter

Der Schutzleiter (auch Schutzerde, engl. *Protection Earth*, PE) dient in elektrischen Systemen dem Schutz von Lebewesen gegen elektrischen Schlag. Der Schutzleiter gewährleistet die Realisierung der Schutzmaßnahme (▶ „Schutzmaßnahmen“) „Automatische Abschaltung im Fehlerfall“, indem er die elektrisch leitende Verbindung zwischen allen berührbaren und elektrisch leitenden Teilen von Arbeitsmitteln (▶ „Arbeitsmittel), Körpern (▶ „Körper“) und der Haupterdunsgklemme (PE) herstellt. Über die Schutzeinrichtung (► „Schutzeinrichtungen") wird somit die Abschaltung des Fehlerstromkreises ermöglicht.

Anforderungen an den Schutzleiter und das Schutzleitersystem enthält VDE 0113-1 in Abschnitt 8.2.

 **Weiterführende Informationen**

Anforderungen an die Überprüfung der Durchgängigkeit der Schutzleiterstromkreise bei der Prüfung von Maschinen und maschinellen Anlagen ► Kap. 1.2.2.1 „Prüfung 1: Überprüfung der Durchgängigkeit der Schutzleiterstromkreise"

Schutzleiterprüfung

Andere Bezeichnung für Schutzleiterwiderstandsmessung

 **Weiterführende Informationen**

Anforderungen an die Überprüfung der Durchgängigkeit der Schutzleiterstromkreise bei der Prüfung von Maschinen und maschinellen Anlagen ► Kap. 1.2.2.1 „Prüfung 1: Überprüfung der Durchgängigkeit der Schutzleiterstromkreise"

Schutzleiterstrom

Als Schutzleiterstrom wird die Summe der Fehler- und/oder Ableitströme (► „Fehlerstrom“, ► „Ableitstrom“) bezeichnet, welche über den ► „Schutzleiter“ abgeführt werden.

Schutzleiterwiderstand

Unter Schutzleiterwiderstand wird Folgendes verstanden:

- in elektrischen Anlagen:
  der Widerstand zwischen der Haupterdungsschiene der elektrischen Anlage (► „Elektrische Anlage“) und den Schutzleiterkontakten der angeschlossenen Steckdosen bzw. den an den ► „Schutzleiter“ angeschlossenen berührbaren leitfähigen Teilen (► „Berührbare leitfähige Teile“) ortsfester Verbraucher
- bei elektrischen Geräten:
  der Widerstand zwischen dem Schutzleiteranschluss des Netzsteckers eines elektrischen Geräts und den an den Schutzleiter angeschlossenen berührbaren leitfähigen Teilen des Gehäuses (► „Gehäuse“)

Schutzleiterwiderstände können z. B. aufgrund von Verschmutzung, Korrosion, schlechten Kontaktstellen sowie aufgrund von vollständigen oder teilweisen Unterbrechungen des Schutzleiters unterschiedlich hohe Schutzleiterwiderstände an verschiedenen Messpunkten aufweisen, dabei ist der höchste gemessene Wert zu dokumentieren.

Die Schutzleiterwiderstandsmessung (oder Schutzleiterprüfung) dient dem Nachweis, dass die Funktion des Schutzleiters nicht durch unzulässig hohe Widerstände (z. B. durch Unterbrechungen, Schmutz oder Korrosion verursacht) beeinträchtigt wird. Die Schutzleiterwiderstandsmessung kann während des Betriebs des zu prüfenden Objekts durchgeführt werden, indem dessen Schutzleiterverbindungen mit einem ▶ „Prüfstrom“ von ≥ 200 mA beaufschlagt werden.

 **Weiterführende Informationen**

Anforderungen an die Überprüfung der Durchgängigkeit der Schutzleiterstromkreise bei der Prüfung von Maschinen und maschinellen Anlagen ▶ Kap. 1.2.2.1 „Prüfung 1: Überprüfung der Durchgängigkeit der Schutzleiterstromkreise“

Schutzmaßnahmen

Darunter werden alle Maßnahmen verstanden, die dem wirksamen Schutz von Menschen vor der Gefahr einer elektrischen Körperdurchströmung dienen. In der Regel zielen diese Maßnahmen deshalb darauf ab, die Höhe oder die Stromflussdauer des möglichen Berührungsstroms zu beschränken, und basieren auf folgendem Konzept:

- Alle Teile einer elektrischen Anlage (▶ „Elektrische Anlage“), die für den Menschen gefährliche Spannungen führen, dürfen im fehlerfreien Zustand nicht berührbar sein (▶ „Basisschutz“).

- Weitere und geeignete Schutzmaßnahmen sollen Fehler verhindern, deren Auftreten zu einem für Menschen lebensgefährlichen elektrischen Schlag führen könnte (► „Fehlerschutz").

Demzufolge bestehen Schutzmaßnahmen für den Schutz gegen elektrischen Schlag entweder aus einer Kombination von zwei unabhängigen (Basis- und Fehler-)Schutzvorkehrungen oder aus einer verstärkten Schutzvorkehrung, die sowohl Basis- als auch Fehlerschutz bewirkt.

Gemäß VDE 0113-1 Abschnitt 6 sind für die elektrische Ausrüstung zum Schutz von Personen gegen elektrischen Schlag Maßnahmen

- zum ► „Basisschutz",
- zum ► „Fehlerschutz" und
- zum Schutz durch ► „PELV"

vorzusehen.

 **Weiterführende Informationen**

Typischerweise im Rahmen der Prüftätigkeit auftretende Gefährdungen und anzuwendende Schutzmaßnahmen ► Kap. 2.6.2 „Typische Gefährdungen und Schutzmaßnahmen im Rahmen der Prüftätigkeit"

Maßnahmen zum Schutz gegen elektrischen Schlag ► Kap. 2.7. „Maßnahmen zum Schutz gegen elektrischen Schlag"

Schutzpotentialausgleich

(früher: „Hauptpotentialausgleich“)

Gilt als grundsätzliche Vorsorge zum Schutz im Fehlerfall und realisiert den Personenschutz gegen elektrischen Schlag bei indirekter Berührung.

Für die Realisierung dieses Potentialausgleichs (► „Potentialausgleich“) werden mittels ► „Schutzpotentialausgleichsleiter“ alle

- fremden leitfähigen Teile (► „Fremdes leitfähiges Teil“), die in ein Gebäude führen (z. B. Abwasser-, Gas- und Wasserleitungen) oder im Gebäude befindlich sind (z. B. Heizungs- und Klimaanlage, metallene Leitungen) und/oder
- leitfähigen Teile „im Handbereich von Personen“

mit der Haupterdungsschiene verbunden.

Schutzpotentialausgleichsleiter

Der Leiter, der die Verbindung aller Teile zum ► „Schutzpotentialausgleich“ gewährleistet, wird als Schutzpotentialausgleichsleiter bezeichnet. Er wird entsprechend DIN VDE 0100-540 „Errichten von Niederspannungsanlagen – Teil 5-54: Auswahl und Errichtung elektrischer Betriebsmittel – Erdungsanlagen und Schutzleiter“ ausgeführt.

Schutztrennung

Die Schutztrennung von einzelnen Stromkreisen sieht VDE 0113-1 als Maßnahme gegen das Auftreten von Berührungsspannungen an Körpern (► „Körper“) vor, die infolge von Fehlern in der Basisisolierung aktiver Teile (► „Aktives Teil“) eines Stromkreises spannungsführend werden können. Diese Schutzmaßnahme (► „Schutzmaßnahmen“) muss nach VDE 0113-1 den Anforderungen der IEC 60364-4-41 (DIN VDE 0100-410) genügen.

Siehe auch ► „Kleinspannung“

SELV

(aus dem Engl. *Safety Extra Low Voltage*)

Alternative Bezeichnung für ► „Schutzkleinspannung“. Es gelten die Anforderungen entsprechend Abschnitt 414 der DIN VDE 0100-410.

Sicherheitsmaßnahmen

Kombination aus Maßnahmen, die schon im Konstruktionsstadium realisiert werden (Gefährdungs- und Risikoidentifikation sowie Beseitigung durch Konstruktions- und ► „Schutzmaßnahmen"), und solchen, die durch den ► „Betreiber" zu realisieren sind.

Sichtprüfung

Die Sichtprüfung stellt sowohl in der Anlagen- und Maschinen- als auch in der Arbeitsmittelprüfung die erste der durchzuführenden Prüfarten (► Kap. 2.4.2) dar. Durch Sichtprüfungen können bereits viele offensichtliche ► „Mängel" festgestellt und bewertet werden. In einigen Fällen erübrigen sich bereits aufgrund einer aufmerksam durchgeführten Sichtprüfung die nachfolgenden Prüfungen.

 **Weiterführende Informationen**

Anforderungen an die Sichtprüfung bei der Prüfung von Maschinen und maschinellen Anlagen ► Kap. 1.2.1 „Sichtprüfung und Überprüfung der Übereinstimmung mit der Technischen Dokumentation"

Soll-Zustand

Darunter wird der angestrebte sichere ordnungsgemäße Zustand (► „Ordnungsgemäßer Zustand") verstanden. In der TRBS 1201 wird ergänzend hierzu präzisiert, dass „der Soll-Zustand der vom Arbeitgeber festgelegte sichere Zustand des Arbeitsmittels" ist. Entsprechend wird während der Prüfung bewertet, ob und inwiefern eine Abweichung des Ist-Zustands vom Soll-Zustand vorliegt.

Werden am geprüften ► „Arbeitsmittel“ oder an Teilen eines Arbeitsmittels Abweichungen vom Soll-Zustand (► „Mängel“) festgestellt, welche die sichere Verwendung beeinträchtigen oder eine potenzielle Gefährdung für die Nutzer darstellen, darf das Arbeitsmittel gemäß § 5 Absatz 2 BetrSichV nicht weiterverwendet werden. Nachdem die Abweichungen vom Soll-Zustand beseitigt wurden, ist das Arbeitsmittel vor seiner Wiederverwendung erneut dahingehend zu prüfen, ob der jetzt erreichte ► „Ist-Zustand“ dem als sicher definierten Soll-Zustand entspricht.

Stand der Technik

Die Beachtung vom Stand der Technik wird u. a. in den folgenden, für die Elektrotechnik relevanten Rechtsgrundlagen erwähnt:

- Arbeitsschutzgesetz § 4
- Gefahrstoffverordnung § 3
- Betriebssicherheitsverordnung (BetrSichV)
  § 2 Abs. 10
  § 3 Abs. 7
  § 4 Abs. 1 und 2 sowie
  § 6 Abs. 3.
- Gesetz über die Elektrizitäts- und Gasversorgung (Energiewirtschaftsgesetz – EnWG), § 49 Abs. 1 und 2

§ 2 Abs. 10 BetrSichV definiert den Stand der Technik wie folgt:

 **Gesetz**

„[...] der Entwicklungsstand fortschrittlicher Verfahren, Einrichtungen oder Betriebsweisen, der die praktische Eignung einer Maßnahme oder Vorgehensweise zum Schutz der Gesundheit und zur Sicherheit der Beschäftigten oder anderer Personen gesichert erscheinen lässt. Bei der Bestimmung des Stands der Technik sind insbesondere vergleichbare Verfahren, Einrichtungen oder Betriebsweisen heranzuziehen, die mit Erfolg in der Praxis erprobt worden sind."

Als Grundpflicht fordert die BetrSichV von Arbeitgebern (§ 4 Abs. 1 Pkt. 1–3) weiter, dass ► „Arbeitsmittel" erst verwendet werden dürfen,

 **Gesetz**

„[...] nachdem der Arbeitgeber

1. eine Gefährdungsbeurteilung durchgeführt hat,
2. die dabei ermittelten Schutzmaßnahmen nach dem Stand der Technik getroffen hat und
3. festgestellt hat, dass die Verwendung der Arbeitsmittel nach dem Stand der Technik sicher ist."

Somit ist der Stand der Technik mit der BetrSichV zum Maßstab jeder ► „Gefährdungsbeurteilung" erhoben und gilt dadurch z. B. auch für (u. a.) ► „Altmaschinen", CE-Maschinen und Eigenkonstruktionen (selbst hergestellte Arbeitsmittel/Maschinen).

Der Begriff „Stand der Technik“ muss dabei nicht unbedingt mit den durch Normen definierten „anerkannten Regeln der Technik“ identisch sein, da diese durch die für ihre Erarbeitung, Verabschiedung und Veröffentlichung benötigte Zeit i. d. R. nur den aktuellen technischen Entwicklungen nachfolgen können. Aber auch wenn Normen nicht den gleichen Status wie ein Gesetz aufweisen und auch nicht stets den jeweils aktuellsten Stand der technischen Entwicklungen darstellen können, stellen sie dennoch durch ein fundiertes Regelwerk dar, welches durch Fachleute der einschlägigen Fachgebiete erarbeitet wurde und deshalb normalerweise den allgemein anerkannten Stand der Technik widerspiegeln. Sofern für den jeweiligen Anwendungsfall Prüfnormen existieren, wird dringend empfohlen, die darin beschriebenen Prüfverfahren, Grenzwerte und Prüfumfänge einzuhalten und sich auch bei der Erstellung der Dokumentation bzw. eines Prüfberichts (► „Prüfbericht“) unbedingt an den jeweiligen Normen zu orientieren.

Stichprobenprüfung

Darunter werden Prüfungen (► „Prüfung“) verstanden, bei denen von einer größeren Anzahl gleichartiger Geräte, Maschinen (► „Maschine“) und/oder Anlagen nur einige den sonst üblichen und erforderlichen Prüfschritten unterzogen werden.

Die Beschränkung des Prüfumfangs auf Stichprobenprüfungen ist nur nach einer ordnungsgemäß und vollständig durchgeführten ► „Erstprüfung“ zulässig. Stichprobenprüfungen setzen allerdings voraus, dass dem Prüfer Informationen über die v. g. ordnungsgemäß und vollständig durchgeführte Erstprüfung vorliegen und dadurch auch die Beurteilung des ordnungsgemäßen Zustands (► „Ordnungsgemäßer Zustand“) gewährleistet ist. Sie müssen außerdem laut DIN VDE 0105-100 begründet und als solche im ► „Prüfbericht“ festgehalten werden. Anhand dieser Prüfergebnisse lässt sich dann festgelegen, für welche Bereiche vorrangig eine erneute Überprüfung erforderlich und für welche Bereiche sie zunächst noch entbehrlich ist.

Dabei ist zu beachten, dass bei Stichprobenprüfungen vor allem systematische Fehler (bspw. der Einfluss von Umgebungsbedingungen, Schwingen, Konstruktionsmängeln usw.) zu ermitteln sind.

Die Entscheidung, ob während der wiederkehrenden Prüfungen (► „Wiederkehrende Prüfung“) an bestimmten elektrischen Anlagenkomponenten Sicht-, Nah- oder Detailprüfungen durchgeführt werden und ob diese Prüfungen für jede Komponente oder als Stichprobe durchzuführen sind, obliegt dem ► „Betreiber“.

Technische Dokumentation

Zur technischen Dokumentation gehören die an den Auftraggeber zu liefernden technischen Unterlagen. Diese müssen alle Informationen beinhalten, die für die Identifikation, den Transport, die Errichtung, den Gebrauch, die ► „Wartung“, die Außerbetriebnahme und zur Entsorgung der elektrischen Ausrüstung notwendig sind.

Anhang VII A der Maschinenrichtlinie 2006/42/EG beschreibt ausführlich, welche Angaben und Unterlagen die technische Dokumentation enthalten muss.

Bei den Anforderungen an die Dokumentation unterscheidet die Maschinenrichtlinie zwar zwischen vollständigen und unvollständigen Maschinen (hierzu vgl. Anhang VII B der Richtlinie 2006/42/EG), wobei die Anforderungen in beiden Fällen fast komplett übereinstimmen.

Laut Maschinenrichtlinie muss die technische Dokumentation in der Landessprache bzw. einer europäischen Amtssprache verfasst sein.

Die Dokumentation wird in Papierform und/oder in elektronischer Form (zu lesen und/oder im Internet) geliefert. Die Praxis, Dokumentation in Papierform und in elektronischer Form zu liefern, ermöglicht sowohl die Wiederbeschaffung der Papierform als auch eine Aktualisierung der Dokumentation.

Speziell für die elektrische Maschinenausrüstung wird in der DIN EN 60204-1 auf die Notwendigkeit einer technischen Dokumentation hingewiesen. Zudem wird in Abschnitt 17 und Anhang A der Norm eine detaillierte Auflistung der bereitzustellenden Informationen und Dokumente angeboten.

Technische Prüfungen

Prüfarten sind gemäß der TRBS 1201 je nach Methode und Verfahren in ► „Ordnungsprüfungen“ und technische Prüfungen zu unterscheiden.

Weiterführende Informationen

Anforderungen an die Prüfart gemäß TRBS 1201 ► Kap. 2.3.2 „Prüfart“

Teilprüfung

Gemäß der TRBS 1201 darf die Prüfung eines Arbeitsmittels auch in Teilprüfungen (z. B. bezüglich elektrischer und mechanischer Gefährdungen) erfolgen. Wird die Prüfung in Teilprüfungen durchgeführt, ist sicherzustellen, dass das Arbeitsmittel als Ganzes in den festgelegten Fristen und Umfängen geprüft wird. Die Schnittstellen zwischen den Teilprüfungen sind vom Prüfer festzulegen und zu beschreiben.

Überstromschutzeinrichtungen

Überstromschutzeinrichtungen dienen der Verhinderung von Überlastzuständen. Zu den Überstromschutzeinrichtungen gehören Sicherungen oder Leitungsschutzschalter, die einen

Überstromzeitschutz gewährleisten, indem sie den elektrischen Stromkreis unterbrechen, sobald der elektrische Strom bei vorgegebener Zeit eine bestimmte Stromstärke überschreitet.

Ferner schützen sie ► „Arbeitsmittel“ einschließlich Leitungen vor einem über längere Zeit fließenden Überstrom, der durch Kurzschlüsse oder Überlast im Netz entstehen und zu einer Schädigung durch Erwärmung führen kann. Die Schaltzeit, bezogen auf die Stromstärken (Strom-Zeit-Kennlinien), wird dabei als Charakteristik der Sicherung bezeichnet.

VDE 0113-1 verlangt für Maschinen, die von TN-Systemen (► Kap. 1.1.1.1) versorgt werden, dass ein ► „Fehlerschutz“ vorgesehen und durch eine Überstromschutzeinrichtung realisiert werden muss. Im Fehlerfall muss diese zuverlässig gewährleisten, dass zwischen einem aktiven Teil (► „Aktives Teil“) und

- einem ► „Körper“ oder
- einem ► „Schutzleiter“ in dem Stromkreis oder
- der Ausrüstung

die Versorgung zu Stromkreis oder Ausrüstung automatisch und innerhalb einer ausreichend kurzen Zeit abgeschaltet wird. Der Grenzwert einer solchen „ausreichend kurzen“ Abschaltzeit für Maschinen (► „Maschine“) beträgt gemäß der Norm 5 s. Kann diese Abschaltzeit nicht sichergestellt werden, so sind nach der Norm ergänzende Maßnahmen vorzusehen (z. B. einen zusätzlichen ► „Schutzpotentialausgleich“), um voraussichtliche Berührungsspannungen > 50 V AC oder 120 V DC ohne Wechselanteil zwischen gleichzeitig erreichbaren leitfähigen Teilen zu verhindern.

Werden handgehaltene Betriebsmittel der Klasse I oder tragbare Ausrüstung über oder ohne Steckdosen versorgt, so gelten für ihre Stromkreise die maximalen Abschaltzeiten gemäß Tabelle A.1 der VDE 0113-1.

 **Weiterführende Informationen**

Eignung der zugeordneten Überstromschutzeinrichtungen bei der wiederkehrenden Prüfung von Maschinen und maschinellen Anlagen ► Kap. 1.2.2 „Überprüfung der Bedingungen zum Schutz durch automatische Abschaltung der Stromversorgung“

Abschaltzeiten gemäß Tabelle A.1 der VDE 0113-1 vgl. Abschnitt „Fehlerschutz in TN-Systemen“ in ► Kap. 1.2.2.2 „Prüfung 2: Überprüfung der Fehlerschleifenimpedanz und der Eignung der zugeordneten Überstromschutzeinrichtung“

Umbau

Darunter ist jede Änderung an der ► „Maschine“ zu verstehen. Grundsätzlich ist jeder ► „Betreiber“ befugt, die von ihm betriebenen Maschinen den unternehmen- und einsatzspezifischen Erfordernissen entsprechend anzupassen und somit zu verändern. Nach jedem Umbau muss er jedoch sicherstellen, dass das Sicherheitsniveau der Maschine trotz Veränderungen (► „Veränderung“) mindestens gehalten wird.

Veränderung

Eine ► „Maschine“, die zum Tage des Inverkehrbringens (► „Inverkehrbringen“) den grundlegenden Sicherheits- und Gesundheitsschutzanforderungen entspricht, soll diesen Standard natürlich über alle Phasen ihres vorgesehenen Lebenszyklus (Transport, Montage, Betrieb, Demontage, Entsorgung) beibehalten.

Für die Sicherheit der Maschine trägt dabei grundsätzlich der Hersteller die Verantwortung. Im Laufe der Nutzungsdauer kann es jedoch notwendig werden, die Maschine zu verändern, d. h., sie umzubauen, anzupassen, zu modernisieren oder mit anderen Maschinen zu verketten. Dies erfolgt dann auf Verantwortung des Betreibers.

Grundsätzlich darf ein ► „Betreiber“ jede Maschine in seiner Fertigung verändern – dies unabhängig von Vertragsklauseln des Herstellers, die Änderungen an Maschinen grundsätzlich oder haftungsrechtlich ausschließen. Nach erfolgter Änderung (und insbesondere bei bereits betriebenen Maschinen) ist er allerdings gemäß der Betriebssicherheitsverordnung (BetrSichV) verpflichtet, deren Sicherheit auch nach den Veränderungen zu gewährleisten.

Ein Betreiber übernimmt hierbei nur die Verantwortung für die von ihm selbst an der Maschine vorgenommenen Veränderungen. Für das ursprüngliche Maschinen- und Schutzkonzept ist weiterhin der Maschinenhersteller verantwortlich. Dies bedeutet, dass jeweils fallspezifisch zu ermitteln ist, ob die Veränderung der (gebrauchten) Maschine neue ► „Gefährdungen“ verursacht oder ein bereits vorhandenes Risiko erhöht. Entsprechend ist jede Veränderung an einer Maschine, unabhängig ob gebraucht oder neu, im Hinblick auf ihre sicherheitsrelevanten Auswirkungen vom Umbauer der Maschine zu untersuchen.

Der Betreiber, welcher eine Maschine verändert, sollte grundsätzlich eine ► „Risikobeurteilung" durchführen, wenn auch in vereinfachter Form im Vergleich zur derjenigen, die ein Hersteller im Rahmen der Projektierung vornimmt.

Grundsätzlich sind bei der Veränderung einer Maschine folgende Fragen zu beantworten:

1. Sind infolge der Veränderung neue Risiken vorhanden und entsprechend zu bewerten?
2. Kann das Schutzkonzept, das ursprünglich vom Hersteller der Maschine vorgesehen war, (weiterhin) diese neuen Risiken wirksam auf ein akzeptables Maß reduzieren?
3. Kann die Sicherheit durch einfache ► „Schutzmaßnahmen" wiederhergestellt werden?

Unabhängig vom Alter der Maschine sind die o. g. Aspekte zu beurteilen und die daraus gewonnenen Ergebnisse zu dokumentieren.

Davon abweichend ist bei Maschinen der Spezialfall „► „Wesentliche Veränderung". Das Ausmaß der Änderung ist hier nämlich so massiv, dass die Maschine im Augen des Gesetzgebers faktisch wie „neu" zu behandeln (und zu bewerten) ist. Die Person, die für die wesentliche Veränderung verantwortlich ist, wird demnach zum Hersteller und hat damit die Herstellerpflichten gemäß ProdSG und 9. ProdSV zu erfüllen. Das heißt konkret, dass er sicherzustellen hat, dass die wesentlich veränderte Maschine den grundlegenden Sicherheits- und Gesundheitsschutzanforderungen gemäß Anhang I der Maschinenrichtlinie entspricht.

Insofern ist es wichtig, dass Veränderungen an Maschinen nicht nebenbei im Rahmen von Instandhaltungsarbeiten oder räumlichen Anpassungen, sondern systematisch durchdacht vorgenommen werden.

Tauscht ein Betreiber Maschinenteile im Rahmen von Instandhaltungsarbeiten aus, sollte er diesbezüglich die Vorgaben des Herstellers beachten.

Veränderungen an Maschinen, die Einfluss auf die sichere Benutzung haben, sollten generell dokumentiert werden, damit der Betreiber im Fall einer Störung oder eines Unfalls darlegen kann, welche Änderungen genau vorgenommen und mit welchen Maßnahmen ggf. damit verbundene Risiken vermieden bzw. vermindert wurden.

Verfahren bei festgestellten Mängeln

Adressat sowohl der staatlichen Arbeitsschutzvorschriften als auch der Unfallverhütungsvorschriften ist grundsätzlich der Arbeitgeber.

Diese Person ist – sofern die nachfolgenden Aufgaben nicht durch den Arbeitsvertrag, die Stellenbeschreibung oder eine andere Form der schriftlichen Aufgabenübertragung auf einen anderen Verantwortungsbereich übertragen wurden – für den Betrieb und den Erhalt des sicheren Zustands elektrischer Anlagen (► „Elektrische Anlage“) und ► „Arbeitsmittel“ zuständig. Dies betrifft auch die Frage, wie im Falle festgestellter ► „Mängel“ weiter zu verfahren ist. Während einzelne Arbeitsmittel durchaus im eigenen Ermessen des Prüfers der weiteren Nutzung entzogen werden können, trifft dies wegen der Abhängigkeit von der Verfügbarkeit elektrischer Energie auf elektrische Anlagen häufig nicht zu. Insofern sollte nicht nur der Prüfauftrag delegiert werden: Auch die Aufgaben und Befugnisse der Prüfer bei festgestellten Mängeln sollten aufgezeigt und abgegrenzt werden.

Die Frage, was als Mangel zu betrachten ist, ob dieser Mangel sicherheitstechnisch bedenklich ist und zu einer Gefährdung (► „Gefährdungen“) führen kann, wie und wann dessen Beseitigung erfolgen muss (sofort, unverzüglich, demnächst), entscheidet letztendlich der Prüfer anhand der normativen Vorgaben sowie seiner Kompetenz und Erfahrung. Der Prüfer muss dann dem ► „Betreiber“ entsprechende Vorschläge unterbreiten, welche Maßnahmen erforderlich sind, um den festgestellten Mangel zu beseitigen.

Für das Beseitigen des Mangels ist aber immer der Betreiber zuständig.

 **Hinweis**

Der Prüfer sollte ggf. festgestellte Mängel, seine Vorschläge für ihre Beseitigung und Aussagen zu deren Dringlichkeit schriftlich dokumentieren und sich vom Betreiber den Erhalt bestätigen lassen.

Verkettung

Das Verketten von Maschinen (► „Maschine") bedeutet im Sinne der Maschinenrichtlinie 2006/42/EG die Herstellung einer Gesamtheit von Maschinen, die somit infolgedessen einen produktions- und einen sicherheitstechnischen Zusammenhang aufweisen.

Produktionstechnisch sind Maschinen verknüpft, wenn sie steuerungstechnisch so angeordnet sind und zusammenwirken, dass ein Produkt durchgehend auf ihnen gefertigt werden kann. Sicherheitstechnisch sind sie verknüpft, wenn Steuersignale und Maschinenbewegungen Risiken verursachen, welche durch die Logik der Abfolge der Bearbeitungsschritte nicht erkennbar sind und mit zusätzlichen ► „Schutzmaßnahmen" minimiert werden müssen.

Durch das Verketten entsteht praktisch eine neuartige Maschine (Maschinenanlage), die den Anforderungen der europäischen Gesetzgebung fürs Herstellen und ► „Inverkehrbringen" untersteht. Entsprechend gelten alle Sicherheits- und Gesundheitsschutzanforderungen der Maschinenrichtlinie und Herstellerpflichten grundsätzlich auch für eine verkettete Maschine, d. h.:

- Beachtung der grundlegenden Sicherheits- und Gesundheitsschutzanforderungen (Durchführung einer ► „Risikobeurteilung")
- Erstellen von technischen Unterlagen zur evtl. Überprüfung des Schutzkonzepts durch die Marktaufsicht (Dokumentation)
- Erarbeitung einer ► „Betriebsanleitung" zum sicheren Betrieb
- Durchführung eines Konformitätsbewertungsverfahrens
- Ausstellen der ► „EG-Konformitätserklärung"
- Anbringen einer CE-Kennzeichnung an der verketteten Maschinenanlage

Hinweis

- Wird bei den verketteten Maschinen während des Umbaus (► „Umbau", d. h. der Verkettung) festgestellt, dass diese den Anforderungen der Maschinenrichtlinie nicht entsprechen, so dürfen sie nicht mit einer CE-Kennzeichnung versehen werden.
- Neben der Frage, ob die verkettete Maschine als eine neue Maschine zu betrachten wäre, ist die Bewertung der Schnittstellen zwischen den Einzelelementen der Maschinenanlage von entscheidender Bedeutung. Dies gilt insbesondere für ► „Altmaschinen": Möglicherweise führt die Bewertung zu dem Schluss, dass die Altmaschinen einzeln gesehen zwar als sicher zu bewerten sind, sich aber an und aus den Verkettungsschnittstellen neue ► „Gefährdungen" ergeben können.

Verriegelung

Elektrische, mechanische oder sonstige Einrichtung, die in Kombination mit trennenden ► „Schutzeinrichtungen“ die Bewegung von Maschinenteilen solange verhindert, bis die trennende Schutzeinrichtung geschlossen ist. Neben der Verhinderung von Gefahr bringenden Situationen sowie von Beschädigungen der Ausrüstung, wird dadurch die ordnungsgemäße Bedienung sichergestellt, indem bestimmte Handlungen verhindert werden.

Verriegelungen können mit oder ohne ► „Zuhaltung“ ausgestattet sein.

Mit Zuhaltung erwirken sie, dass

- keine Gefahr bringenden Bewegungen entstehen können, bis die Schutzeinrichtung wieder geschlossen, verriegelt und zugehalten ist.
- das Öffnen der Schutzeinrichtung erst dann wieder möglich ist, wenn die Gefahr bringenden Bewegungen zum Stillstand kommen.

Ohne Zuhaltung erwirken sie dagegen, dass

- keine Gefahr bringenden Bewegungen entstehen können, bis die Schutzeinrichtung wieder geschlossen ist,
- ein Öffnen der trennenden Schutzeinrichtung ein Haltbefehl zum Stopp der Gefahr bringenden Bewegungen auslöst.

Warnschilder

In folgenden Fällen ist gemäß VDE 0113-1 das Anbringen von Warnschildern erforderlich:

- an Gehäusen (► „Gehäuse“), bei denen nicht klar erkennbar ist, dass sie elektrische ► „Betriebsmittel“ enthalten und Risiken durch elektrischen Schlag bestehen (siehe auch ► „Restspannung“)

 **Hinweis**

Das entsprechende Warnschild (Symbol ISO 7010-W012) ist auf der Gehäusetür oder Abdeckung deutlich sichtbar anzubringen. Lediglich bei mit einer Netztrenneinrichtung bestückten Gehäusen, Mensch-Maschine-Schnittstellen bzw. Steuerstellen sowie bei einzelnen Geräten mit eigenem Gehäuse (z. B. Positionssensor) dürfen die Warnschilder entfallen.

an allen Stellen, an denen gemäß der ► „Risikobeurteilung“ notwendig ist, vor gefahrbringenden Oberflächentemperaturen der elektrischen Ausrüstung zu warnen (zu benutzendes grafisches Symbol: ISO 7010-W017)

Alle Warnschilder, Typenschilder, Kennzeichnungen (► „Kennzeichnung“) und Bezeichnungsschilder müssen geeignet sein, um den jeweiligen Umweltbedingungen standzuhalten; ihr Vorhandensein ist Bestandteil der ► „Prüfung“.

Wartung

Als Wartung bezeichnet DIN 31051 alle Maßnahmen zur Vermeidung sowie Begrenzung von Verschleiß und Verzögerung von schädigenden Einflüssen, die die Verfügbarkeit der ► „Maschine" (negativ) beeinflussen können. Dazu gehören u. a. folgende Maßnahmen der präventiven ► „Instandhaltung":

- Erstellen eines Wartungsplans mit Angaben über Ort, Termin und Maßnahmen der Instandhaltung
- Vorkehrungen an Arbeitsplätzen und Maschinen, die eine Instandhaltung ermöglichen
- Festlegen eines Wartungsablaufs (Vorbereitungsschritte, Durchführung, ► „Funktionsprüfung" und Rückmeldung/Dokumentation)

Gemäß der Definition nach TRBS 1112 umfasst die Wartung die Maßnahmen zur Erhaltung des Soll-Zustands eines Arbeitsmittels. Hierbei kann der ► „Soll-Zustand", z. B. durch Reinigung und Schmierung des Arbeitsmittels, sowie Ergänzung oder Austausch von Arbeitsstoffen aufrechterhalten werden.

Weisungsfreiheit

Gemäß Ziffer 6 der DIN VDE 1000-10 „Anforderungen an die im Bereich der Elektrotechnik tätigen Personen" darf eine Nicht-Elektrofachkraft als Führungskraft der ihr führungsmäßig unterstellten Elektrofachkraft keinerlei fachliche Weisungen erteilen.

Die befähigte Person besitzt Weisungsfreiheit, d. h., sie unterliegt bei ihrer Prüftätigkeit keinerlei fachlichen Weisungen und darf wegen dieser Tätigkeit nicht benachteiligt werden.

Wesentliche Veränderung

Von einer „Wesentlichen Veränderung" spricht man, wenn diese ein solches Ausmaß aufweist, dass die Beibehaltung des ursprünglichen Sicherheitsniveaus der ▶ „Maschine" (entsprechend den Herstellervorschriften zur erstmaligen Bereitstellung) nicht mehr gewährleistet ist. Eine wesentlich veränderte Maschine ist vom Ergebnis her vergleichbar mit einer „neuen" Maschine und muss demnach dem aktuellen ▶ „Stand der Technik" entsprechen.

Bei der Klärung der Frage, ob ein gebrauchtes, jedoch wesentlich geändertes Produkt als „neu" anzusehen ist, unterstützt das Interpretationspapier „Wesentliche Veränderung von Maschinen", das 2015 vom Bundesministerium für Arbeit und Soziales (BMAS) veröffentlicht wurde. Vor dieser Veröffentlichung galten oft schon kleine Veränderungen als wesentlich im Sinne der Maschinenrichtlinie, so z. B. der Austausch eines Elektromotors, um die Leistung von 1,3 kW auf 1,8 kW zu erhöhen. Im Interpretationspapier werden konkrete Kriterien für die Beurteilung aufgeführt, ab wann Veränderungen an einer Maschine als wesentlich zu betrachten sind. Demnach ist durch eine ▶ „Gefährdungsbeurteilung" festzustellen, ob die durchgeführten Änderungen entweder zu neuen ▶ „Gefährdungen" führen oder ein bereits gegebenes Risiko erhöhen.

Folgende Konstellationen können auftreten:

- Das Risiko hat sich gegenüber dem vorherigen Zustand nicht erhöht bzw. es ergibt sich keine neue Gefährdung.
- Es ergibt sich zwar ein höheres Risiko oder eine neue Gefährdung, jedoch sind die vorhandenen ► „Schutzmaßnahmen" nach wie vor ausreichend.
- Es ergibt sich ein höheres Risiko bzw. eine neue Gefährdung, für die die vorhandenen Schutzmaßnahmen nicht mehr ausreichen.

Wird im Rahmen der Gefährdungsbeurteilung festgestellt, dass einer der beiden ersten Fälle vorliegt, besteht kein weiterer Handlungsbedarf: Das Produkt ist als sicher anzusehen, und es liegt somit auch keine wesentliche Veränderung vor. Bei der letzten der drei dargestellten Varianten liegt normalerweise ebenfalls keine wesentliche Veränderung vor, wenn mit einfachen ► „Schutzeinrichtungen" das Risiko entweder völlig eliminiert oder zumindest ausreichend minimiert wird.

Ist die veränderte Maschine ohne weitere Schutzmaßnahmen nicht sicher und kann die für den sicheren Betrieb notwendige Risikominderung nicht mit einfachen Mitteln erzielt werden, ist die Veränderung als wesentlich einzustufen und betreffende Maschine dann i. S. d. Produktsicherheitsgesetzes wie eine neue zu behandeln: Unabhängig von ihrem Alter und sicherheitstechnischen Zustand muss die veränderte Maschine demnach den Anforderungen der Maschinenrichtlinie 2006/42/EG und insbesondere den grundlegenden Sicherheits- und Gesundheitsschutzanforderungen im Anhang I entsprechen.

Die wichtigste dieser grundlegenden Forderungen ist die ► „Risikobeurteilung“, die wie bei der Herstellung jeder neuen Maschine durchzuführen ist. Weiterhin obliegen demjenigen, der die Maschine bei seinen Umbaumaßnahmen wesentlich verändert hat, folgende Pflichten:

- Erstellen von technischen Unterlagen
- Erarbeitung einer ► „Betriebsanleitung“
- Durchführung eines Konformitätsbewertungsverfahrens
- Ausstellen der ► „EG-Konformitätserklärung“
- Anbringen der CE-Kennzeichnung

Widerstand

Siehe auch ► „Durchgängigkeit der Schutzleiter“, ► „Fehlerschleifenimpedanz“, ► „Isolationswiderstand“, ► „Schutzleiterwiderstand“

Wiederholungsprüfung

Siehe ► „Wiederkehrende Prüfung“

Wiederkehrende Prüfung

(oder „Wiederholungsprüfung“)

Dieser Begriff entstammt der DIN VDE 0105-100, in der die Wiederholungsprüfung als wiederkehrende Prüfung bezeichnet wird.

Durch wiederkehrende Prüfungen wird festgestellt, ob die zu überprüfende ► „elektrische Anlage“ bzw. ► „elektrische Maschinenausrüstung“ innerhalb einer definierten zulässigen Abweichung vom ► „Soll-Zustand liegt und die Mängelfreiheit während der Benutzung gewährleistet ist. Der Rahmen der zulässigen Abweichungen innerhalb der messtechnischen Prüfungen wird i. d. R. durch die in den elektrotechnischen Normen enthaltenen ► „Grenzwerte“ bestimmt.

Die TRBS 1201 verweist für die Festlegung, ob an einem ► „Arbeitsmittel“ wiederkehrende Prüfungen erforderlich sind, auf die Kriterien des § 14 Absatz 2 BetrSichV. Diese sind unter Berücksichtigung der Gegebenheiten bei der tatsächlichen Verwendung des Arbeitsmittels zu bewerten. Zu den Gegebenheiten der tatsächlichen Verwendung gehören z. B. die

- Betriebsbedingungen und die damit einhergehenden schädigenden Einflüsse durch die Verwendung,
- Arbeitsgegenstände, an denen mit den Arbeitsmitteln gearbeitet wird,
- Arbeitsumgebung, in der mit den Arbeitsmitteln gearbeitet wird,
- Auswahl und Qualifikation der Beschäftigten, die die Arbeitsmittel verwenden,
- die Gestaltung des Arbeitsablaufs hinsichtlich der zuverlässigen Durchführung von Kontrollen (► „Kontrolle“).

Zuhaltung

Als solche werden Sicherheitseinrichtungen an beweglichen trennenden ► „Schutzeinrichtungen" bezeichnet, die die Schutzeinrichtung so lange geschlossen halten, bis eine Gefahrensituation besteht (so z. B. bis zum Stillstand von gefahrbringenden Bewegungen).

Zusätzlicher Schutz

(oder Schutz bei direktem Berühren, Zusatzschutz)

Diese Maßnahme zum Schutz gegen elektrischen Schlag ergänzt den Basis- und Fehlerschutz und ist entsprechend als alleiniger Schutz nicht zulässig.

Der zusätzliche Schutz kommt zum Einsatz, wenn der ► „Basisschutz" versagt und/oder der ► „Fehlerschutz" unwirksam wird.

Realisiert wird er durch Anwendung von hochempfindlichen ► „Fehlerstromschutzeinrichtungen" (FI-Schutz): Diese schalten beim Auftreten von Bemessungsfehlerströmen ≤ 30 mA innerhalb von 0,2 s (einige schon nach 20 ms) ab und stellen den Personenschutz sicher. Fehlerstromschutzschalter mit einem Bemessungsfehlerstrom von mehr als 30 mA dienen nicht mehr dem Personenschutz.

Bei Anwendung der Schutzmaßnahme „Schutz durch automatische Abschaltung der Stromversorgung" wird er ferner als

► „zusätzlicher Schutzpotentialausgleich" für den Fall vorgesehen, dass die normativ festgelegten Abschaltzeiten für die Umsetzung dieser Maßnahme in einigen elektrischen Anlagen (► „Elektrische Anlage") oder Stromkreisen nicht eingehalten werden können.

Zusätzlicher Schutzpotentialausgleich

Realisiert wird er zwischen allen in einem Raum oder Bereich befindlichen leitfähigen Teilen und dem ► „Schutzleiter" der in diesem Raum/Bereich geführten Niederspannungsleitungen.

Die Normengruppe DIN VDE 0100 zum Errichten von Niederspannungsanlagen fordert ihn

- für Räume mit besonderen elektrischen Gefährdungen (► „Elektrische Gefährdungen") aufgrund der Umgebungsbedingungen (z. B. medizinisch genutzte Räume sowie feuer- und explosionsgefährdete Bereiche),
- in IT-Systemen mit Isolationsüberwachung und
- wenn der ► „Fehlerschutz" durch automatisches Abschalten der Stromversorgung nicht gewährleistet wird.

Er kommt zur Anwendung, wenn

- die geforderte Abschaltzeit bei Anwendung der Schutzmaßnahme „Schutz durch automatische Abschaltung der Stromversorgung" nicht erreicht wird,

- in Anlagen mit besonderen Anforderungen oder Umgebungsbedingungen ein ► „Schutzpotentialausgleich“ zusätzlich gefordert wird,
- in elektrischen Anlagen (► „Elektrische Anlage“) eine ► „Schutztrennung mit mehr als einem Verbrauchsmittel bzw. ein Schutz durch erdfreien örtlichen Schutzpotentialausgleich erfolgt.

 **Weiterführende Informationen**

Durchgängigkeit der Schutzleiterstromkreise bei der Prüfung von Maschinen und maschinellen Anlagen ► Kap. 1.2.2.1 „Prüfung 1: Überprüfung der Durchgängigkeit der Schutzleiterstromkreise“

Wesentliche Unterschiede von VDE 0701 und VDE 0702 gegenüber VDE 0701-0702

Über den für eine elektrotechnische Norm relativ langen Zeitraum von 13 Jahren war die VDE 0701-0702 eine wichtige Erkenntnisquelle für die ordnungsgemäße Durchführung von Prüfungen an ortsveränderlichen elektrischen Betriebsmitteln. Die Aufspaltung dieser Norm in eine Norm für Prüfungen nach erfolgter Reparatur (VDE 0701) und für Wiederholungsprüfungen (VDE 0702) war notwendig, um die bisher nur national gültige Norm VDE 0701-0702 in das europäische Normenwerk integrieren zu können.

Die Abstimmung mit europäischen Normungspartnern bringt es mit sich, dass gewisse Kompromisse geschlossen werden müssen, weshalb die Inhalte der Vorgängerversion nicht 1:1 in die neuen Normen übernommen werden konnten.

Da üblicherweise sowohl in den europäischen als auch den internationalen Normungskomitees Englisch gesprochen wird, ergeben sich einige neue, zum Teil ungünstig bzw. irreführend gewählte Begriffe (z. B. „unsachgemäße Alterung“ in Abschnitt 5.2 beider Normen oder „Rahmen eines Steckverbinders“ in Abschnitt 5.6 der VDE 0701). Auch werden mitunter in den beiden Normen unterschiedliche Bezeichnungen für offensichtlich gleiche Begriffe verwendet (z. B. in den beiden Tabellen 1 in Abschnitt 5.4: „gefährlich aktive Teile“ (VDE 0701) und „stromführende Teile“ (VDE 0702)).

Positiv hervorzuheben ist, dass einige nicht unbedingt benötigte Altlasten (z. B. die bisherigen Abschnitte 5.1.3 bis 5.1.6) beseitigt wurden und durch die Überführung wichtiger bisher lediglich in den Anhängen enthaltener Informationen in die Hauptabschnitte der Prüfnorm die Übersichtlichkeit insgesamt verbessert wurde.

Dennoch enthalten die Normen einige Unstimmigkeiten, sodass mit dem Erscheinen von Korrekturen noch zu rechnen sein wird.

 **Hinweis**

Leser der Premium-Ausgabe dieses Buchs erhalten in Ihrem Online-Zugang in der Mediathek unter Arbeitshilfen eine umfassende Tabelle mit einer direkten Gegenüberstellung der neuen Normen gegenüber der bisherigen Norm VDE 0701-0702. Den Lesern, die mit der bisherigen Norm VDE 0701-0702 vertraut waren, sollen so die sich durch die neuen Normen ergebenden wesentlichsten Neuerungen und Unterschiede schnell erkennen und ihnen den Einstieg erleichtern. Inhalte, die in der bisherigen Norm in anderem Wortlaut oder an anderer Stelle, jedoch sinngemäß gleich enthalten waren, sind in dieser Übersicht nicht berücksichtigt. Diese Inhalte werden in Kapitel 1 „Prüfablauf“ im Gesamtkontext dargestellt. Vor dem Hintergrund der erläuterten Übersetzungsprobleme wird in dieser Gegenüberstellung bewusst weitestgehend auf die Verwendung der Normtexte verzichtet. Relevante Abweichungen sind **fett gedruckt** hervorgehoben. Ggf. notwendige Kommentare oder Erläuterungen des Autors sind in eckige Klammern [ ] gesetzt. Diese Auflistung erhebt keinen Anspruch auf Vollständigkeit.

1 Prüfablauf

Schaffung und Erhalt sicherer und menschengerechter Arbeitsbedingungen sind wesentliche Aufgaben der Unternehmen und ihrer Fach- und Führungskräften. Zahlreiche (EU- wie auch nationalstaatliche) Gesetze und Verordnungen befassen sich entsprechend mit der Sicherheit elektrischer ► „Arbeitsmittel" und den damit verbundenen Anforderungen für deren Gewährleistung.

Die nachfolgende Abbildung gibt einen groben Überblick über die Organe, die europäisch, staatlich, privatrechtlich und versicherungstechnisch an der Erarbeitung der konkret zu beachtenden Maßnahmen mitwirken, und veranschaulicht, wie die jeweiligen Kompetenzbereiche miteinander verbunden sind.

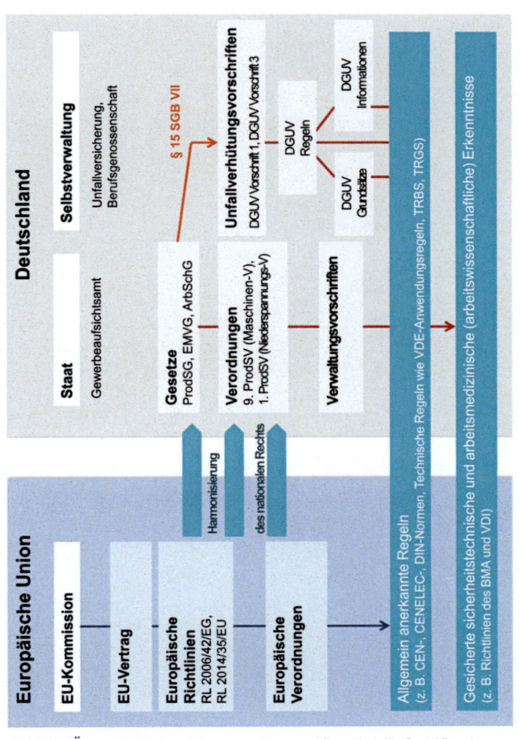

***Bild 1:** Übersicht Rechtsgrundlagen (Quelle: F. Schlüter)*

In praktisch allen in Deutschland einschlägigen Gesetzen und Verordnungen, d. h. konkret im Arbeitsschutzgesetz, in der Betriebssicherheitsverordnung (Verordnung über Sicherheit und Gesundheitsschutz bei der Verwendung von Arbeitsmitteln, BetrSichV), im Energiewirtschaftsgesetz sowie im Regelwerk der Deutschen Gesetzlichen Unfallversicherung wird bezüglich der Sicherheit elektrischer ► „Betriebsmittel" und Anlagen die Einhaltung der allgemein gültigen und anerkannten Regeln der Technik (VDE-Bestimmungen) verlangt und vorausgesetzt. Die darauffolgende Abbildung veranschaulicht detaillierter, welche Regelwerke bspw. bei Prüfungen anzuwenden sind.

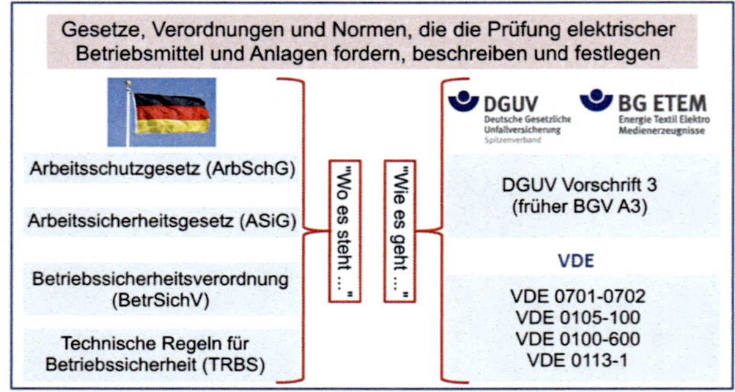

Bild 2: *Prüfungen, von den Rechtsgrundlagen bis hin zu Handlungsvorgaben (Quelle: F. Schlüter)*

Im Zusammenhang mit der ► „Prüfung von Maschinenausrüstungen" sind die Vorgaben nach DIN EN 60204-1 (VDE 0113-1) „Sicherheit von Maschinen – Elektrische Ausrüstung von Maschinen – Teil 1: Allgemeine Anforderungen" maßgeblich. Die nachfolgenden Ausführungen zu der Prüfung elektrischer Maschinenausrüstung (► „Elektrische Maschinenausrüstung“) basieren entsprechend auf den Inhalten dieser Norm.

Allen zuvor genannten Regelwerken gemeinsam ist, dass sie für die Gesamtheit der elektrischen Geräte, Anlagen und Maschinen (► „Maschine“) eine Prüfung verlangen. Aufgrund der mit der Nutzung elektrischen Stroms verbundenen besonderen ► „Gefährdungen“ hat der Arbeitgeber (gem. § 3 Abs. 1 DGUV Vorschrift 3 bzw. 4) zudem sicherzustellen, dass elektrische Anlagen und Betriebsmittel nur von einer Elektrofachkraft oder unter deren Leitung und Aufsicht den elektrotechnischen Regeln entsprechend errichtet, geändert und instand gehalten werden.

Ferner verlangt der Gesetzgeber (z. B. in § 14 BetrSichV), dass die Prüfung der elektrischen Arbeitsmittel zu folgenden Anlässen zwingend durchzuführen ist:

- vor der Erstinbetriebnahme
- vor der Wiederinbetriebnahme nach einer
  - Reparatur
  - Änderung
  - Erweiterung
- nach bestimmten Fristen/Zeitabständen (wiederkehrend)

Während die konkreten Anlässe für eine Prüfung somit klar definiert und geregelt sind, wird die Festlegung von Art, Umfang und Fristen der erforderlichen Prüfungen letztendlich dem Ermessen der zur Prüfung befähigten und mit der Prüfung beauftragten Person überlassen.

Die Unfallverhütungsvorschriften enthalten zwar Richtwerte zu den Prüffristen (► Kap. 2.4.4), z. B. für Anlagen und Geräte, jedoch keine Aussage speziell für die elektrische Ausrüstung von Maschinen; diesbezüglich wird lediglich auf die Prüffristen für elektrische Anlagen verwiesen. Die Betriebssicherheitsverordnung schlägt einen anderen Weg ein und verlangt, dass Prüffristen anhand einer ► „Gefährdungsbeurteilung" ermittelt werden.

1.1 Besonderheiten der Prüfung von Maschinen

Prüfungen an Maschinen sollen ein sicheres Betreiben und Instandsetzen gewährleisten, indem Schäden oder ► „Mängel" rechtzeitig erkannt und behoben werden können.

Die Hauptziele einer Maschinenprüfung sind entsprechend:

- Sicherheit für Personen und Sachen
- Erhalt der Funktionsfähigkeit
- Erleichterung von Betrieb und ► „Instandhaltung"

In der Grundlogik unterscheidet sich der Prüfablauf für Maschinen nicht von demjenigen für Anlagen und Geräte.

Die Prüfungen von Betriebsmitteln (Anlagen, Geräte und Maschinen) auf Gewährleistung des Personenschutzes und der Betriebssicherheit umfassen i. d. R. die folgenden Schritte:

- Besichtigen
- ► „Messen"
- Erprobung und ► „Funktionsprüfung"
- Nachbereitung: Bewertung, Fristfestsetzung, Dokumentation

Anschließend an die Prüfung muss der Prüfer die ermittelten Ergebnisse auswerten und gewonnene Erkenntnisse dokumentieren.

Wenn auch z. T. unterschiedlich detailliert und gelagert, sind die o. g. Prüfschritte in den verschiedenen einschlägigen Regelwerken und Normen, die sich mit der Ausführung von Prüfungen befassen, vorzufinden.

Je nach Art, Größe, Umfang und Einsatzgebiet der zu prüfenden ► „Arbeitsmittel" ergeben sich dann selbstverständlich unterschiedliche Abläufe und Schwerpunkte.

Vergleicht man bspw. die Prüfabläufe für elektrische Geräte gemäß DIN VDE 0701 bzw. DIN VDE 0702 mit denen für elektrische Anlagen und ortsfeste ► „Betriebsmittel" nach DIN VDE 0100-600, so lassen sich folgende Gemeinsamkeiten und Unterschiede feststellen:

1. Als erster durchzuführender Prüfschritt ist immer eine ► „Sichtprüfung" (► Kap. 1.2.1) auf äußerlich erkennbare Mängel durchzuführen.
2. Durch Messen und ► „Erproben" werden die jeweils relevanten elektrischen Parameter, physikalischen Daten und Werte sowie die Wirksamkeit der ► „Schutzeinrichtungen" ermittelt und überprüft. Die nachfolgende Tabelle gibt eine kurze Übersicht über die jeweils verlangten Prüfschritte (die im Fall der ortsfesten Anlagen/Betriebsmittel zahlreicher sind) sowie deren Reihenfolge:

Messen und Erproben	
Erforderliche Teilschritte/ verlangte Reihenfolge nach DIN VDE 0701 bzw. DIN VDE 0702	**Erforderliche Teilschritte/ verlangte Reihenfolge nach DIN VDE 0100-600**
Schutzleiterwiderstandsmessung (an Geräten der ► „Schutzklasse" I)	Messung der ► „Durchgängigkeit" der Schutzleiter
Isolationswiderstandsmessung	Isolationswiderstandsmessung
Schutzleiter- bzw. Berührungsstrommessung	Isolationswiderstandsmessung zur Prüfung der Wirksamkeit des Schutzes durch ► „SELV", ► „PELV" und ► „Schutztrennung"
Messung der Ausgangsspannung und der sicheren Trennung (sofern erforderlich)	Messung der Widerstände/ Impedanzen von isolierenden Fußböden und Wänden
	Prüfung der Spannungsqualität/-polarität
	Prüfung des Schutzes durch automatische Abschaltung der Stromversorgung
	Überprüfung der Maßnahmen zum zusätzlichen Schutz auf ihre Wirksamkeit
	Prüfung der Phasenfolge im Mehrphasensystem

Messen und Erproben	
Erforderliche Teilschritte/ verlangte Reihenfolge nach DIN VDE 0701 bzw. DIN VDE 0702	**Erforderliche Teilschritte/ verlangte Reihenfolge nach DIN VDE 0100-600**
	Funktionsprüfung
	Prüfung der Einhaltung des maximal zulässigen Spannungsfalls

3. Die Funktionsprüfung dient dazu, nachzuweisen, dass
   - alle Baugruppen und Funktionen der geprüften ortsveränderlichen elektrischen Geräte, die der Sicherheit dienen (wie z. B. Sicherheitsabschaltungen, Verriegelungen, Signalgeber usw.), funktionsfähig und wirksam sind bzw.
   - alle Bauteile der geprüften elektrischen Anlage (Antriebe, Schaltgeräte, Anzeigegeräte usw.) einschließlich der Schutzeinrichtungen entsprechend der Norm errichtet, montiert und eingestellt sind und der maximal zulässige Spannungsfall eingehalten wird.

Auch bei der Prüfung von Maschinen wird der beschriebene Grundaufbau befolgt, und die drei oben aufgeführten Prüfschritte werden vorausgesetzt.

Auf die Vorgaben gemäß VDE 0113-1 für die einzelnen Schritte wird im nachfolgenden ► Kap. 1.2 detaillierter eingegangen.

Wird der Prüfablauf gemäß VDE 0113-1 für die ► „elektrische Maschinenausrüstung“ in die Betrachtung mit einbezogen, lassen sich wiederum folgende Gemeinsamkeiten und Unterschiede feststellen.

1. Auch im Fall der elektrischen Maschinenausrüstung ist der erste erforderliche Schritt die Sichtprüfung.
   Ungeachtet, ob bei Anlagen, Geräten oder Maschinen: Dieser Prüfschritt ist grundlegender Bestandteil aller erwähnten Prüfabläufe. Allein durch die Sichtprüfung werden üblicherweise bis zu 80 % der Fehler aufgedeckt. In vielen Fällen erübrigen sich bereits aufgrund dieses ersten Prüfschritts die nachfolgenden messtechnischen Überprüfungen, was zum einen zum Schutz der prüfenden Person beiträgt und zum anderen für diese den weiteren Prüfumfang reduziert.
2. Im zweiten Schritt wird auch bei der Prüfung von Maschinen mit dem Messen fortgefahren. Denn eine Funktionsprüfung (dritter Schritt) ergibt erst dann Sinn, wenn der messtechnische Beweis erbracht ist, dass die betreffende Maschine sicher ist – nicht zuletzt für den Prüfer.
   Im Zusammenhang mit diesem Prüfschritt hat der Prüfer selbstverständlich u. a.
   a) zu bewerten, welche Messtechnik die richtige ist,
   b) Vor- und Nachteile von der einzusetzenden Prüfspannung abzuwägen und
   c) sich zu vergewissern, dass die in den einschlägigen Normen vorgegebenen Prüf- und Schutzziele auch erreicht werden.

   In modernen Maschinen kommen immer komplexere und aufwendigere Steuerungssysteme zum Einsatz, sodass bei der Festlegung der erforderlichen Prüfungen sehr genau zu erwägen ist, ob ein bestimmtes Prüfverfahren nicht u. U. sogar Schäden anrichten kann. Als Beispiel hierfür sei kurz die Isolationswiderstandsmessung genannt, die aufgrund der

dafür benötigten Voraussetzungen (Prüfspannung) bestimmte elektronische Komponenten beschädigen kann und somit ggf. sinnvollerweise durch Alternativverfahren, wie z. B. die Differenzstrommessung, zu ersetzen ist (► Kap. 1.2.3).
Ein wesentlicher Unterschied im Vergleich zu den Geräte- und Anlagenprüfungen stellt bei der Maschinenprüfung (nicht zuletzt aufgrund ihrer Komplexität) die sog. Spannungsprüfung dar (in der Praxis gelegentlich auch als „Hochspannungsprüfung" bezeichnet, ► Kap. 1.2.4).
3. Auch bei Maschinen wird schließlich der Prüfablauf mit einer Funktionsprüfung (► Kap. 1.2.6) abgeschlossen.
Auf die Funktionsprüfung wird in VDE 0113-1 lediglich ganz knapp eingegangen, obwohl dieser Prüfschritt – gerade bei komplexen Maschinen – den Prüfern oft große Schwierigkeiten bereitet. Bei Maschinen gehört zu diesem Prüfschritt die genauere Überprüfung der einwandfreien Funktionsfähigkeit der
   - Befehlsgeräte,
   - Schutzeinrichtungen,
   - Meldeeinrichtungen,
   - Überwachungseinrichtungen (Unterspannungsauslöser, Isolationsüberwachung etc.),
   - generellen Funktion der maschinellen Anlage.

Der sichere Betrieb von Maschinen erfordert eine regelmäßige Prüfung von Maschinen- und Sicherheitsfunktionen, die ein ungefährliches Montieren, Einrichten, Rüsten, Bedienen, Instandsetzen und Reinigen gewährleisten sollen.

Maschinen und Maschinenanlagen in Form von verketteten und flexiblen Fertigungssystemen zählen zu den Arbeitsmitteln i. S. d. Betriebssicherheitsverordnung und sind entsprechend von deren Anforderungen an die Bereitstellung, Benutzung und Prüfung von Arbeitsmitteln betroffen.

§§ 14 und 15 der Betriebssicherheitsverordnung schreiben bei Maschinen eine Prüfung in folgenden Fällen vor:

- vor der ersten ► „Inbetriebnahme“ oder
- vor der Wiederinbetriebnahme nach z. B. Reparatur, Änderung, Erweiterung, Standortänderung
- nach außergewöhnlichen Ereignissen

Außergewöhnliche Ereignisse können bspw. längerer Stillstand oder längere Zeiten der Nichtbenutzung, Änderungen (► „Umbau“, Störungsbeseitigung, Manipulation), ► „Instandsetzung“ der Anlage, Unfälle oder Havarien sein.

Die Anforderungen an die Prüfung elektrischer Maschinenausrüstung sind in DIN EN 60204-1 im Kapitel 18 „Prüfungen“ enthalten. Mit den dazugehörigen Prüfschritten wird festgestellt, ob alle zutreffenden Normanforderungen erfüllt sind.

Dies sollte systematisch erfolgen und mit dem Ziel durchgeführt werden, den ► „Ist-Zustand“ der

- herstellerseitigen Anforderungen an ein sicheres Maschinensystem (Herstellerangaben zur Prüfung von Baugruppen und Komponenten) und
- sicherheitstechnischen Anforderungen des Maschinensystems (vom Hersteller vorgesehene technische und organisatorische ► „Schutzmaßnahmen“)

zu ermitteln.

Anhand des Vergleichs mit dem zu erwartenden ► „Soll-Zustand“ lassen sich Abweichungen/Defizite in der Sicherheit der Maschine erkennen.

Grundsätzlich sollte der Prüfablauf folgende Schritte berücksichtigen:

- Beurteilung des Sicherheitskonzepts, das vom Hersteller vorgesehen wird (Sicherheitsfunktionen, Betriebsarten)
- Prüfung der Schutzeinrichtungen (Wirksamkeit, Zweckmäßigkeit)
- Funktionsprüfungen der Steuerung und der Sicherheitsfunktionen
- Prüfung der Ausrüstung, insbesondere der Elektrik, Hydraulik, Mechanik, Pneumatik
- Überprüfung der organisatorischen und personenbezogenen Schutzmaßnahmen (Persönliche Schutzausrüstung, Unterweisung)

Die Technische Regel für Betriebssicherheit (TRBS) 1201 „Prüfungen und Kontrollen von Arbeitsmitteln und überwachungsbedürftigen Anlagen“ unterscheidet zur Beurteilung des sicherheitstechnischen Zustands eines Arbeitsmittels zwischen Ordnungsprüfungen und technischen Prüfungen (► Kap. 2.4.2).

Eine Ordnungsprüfung ist demnach eine turnusmäßige ► „wiederkehrende Prüfung“ (innerhalb eines vom ► „Betreiber“ festgelegten Prüfintervalls) und soll feststellen, ob

- sich die Betriebsbedingungen und die technische Beschaffenheit der Maschine seit der letzten Prüfung geändert haben bzw.

- die festgelegten Prüfparameter (Frist, Umfang, Intervall) den sicheren Betrieb gewährleisten oder zu ändern sind.

Die technische Prüfung dagegen ist u. a. als arbeitstägliche Prüfung zu verstehen, die vor Arbeitsbeginn bzw. der Benutzung eines Arbeitsmittels vom Bediener durchzuführen ist. Dabei wird der sicherheitstechnische Zustand durch eine äußere oder innere Sichtprüfung und Durchführung einer Funktions- und Wirksamkeitsprüfung kontrolliert.

Im Allgemeinen gelten für die sichere und fachgerechte Durchführung von Prüfungen folgende Hinweise:

1. Die Prüfung muss durch eine Elektrofachkraft erfolgen, die zur Durchführung von Prüfungen befähigt ist (zu den Qualifikationsanforderungen an den Prüfer ► Kap. 2.5).
2. Die Prüfergebnisse müssen bewertet werden, den Vorgaben der einschlägigen Normen bzw. sonstiger Regelwerke entsprechen sowie „üblich und sinnvoll“ sein.
3. Alle zur Prüfung notwendigen Informationen (d. h. alle relevanten Produkt-, Errichtungsnormen und Unterlagen) müssen dem Prüfer zur Verfügung gestellt werden.
4. Bei Änderung und Erweiterung muss nachgewiesen und dokumentiert werden, dass diese die Sicherheit der maschinellen Anlage nicht beeinträchtigen.
5. Das Auftreten normgerechter, aber auffälliger Werte (z. B. ungewöhnlich niedrige Isolationswerte $< 10\ M\Omega$ aber $> 1\ M\Omega$) ist zu untersuchen.
6. Wird im Rahmen der Prüfung die Nichteinhaltung der einschlägigen Anforderungen festgestellt, ist nach der Fehlerbeseitigung die Prüfung zu wiederholen.

7. Die Ergebnisse der Prüfung sind unter Einhaltung der Mindestanforderungen der Norm durch einen ► „Prüfbericht" (► Kap. 1.2.8) zu dokumentieren.
8. Alle notwendigen Maßnahmen zur Verhinderung von ► Gefährdungen für Menschen, Nutztiere und Betriebsmittel müssen ergriffen werden.
9. Die Benutzung normgerechter Messgeräte ist erforderlich.

Schnittstellen zu anderen Normen

Zusammenfassend sind in Zusammenhang mit der Prüfung von Maschinen folgende Überschneidungen mit weiteren Normen mit zu berücksichtigen:

- Prüfung der Energieversorgung nach DIN VDE 0100-600:
  - Erdungssystem
  - ► „Isolationswiderstand"
  - Schutz gegen elektrischen Schlag
  - Impedanz des Netzes vor der Netz-Trenneinrichtung
- Prüfung vorgefertigter Niederspannungs-Schaltgerätekombinationen nach DIN EN 61439-1 (VDE 0660-600-1):
  ► „Durchgängigkeit" der Schutzleiter, Isolationsprüfung
- Prüfung einzelner elektrischer Betriebsmittel nach den jeweiligen Produktnormen
- Anlagenprüfung und Prüfung elektrischer Anlagen nach DIN VDE 0105-100 und Prüfung elektrischer Geräte nach DIN VDE 0701 bzw. DIN VDE 0702.

1.1.1 Energieversorgung

Eine Maschinenprüfung umfasst im Kern ihre gesamte elektrische Ausrüstung. Zu der Frage, was konkret zu dieser Ausrüstung gehört und was nicht, sind allerdings in den Fachkreisen, die sich mit der Thematik befassen, unterschiedliche Auffassungen vertreten.

Beginnt die Prüfung der elektrischen Ausrüstung für die einen erst ab Netztrenneinrichtung, reicht sie für die anderen über diese Trenneinrichtung hinaus und schließt die komplette Stromversorgung inklusive der speisenden Spannungsquellen mit ein.

Dass der Versorgungsweg bis zur Spannungsquelle (d. h. von der Trenneinrichtung bis hin zum speisenden Transformator) bei einer Anlagenprüfung zum erforderlichen Prüfumfang gehört, ist unumstritten. Bei einer Maschinenprüfung wäre dagegen eine Aufteilung der Prüfaufgaben durchaus vorstellbar, die folgende Aspekte separat auswertet:

- die sicherheitstechnische Funktionalität der Maschine (von der oben definierten Trennstelle aus)
- der ordnungsgemäße Zustand (► „Ordnungsgemäßer Zustand“) der Komponenten von der Spannungsquelle bis hin zur Trennstelle

Aber natürlich endet die Sicherheit einer Maschinenausrüstung nicht an einer Steckverbindung oder Anschlussdose bzw. fängt dort an. Entsprechend empfiehlt es sich grundsätzlich, die gesamte Versorgungsseite der maschinellen Anlage von der Spannungsquelle bis hin zum Endstromkreis im Rahmen der Prüfung auszuwerten. Auf die verschiedenen Varianten eines

Niederspannungsnetzes zur elektrischen Stromversorgung wird nachfolgend detaillierter eingegangen.

Als erster der erforderlichen messtechnischen Prüfschritte verlangt VDE 0113-1 im Abschnitt 18.2.1 den Nachweis, dass die Maßnahmen für die automatische Abschaltung der Stromversorgung wirksam und funktionsfähig sind (► Kap. 1.2.2).

Speziell befasst sich dieser Prüfschritt daher mit der Überprüfung der Voraussetzungen in TN-, TT- und IT-Systemen, also den typischen und gängigen Energieversorgungssystemen. Bezüglich des hierbei anzuwendenden Prüfverfahrens enthält die Norm allerdings kaum konkrete Hinweise, sondern liefert größtenteils lediglich Querverweise.

Zum besseren Verständnis wird nachfolgend kurz auf die Besonderheiten der betreffenden Versorgungssysteme eingegangen.

Netzsysteme und -formen unterscheiden sich je nach Stromart (Gleichstrom, Wechselstrom), Anzahl der aktiven Leiter sowie Maßnahmen zum Schutz bei indirektem Berühren (► „Fehlerschutz"), d. h. im Einzelnen durch die Erdungsverhältnisse der Spannungsquelle bzw. der angeschlossenen stromführenden Netzleiter bei Stromversorgungsnetzen nach DIN VDE 0100-100 „Errichten von Starkstromanlagen mit Nennspannungen bis 1000 V".

Netzsysteme

Unterschieden werden bei Netzsystemen drei Grundformen (TT-System, TN-System, IT-System) und folgende Ausführungen des TN-Systems: TN-S-, TN-C- und TN-C-S-Systeme.

Für die Bezeichnung der verschiedenen Netzsysteme werden international einheitliche Kurzzeichen verwendet, die aus mindestens zwei Buchstaben bestehen. Dabei charakterisiert der erste Buchstabe die Erdungsverhältnisse an der Strom-/Spannungsquelle, der zweite Buchstabe die Erdungsverhältnisse der ► „Körper“ der ► „Betriebsmittel“:

- T (= *terra/terre*, „Erde“): direkte ► „Erdung“ eines Punkts; Beispiele hierfür sind der Sternpunkt des speisenden Trafos, Körper bzw. ► „Gehäuse“ der Maschine/maschinellen Anlage etc.
- I (= *isolé*, „isoliert“): Isolierung aller aktiven Teile (► „Aktives Teil“) gegen Erde
- N (= *neutre*, „neutral“): Alle berührbaren Körper (Gehäuseteile) sind mithilfe eines Schutzleiters mit dem Sternpunkt des Trafos (N) verbunden.

Mit den folgenden weiteren Buchstaben wird außerdem die Anordnung des Neutralleiters und Schutzleiters im Netz charakterisiert:

- S (= *separé*, „getrennt“): Neutralleiter und ► „Schutzleiter“ getrennt/separat geführt
- C (= *combiné*, „kombiniert“): Neutralleiter und Schutzleiter sind zum PEN-Leiter zusammengefasst.
- C-S: Neutralleiter und Schutzleiter sind nur in einem Teil des Netzes zu einem Leiter zusammengefasst.

1.1.1.1 TN-Netze

Bei dieser Netzsystemvariante, die in der Praxis überwiegend eingesetzt wird, ist der Sternpunkt des speisenden Trafos geerdet (T), während die ► „Körper" der Endgeräte über einen ► „Schutzleiter" mit den Sternpunkt (N) des speisenden Trafos verbunden sind.

TN-C-Netze

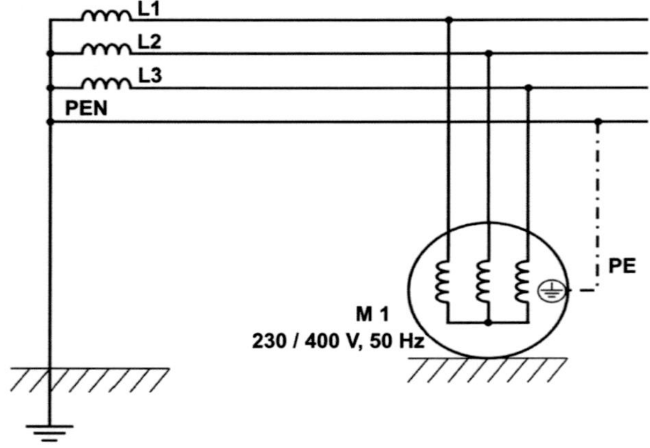

Bild 1: *Schaltplan, TN-C-Netz (Quelle: F. Schlüter)*

Besondere Merkmale dieses Netzsystems

- Vorteil: Eine Leitung kann eingespart werden.
- Nachteil: Die Betriebsströme auf dem Schutzeiter können EMV-Störungen hervorrufen.

Die Schutzleiterverbindung wird zwischen dem Gehäuse (Körper) des Verbrauchers und dem Sternpunkt der Spannungsquelle realisiert – was bei dieser Systemvariante mit „C" (kombiniert) gekennzeichnet wird.

Konkret übernimmt hier eine Leitung also zwei Aufgaben: Einerseits leitet sie die Betriebsströme (im Schaltplan mit N gekennzeichnet), und andererseits erfüllt sie eine Schutzfunktion (Kennzeichnung PE). Im Schaltbild wird dies gekennzeichnet, indem die beiden Kürzel entsprechend zu „PEN" zusammengeführt werden.

Im Fehlerfall kann hier ein relativ großer ► „Fehlerstrom" fließen. Dies ist sogar beabsichtigt, damit die Abschaltung eines Fehlerstromkreises in möglichst kurzer Zeit erfolgen kann.

Die Prüfung dieses Abschaltvorgangs erfolgt i. d. R. im Rahmen einer Anlagenprüfung anhand einer Messung der ► „Fehlerschleifenimpedanz", kann aber auch Bestandteil einer Maschinenprüfung sein (vgl. hierzu die Prüfhinweise in ► Kap. 1.2.2.2).

TN-S-Netze

Die nachfolgende Abbildung zeigt eine weitere und wirksamere Möglichkeit, das o. g. TN-Schutzkonzept umzusetzen.

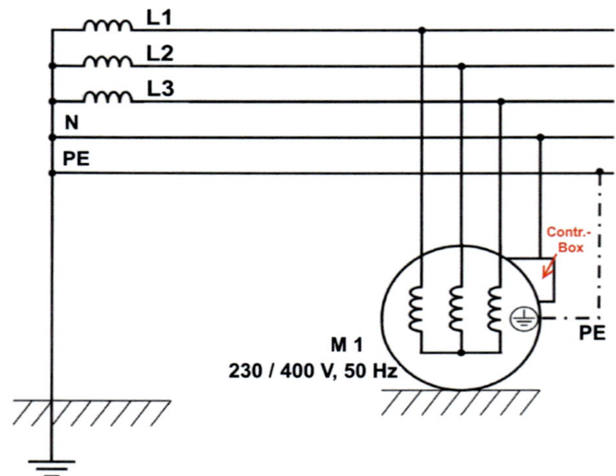

***Bild 2:** Schaltplan, TN-S-Netz (Quelle: F. Schlüter)*

Besondere Merkmale dieses Netzsystems

- Vorteil: Im Vergleich zur vorherigen Ausführungsvariante ist dieses Netzsystem nicht/kaum für EMV-Störungen und/oder -Probleme anfällig.
- Nachteil: Diese Ausführung erfordert einen höheren Aufwand an Material und bei der Montage.

Auch in diesem Fall besteht eine Schutzleiterverbindung zwischen dem Gehäuse (Körper) des Verbrauchers und dem Sternpunkt der Spannungsquelle. Im Schaltplan wird dies mit „S“ (wie separat) und den getrennten Abkürzungen PE (Schutzleiter) und N (Neutralleiter) gekennzeichnet. Bei dieser Ausführung wird der Schutz mithilfe einer zweiten/separaten Leitung realisiert: Eine Leitung leitet die Betriebsströme (Kennzeichnung: N), während die Schutzfunktion von einer weiteren Leitung übernommen wird (Kennzeichnung: PE).

Zur Umsetzung der Schutzfunktion dieser Netzvariante und zu deren Prüfung gelten die gleichen Voraussetzungen wie bei TN-C-Netzen.

TN-C-S-Netze

Als Kombination beider zuvor genannter Netzsysteme ist diese Ausführungsvariante in der Praxis sehr häufig vorzufinden, insbesondere in der öffentlichen Energieversorgung. Im Grunde wird dabei ein TN-C-System (vorzugsweise für das Verteilungsnetz des Versorgungsnetzbetreibers, VNB) mit einem TN-S-System (in der Kundenanlage) kombiniert, um dasselbe Schutzkonzept zu verfolgen.

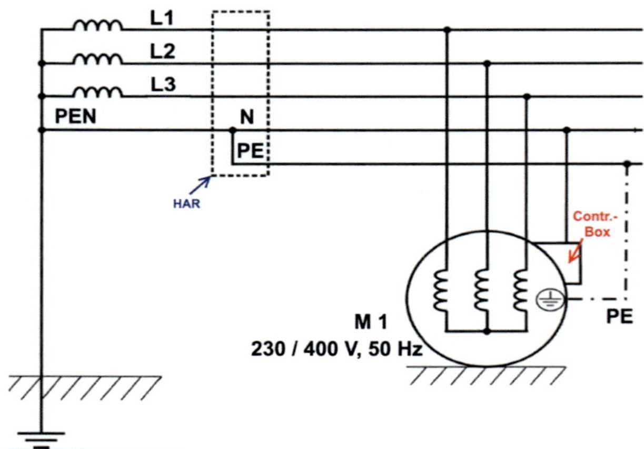

Bild 3: *Schaltplan, TN-C-S-Netz (Quelle: F. Schlüter)*

Besondere Merkmale dieses Netzsystems

- Vorteil: Im Vergleich zur vorherigen Ausführungsvariante ist dieses Netzsystem (zumindest im Bereich der Kundenanlage) nicht/kaum für EMV-Störungen und/oder -Probleme anfällig.

Im vorgelagerten Netz ist überwiegend eine vieradrige Verlegung vorzufinden. Im Bereich ab Hausanschlusskasten – spätestens ab der Zählertafel – wird meist fünfadrig weiterverlegt. Da hier die Varianten „C“ und „S“ miteinander verknüpft sind, findet sich die Buchstabenkombination auch in der Bezeichnung des Versorgungssystems wieder (TN-C-S-Netz).

Die Bezeichnung „HAR“ im Schaltbild steht für Hausanschlussraum, wo die Trennung von „N“ und „PE“ i. d. R. zu finden ist.

 **Hinweis**

Für die Trennung von N und PE, z. B. im HAR, sind die jeweiligen Technischen Anschlussbedingungen (TAB) des zuständigen Netzbetreibers zu beachten.

Auch bei dieser Netzvariante gelten zur Umsetzung der Schutzfunktion und für deren Prüfung die gleichen Voraussetzungen wie bei den vorherigen Netzsystemen.

1.1.1.2 TT-Netze

Die vorher genannte TN-Variante der Energieversorgung ist hauptsächlich in Städten und dichter besiedelten Gebieten zu finden. Zu diesen Anlagen gehört immer auch ein Anlagenerder, doch da dieser für die Abschaltung im Fehlerfall zweitrangig ist, wird er in betreffenden Schaltplänen gern weggelassen.

Ganz anders ist das im TT-Netz (vgl. nachfolgende Abbildung). Hier muss ein möglicher ► „Fehlerstrom“ über das Erdreich fließen können, weshalb der Anlagenerder unerlässlich ist.

TT-Netze findet man v. a. in ländlichen Gegenden, teilweise in Gegenden mit dünner Besiedelung (so z. B. auch bei Aussiedlerhöfen) und auf jeden Fall dort, wo noch Freileitungen im Einsatz sind. Bei dieser Netzsystemvariante ist der Sternpunkt des speisenden Trafos geerdet (erstes T), während alle berührbaren ► „Körper“ (Gehäuseteile) mit dem Anlagenerder als eigenständigem zweiten Erder (zweites T) verbunden sind.

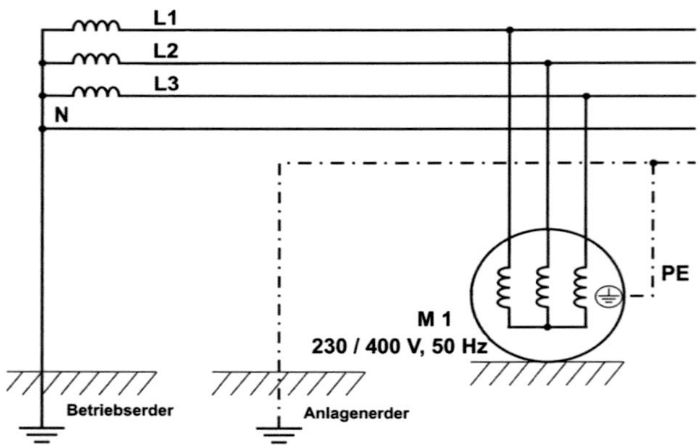

Bild 4: *Schaltplan, TT-Netz (Quelle: F. Schlüter)*

Besondere Merkmale dieses Netzsystems

Die Schutzleiterverbindung besteht zwischen ► „Gehäuse“ (Körper) des Verbrauchers und Anlagenerder, jedoch nicht zwischen Körper und Sternpunkt.

Im Fehlerfall kann hier leider kein großer Fehlerstrom fließen: Die beiden Erderwiderstände lassen das nicht ohne Weiteres zu. Damit die Abschaltung eines Fehlerstromkreises ebenfalls in möglichst kurzer Zeit erfolgen kann, müssen solche Anlagen mit einem ► „RCD“ ausgerüstet sein. Die Prüfung dieser ► „Schutzeinrichtungen“ erfolgt i. d. R. im Rahmen einer Anlagenprüfung.

Prüfhinweise

a) Messung des Erderwiderstands

- Falls die Messung des Erderwiderstands erforderlich ist, kann sie nach verschiedenen Verfahren gemäß DIN VDE 0100-600 durchgeführt werden; entsprechende Beispiele werden in der Norm aufgeführt.
- Der Erderwiderstand wird durch Messung nach dem Strom-Spannungsverfahren ermittelt. Der Erder muss dabei vom PE (PEN) abgetrennt werden. Gemessen wird mit einem Wechselstrom, der zwischen einem Hilfserder und dem zu messenden Erder eingespeist wird. Mit einer im Bereich der Bezugserde des zu messenden Erders angebrachten Sonde wird der Spannungsfall gemessen und der Erderwiderstand ermittelt.

b) Maßnahmen zum zusätzlichen Schutz

Die Maßnahmen zur Realisierung des zusätzlichen Schutzes (► „Zusätzlicher Schutz“) sind durch Sichtprüfungen (► Kap. 1.2.1) und Messungen auf ihre Wirksamkeit zu prüfen:

- Sind als zusätzlicher Schutz RCDs vorgesehen, muss ihre Wirksamkeit mit geeigneten Messgeräten geprüft und nachgewiesen werden.
- Werden RCDs gleichzeitig für den ► „Fehlerschutz“ und den zusätzlichen Schutz angewendet, so sind die betreffenden Forderungen nach DIN VDE 0100-410 zu erfüllen. Zur Ein-

haltung der vorgegebenen Abschaltzeiten ist demnach in bestimmten Fällen das Vielfache des Bemessungsfehlerstroms notwendig.

 **Praxistipp**

Praxistipps für die Messung des Erderwiderstands

- Um Einflüsse durch Polarisationen am Übergang des metallenen Erders zur Erde zu verhindern, ist als ► „Prüfstrom" ein Wechselstrom einzusetzen.
- Zur Vorbeugung von Messfehlern, die von evtl. auftretenden Serienstörspannungen benachbarter Spannungen hervorgerufen werden könnten, ist die Messung mit einem Messstrom, dessen Frequenz **kein** ganzzahliges Vielfaches der Netzfrequenz ist, durchzuführen.

Nach DIN VDE 0100-600 sind folgende Messverfahren anwendbar:

- **Zweileitermessung:** Die Messung des Widerstands erfolgt hierbei zwischen dem zu messenden und einem bekannten Erder, z. B. einem Erder des Netzbetreibers, wie dem Sternpunkt des speisenden Transformators, bezeichnet als PEN im TN-C-Netz.
- **Dreileitermessung:** Dieses Messverfahren erfolgt mit drei Messonden. Hierfür werden zwei Erdspieße – ein Hilfserder und eine Sonde – im Abstand von mindestens 20 m gesetzt; dabei wird
  - der Messstrom zwischen Hilfserder und Erder eingespeist,
  - der Spannungsfall zwischen Erder und Sonde gemessen,

  - der ► „Widerstand" der Messleitung vom Messgerät zum Erder mitgemessen.

  Der Nachteil dieses Messverfahren ist, dass der Widerstand der Messleitung in das Messergebnis eingeht und dieses ungenauer wird, was man jedoch rechnerisch korrigieren kann.
- **Vierleitermessung:** Wird anstelle der Dreileitermessung eingesetzt, wenn sehr niederohmige Erdungswiderstände auftreten oder die Messleitung zwischen Messgerät und Erder das Messergebnis wesentlich beeinflussen würde. Der Widerstand der Messleitung geht nicht in die Auswertung ein, weil dieser automatisch herausgerechnet wird.
- **Messung mit einer Stromzange:** Dabei werden zwei Erdspieße – ein Hilfserder und eine Sonde – gesetzt. Der Messstrom wird zwischen Hilfserder und Erder eingespeist und der Spannungsfall zwischen Erder und Sonde gemessen.
- **Messung mit zwei Stromzangen/Erdschleifenmessung:** Als spießlose Erdungsmessung wird sie in Gegenden angewendet, in denen es (z. B. wegen Bebauungs- oder Bodenverhältnissen) praktisch unmöglich ist, Erdspieße als Hilfserder zu setzen. Sie wird bei Erdungsanlagen mit verbundenen Erdern, die eine Schleife bilden (z. B. Blitzschutzanlagen) durchgeführt. Sie erfolgt mit zwei Stromzangen bzw. einer speziellen Erdungsmesszange. Diese werden direkt an den zu prüfenden Erder angelegt. Dabei wird
  - mit einer Stromzange ein Messstrom in die Erdschleife induziert,
  - mit einer zweiten Zange in einem Abstand von 0,25 m der Strom durch den Erder gemessen.

Damit werden dann alle parallel zueinander liegenden Widerstände in der Schleife gemessen. Je mehr parallel liegende Widerstände es in dieser Erdschleife gibt, umso genauer ist der zu messende Erderwiderstand.

- **Messung mit der Erdungsmesszange:** Kombiniert das vorstehend beschriebene Messprinzip in einer speziellen Zange.

1.1.1.3 IT-Netze

Im Rahmen von Maschinenprüfungen bekommen IT-Netze einen besonderen Stellenwert. Als typische Einsatzgebiete dieser Netzsystemvarianten zu erwähnen sind:

- Laboratorien, Operationssäle,
- selbstfahrende Arbeitsmaschinen,
- Hybridfahrzeuge/Elektroautos, E-Lokomotiven (Eisen- bzw. Straßenbahnen) sowie
- separate Energiestationen wie Trenntrafos, z. B. auf Baustellen mit besonderen Umgebungsbedingungen, Umspannwerken, Kesseln oder Naben von Windkraftanlagen.

IT-Netze können autark aufgebaut (wie bspw. bei selbstfahrenden Arbeitsmaschinen), aber auch genauso gut mit dem öffentlichen Netz gekoppelt sein (Trenntrafo).

In der Standardenergieversorgung trifft man überwiegend auf sog. Drehstrom-Netze, die meistens aus den drei Außenleitern, einem Neutralleiter und ggf. dem ► „Schutzleiter“ bestehen. Gleichspannungsquellen sind eher selten anzutreffen.

Da in einem Elektrofahrzeug die Antriebsenergie in einer Batterie oder einem Akkumulator gespeichert werden muss, trifft man hier naturgemäß häufiger auf Gleichspannungsquellen. Auch ein Einphasensystem (Trenntrafo/Rasiersteckdose) ist ein IT-Netz. In der Fachliteratur werden IT-Netze üblicherweise anhand eines Vier-Leiter-Systems erklärt und beschrieben, wie im nachfolgenden Schaltplan – was für Irritationen sorgen kann, wenn man auf eine andere Variante trifft.

Bei dieser Netzsystemvariante, die häufig bei autarken Energieversorgungssystemen verwendet wird, ist der Sternpunkt des speisenden Trafos isoliert (I), während die ► „Körper" der Endgeräte mit dem örtlichen Erder (T) bzw. ► „Potentialausgleich" verbunden sind.

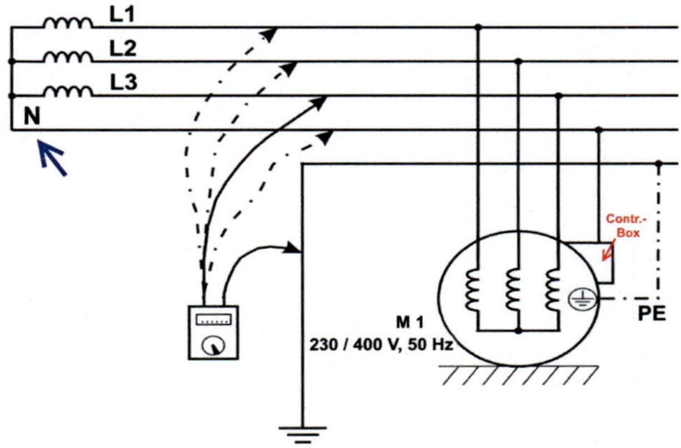

Bild 5: *Schaltplan, IT-Netz (Quelle: F. Schlüter)*

Besondere Merkmale dieses Netzsystems

- Die Spannungsquelle (siehe blauen Pfeil im oberen Schaltplan) ist von allen anderen Betriebsmitteln und Anlagenteilen getrennt („isoliert") angeordnet.
- Eine Isolationsüberwachung ist in diesem Fall erforderlich.
- Der eigene Erder (Anlagenerder) bzw. Potentialausgleich ist vor Ort; die Schutzleiterverbindung besteht zwischen ► „Gehäuse" (Körper) des Verbrauchers und einem „eigenen" Anlagenerder. Bei Fahrzeugen ist i. d. R. kein Erder vorhanden – was in der Natur der Sache liegt. Doch die Masseverbindungen, die bei Fahrzeugen Gehäuseteile miteinander verbinden, erfüllen denselben Zweck. Daher spricht man auch in diesen Fällen von IT-Netzen. Hier sind die Fachkräfte gefordert und müssen solche Besonderheiten genauer betrachten, um die richtigen Entscheidungen treffen zu können.
- Diese Systemvariante zeichnet sich durch eine 1-Fehler-Toleranz aus. Das bedeutet, dass ein erster Fehler, der auftritt, eine Zeit lang (ohne Unterbrechung der Versorgung) geduldet werden kann. Das bedeutet wiederum, dass man sich „auf Potential" befindet, solange dieser Fehler anliegt. Ein zweiter Fehler kann daher fatale Folgen haben. Tritt er auf, muss sofort abgeschaltet werden.

 **Hinweis**

Bei der Durchführung von Messungen im IT-System ist auf Folgendes zu achten:

- Der ► „Fehlerstrom" beim Auftreten eines Erstfehlers im aktiven Leiter muss berechnet oder gemessen werden. Eine Messung ist allerdings nur dann durchzuführen, wenn die Berechnung nicht möglich ist.

- Die Gefahr eines Doppelfehlers bei der Messung ist durch geeignete Maßnahmen zu vermeiden.
- Die DIN VDE 0100-410 enthält besondere Anmerkungen und Hinweise zur Prüfung dieses speziellen Netztyps. Dabei wird auf die ► „Gefährdungen" für Prüfer und Anlagen eingegangen, die bei der Prüfung in diesem Netz (v. a. infolge von möglicherweise während der Messung auftretenden Zweitfehlern) entstehen können. Grundsätzlich empfiehlt es sich, Prüfungen nur nach intensiver Beschäftigung mit diesem Netztyp und Erwerb ausreichender Kenntnisse über die entsprechenden Errichtungs- und Prüfvorschriften sowie auftretenden Gefahren durchzuführen.

- Für die Abschaltung gelten dieselben Abschaltzeiten wie in anderen/ähnlichen Anlagen oder Netzen (dazu siehe Tabelle 2 in ► Kap. 1.2.2).

1.2 Prüfablauf gemäß DIN EN 60204-1 (VDE 0113-1)

Anwendungsbereich

In den Anwendungsbereich der Norm DIN EN 60204-1 (VDE 0113-1) fallen:

- elektronische (d. h. genauer: elektrische, elektronische und programmierbare elektronische) Ausrüstungen und Systeme für Maschinen, die während des Arbeitens nicht handgetragen werden können,

- elektrische Ausrüstung oder Teile davon, deren Nennspannungen im Betrieb ≤ 1.000 V Wechselspannung bzw. ≤ 1.500 V Gleichspannung und Nennfrequenzen im Betrieb ≤ 200 Hz betragen,
- Gruppen von Maschinen, die abgestimmt zusammenarbeiten.

Die Ausrüstung, die vom Geltungsbereich der Norm abgedeckt wird, beginnt an der Netzanschlussstelle der Maschine.

Diese Norm gilt nicht für:

- Elektrohandwerkzeuge
- Schweiß- und Schmelzanlagen
- elektrische Ausrüstung mit einer Frequenz von über 200 Hz
- elektrische Ausrüstungen mit Nennspannung > 1.000 V AC oder 1.500 V DC

 **Hinweis**

Anhang C der Norm enthält eine Auflistung von Beispielen für Maschinen, die innerhalb ihres Geltungsbereichs liegen.

Prüfreihenfolge

Generell ist es in der Prüfpraxis üblich, zwischen einer Erst- und einer Wiederholungsprüfung zu unterscheiden. Das trifft insbesondere auf elektrische Anlagen und Geräte zu. Grundsätzlich und entsprechend den einschlägigen Normen ist im Fall der Installation von Anlagen die errichtende Fachkraft für die Prüfungen vor und bei Inbetriebnahme verantwortlich. Im Rahmen der erforderlichen Wiederholungsprüfungen obliegt es dann dem

► „Betreiber“ der Anlage, zu entscheiden, ob er den ursprünglichen Errichter oder einen anderen Dienstleister mit der Prüfung beauftragt.

Werden prüftechnisch elektrisch ausgerüstete Maschinen (z. B. Produktionsmaschinen, Aufzüge etc.) mit ortsveränderlichen Geräten (elektrisch betriebenen Handwerksgeräten oder einfachen Wasserkochern) verglichen, so werden die Unterschiede bezüglich der Komplexität der Abläufe und Verfahren selbstverständlich immer größer.

Die ► „Erstprüfung“ obliegt dem Errichter (Hersteller) der Maschine und ist ggf. sehr aufwendig. Sie schließt bspw. auch Aspekte wie Typprüfung, Stückprüfung (alte Bezeichnung), Nachweis der Erwärmung, Risikoanalyse, CE-Kennzeichnung, ► „EG-Konformitätserklärung“ etc. mit ein.

Die Wiederholungsprüfung obliegt dagegen dem Betreiber (Nutzer). Genau genommen jedoch, ist selbst eine Prüfung vor der Erstinbetriebnahme, nachdem eine neue maschinelle Anlage beim Kunden aufgestellt und zusammengebaut wurde, im Grunde eher eine Wiederholungsprüfung. Denn alle sicherheitstechnischen Aspekte müssten idealerweise bereits beim Hersteller vor Aufbau der Maschine und Anschluss von Steuerungen und Elektronik geprüft worden sein (damit der Hersteller einer Maschine die Konformität mit den grundlegenden Sicherheits- und Gesundheitsschutzanforderungen nachweisen kann).

In der Norm DIN EN 60204-1 wird nicht zwischen Erst- und Wiederholungsprüfung unterschieden. Entsprechend ist im Abschnitt 18, das in der Norm auf das Thema eingeht, lediglich von „Prüfungen“ die Rede.

Im Abschnitt 18.1 („Allgemeines") besagt die Norm zunächst, dass der Umfang der Prüfungen für eine bestimmte Maschine in den jeweils zugeordneten Produktnormen festgelegt wird.

Sofern der zu prüfenden Maschine keine Produktnorm zugeordnet ist oder zugeordnet werden kann, sieht die DIN EN 60204-1 folgende Prüfschritte vor:

a) Überprüfung, dass die elektrische Ausrüstung mit ihrer technischen Dokumentation (► „Technische Dokumentation") übereinstimmt (► Kap. 1.2.1)
b) Überprüfung der Durchgängigkeit der Schutzleiterstromkreise (Prüfung 1 gemäß ► Kap. 1.2.2.1)
c) Beim ► „Fehlerschutz" durch automatische Abschaltung der Stromversorgung müssen die Bedingungen durch automatische Abschaltung entsprechend 18.2 überprüft werden (Prüfung 2 gemäß ► Kap. 1.2.2.2)
d) Isolationswiderstandsprüfung (► Kap. 1.2.3)
e) Spannungsprüfung (► Kap. 1.2.4)
f) Schutz gegen ► „Restspannung" (► Kap. 1.2.5)
g) Überprüfung der zusätzlichen Anforderungen nach Abschnitt 8.2.6 der DIN EN 60204-1 an elektrische Ausrüstung mit Erdableitströmen > 10 mA (sofern anwendbar; ► „Erdableitstrom")
h) ► „Funktionsprüfung" (► Kap. 1.2.6)

Einleitend wird jedoch präzisiert, dass

- die Prüfung der Übereinstimmung von technischer Dokumentation und elektrischer Ausrüstung,

- die Prüfung, ob der Fehlerschutz durch automatische Abschaltung (nach den o. g. Prüfschritten b) und c)) sichergestellt ist, und
- Funktionsprüfungen

immer durchzuführen sind, während die restlichen erwähnten Prüfschritte (Isolationswiderstandsprüfung, Spannungsprüfung und Prüfung des Schutzes gegen Restspannung) ergänzend durchgeführt werden **können**.

Zum Ablauf der Prüfung wird in der Norm **empfohlen**, bei der Durchführung der Prüfschritte besagte Reihenfolge einzuhalten. Ist dies nicht möglich, so sind die o. g. Prüfschritte a) und b) zuerst auszuführen. Die vorher genannten „optional" anzuwendenden Schritte sind entsprechend erst **nach** der Prüfung der Bedingungen zum Schutz durch automatische Abschaltung und **vor** den Funktionsprüfungen vorzunehmen.

Dass eine Isolationswiderstandsmessung nur Sinn ergibt, wenn der ► „Schutzleiter" – sofern vorhanden – zuvor messtechnisch überprüft und für i. O. befunden worden ist, wird somit nicht explizit erwähnt. Dies ist aber von elementarer Bedeutung, für Prüfer und Bediener im wahrsten Sinne des Wortes sogar lebenswichtig.

Mit ihrem „Empfehlungscharakter" überlässt die Norm dem für die Prüfung Verantwortlichen bzw. der befähigten Person die Entscheidung in eigener Verantwortung, welches Verfahren und Vorgehen zum Nachweis der elektrischen Sicherheit (► „Elektrische Sicherheit") jeweils angewandt wird.

Hinweis

- Abweichungen von der aufgeführten Prüfreihenfolge liegen in der Verantwortung eines erfahrenen Prüfers und sind grundsätzlich möglich. Sie sollten jedoch nur im begründeten Einzelfall erfolgen und unbedingt mit der entsprechenden Begründung im ► „Prüfbericht" dokumentiert werden.
- Wiederkehrende Prüfungen fest angeschlossener Maschinen können auch nach DIN VDE 0105-100 bzw. DIN VDE 0100-600 erfolgen. Maschinen, die bereits an der elektrischen Anlage einer Gebäudeinstallation fest angeschlossen sind und an dieser betrieben werden, dürfen als (Anlagen-)Teil der gesamten elektrischen Anlage bewertet werden.

Auf die Notwendigkeit, die Maschinenausrüstung regelmäßig wiederkehrend einer Nachprüfung zu unterziehen, geht die Norm in diesem einleitenden Abschnitt nicht explizit ein. Für den Fall, dass die elektrische Ausrüstung geändert wurde, wird jedoch auf Abschnitt 18.7 verwiesen. Dort wird dann gefordert, dass

- Teile der Maschine oder der zugehörigen elektrischen Ausrüstung, die ausgewechselt oder geändert wurden, einer erneuten Prüfung/Überprüfung unterzogen werden und
- im Vorfeld genau untersucht wird, inwiefern sich eine Nachprüfung nachteilig auf die Ausrüstung auswirken könnte (als Beispiele werden hierzu die Überbeanspruchung von Isolierungen und das Ab-/Anklemmen der Geräte genannt; für weiterführende Hinweise ► Kap. 1.2.7).

Schließlich wird am Ende von Abschnitt 18.1 noch vorgegeben, dass die anzuwendenden Messausrüstungen mit der Norm-Reihe IEC/DIN EN 61557 konform sein müssen und die Prüfergebnisse zu dokumentieren sind.

1.2.1 Sichtprüfung und Überprüfung der Übereinstimmung mit der Technischen Dokumentation

Berichten der Berufsgenossenschaft „Energie, Textil, Elektro, Medienerzeugnisse“ (BG ETEM) zufolge werden ca. 80 % aller ► „Mängel“ bereits im Rahmen der Sichtprüfung erkannt. Das Besichtigen eines Prüflings ist somit ein wesentlicher Bestandteil im Prüfablauf.

Durch diesen Prüfschritt können jedoch nicht nur Schäden an den Arbeitsmitteln festgestellt werden, sondern auch ► „Arbeitsmittel“ erkannt werden, die für den vorgesehenen Verwendungszweck ungeeignet sind und deshalb der weiteren Nutzung entzogen werden müssen.

In vielen Fällen erübrigen sich bereits aufgrund der Sichtprüfung die nachfolgenden messtechnischen Überprüfungen, was zum einen zum Schutz der prüfenden Person beiträgt und zum anderen für diese den weiteren Prüfumfang reduziert. Auch aus diesen Gründen ist stets die Sichtprüfung als erster aller Prüfschritte durchzuführen.

Eine Sichtprüfung oder, anders formuliert, eine Prüfung durch Besichtigung, kann in Grunde zu jeder Zeit erfolgen. Für eine Gruppe von Fachkräften gehört sie zu den alltäglichen Kontrollroutinen, mit denen sie die Anlagen in ihrem Verantwortungsbereich in einem betriebssicheren Zustand erhalten.

Andere Fachkräfte werden im Rahmen von Prüfaufträgen bspw. als Dienstleister mit diesem Prüfschritt betraut und müssen die betreffende Anlage möglicherweise zum ersten Mal oder erst nach längeren Zeitabständen einer Sichtprüfung unterziehen.

Hier zeigt sich erneut, wie unterschiedlich Prüfaufträge und -anlässe sein können. Die Durchführung der Sichtprüfung im laufenden Betrieb hat bspw. den eindeutigen Vorteil, dass die Produktionskette „nebenbei" weiterlaufen kann, jedoch den Nachteil für den Prüfer, dass einige Teile der Ausrüstung somit beim Besichtigen unzugänglich sind.

Erfolgt die Prüfung im spannungsfreien Zustand, lassen sich zwar alle Komponenten einer genauen Sichtprüfung unterziehen (z. B. um den festen Sitz der Anschlüsse zu prüfen), jedoch ist es meist erforderlich, die Maschine zum Stehen zu bringen und somit die Produktionskette zu stoppen.

Die anzuwendenden Sichtprüfungen können zudem je nach Art, Typ und Umfang der Maschine erheblich voneinander abweichen und müssen ggf. für jede Maschine speziell festgelegt werden.

In den nachfolgenden Abschnitten soll hauptsächlich auf technische Fragen eingegangen werden, die im Zusammenhang mit diesem Prüfschritt von Bedeutung sind.

Ablauf von Sichtprüfungen

Oft stellen sich in der Praxis folgende oder ähnliche Fragen:

- Welche Reihenfolge ist bei einer Sichtprüfung einzuhalten?
- Welche Teile/Komponenten des jeweiligen Prüflings sind überhaupt zu prüfen?
- Wie geht man am besten dabei vor: Reicht eine „flüchtige" ► „Kontrolle", um evtl. Mängel zu erkennen, oder sind alle zu untersuchenden Komponenten tatsächlich im Detail zu betrachten?

Erfahrene Prüfer entwickeln für sich nach und nach eine eigene Prüfstrategie und schärfen dabei den Blick für das Wesentliche.

Die folgenden Ausführungen sind als Hilfestellung bei der Entwicklung einer eigenen Prüfstrategie gedacht und geben eine kurze Übersicht über die wichtigsten Aspekte, die im Rahmen dieses Prüfschritts zu berücksichtigen sind.

Konkret sind die Arbeitsmittel auf äußerlich erkennbare Mängel zu prüfen. Hierfür ist insbesondere zu kontrollieren, ob

- am ► „Gehäuse" oder an Teilen davon Schäden erkennbar sind,
- alle erforderlichen Abdeckungen, Umhüllungen und Hindernisse bzw. Absperrungen vorhanden sind,
- sämtliche ► „Schutzeinrichtungen" funktionsfähig und intakt sind,
- Auswahl und Einstellung der Schutz- und Überwachungseinrichtungen für die Umgebungsbedingungen und den vorgesehenen Einsatzzweck bzw. das zu leistende Schutzziel geeignet sind,

- technische Dokumentationen (wie z. B. Schaltungsunterlagen) vorhanden, komplett und auf aktuellem Stand sind,
- erforderliche Warnhinweise vorhanden und gut sichtbar angebracht sind sowie ggf. geforderte Angaben aufweisen,
- die Auswahl von Leitungen und Kabeln den jeweils einschlägigen Regeln der Technik entspricht,
- die farblichen Kennzeichnungen (► „Kennzeichnung") und die Anschlüsse von Neutralleiter, ► „Schutzleiter" und PEN den jeweils gültigen einschlägigen Regeln der Technik entsprechen (so z. B. DIN EN 60445 bzw. VDE 0197 „Grund- und Sicherheitsregeln für die Mensch-Maschine-Schnittstelle – Kennzeichnung von Anschlüssen elektrischer Betriebsmittel, angeschlossenen Leiterenden und Leitern") sowie
- Kennzeichnungen von Stromkreisen und Betriebsmitteln korrekt, komplett und gut lesbar sind.

Bei Teilsystemen von Anlagen, ob

- die Befehlsgeräte folgenden Mindestanforderungen gemäß der BetrSichV entsprechen:
  - Sofern sie Einfluss auf die Sicherheit haben, sind sie besonders gekennzeichnet und frei zugänglich.
  - Sie sind außerhalb des Gefahrenbereichs (► „Gefahrenbereich") angeordnet.
  - Sie sind gegen unbeabsichtigtes Betätigen gesichert.
- die vorhandenen Befehlseinrichtungen sicher sind und Störungen, Beanspruchungen sowie Zwänge weder bekannt noch aufgetreten sind,
- das Ingangsetzen der Betriebsmittel nur durch absichtliche Betätigung möglich ist und

- das Wiederingangsetzen der Betriebsmittel nach einem Stillstand aufgrund von Störung, ► „Wartung“, Unfall nur durch absichtliche Betätigung möglich ist.

Beim Schutzleitersystem, ob

- die Schutzleiteranschlusspunkte entsprechend VDE 0113-1 Abschnitt 13.1 ausgeführt sind und folgende Merkmale aufweisen:
  - Sie sind gegen Selbstlockern gesichert.
  - Die eingesetzten Anschlussmittel sind für Querschnitt und Art der Schutzleiteranschlusspunkte geeignet.
  - Es sind nie zwei Schutzleiter unter einer Klemme verbunden, es sei denn, die Klemme ist dafür ausgelegt.
  - Gelötete Anschlüsse sind nur erlaubt, wenn die Anschlüsse zum Löten geeignet sind.
  - Geräte und Klemmen für den Anschluss von mehrdrähtigen Leitern müssen geeignet sein, sonst sind Aderendhülsen vorzusehen; Lötzinn darf nicht verwendet werden.
  - Die Verlegung ist so ausgeführt, dass Flüssigkeiten von Kabelverschraubungen fortlaufen können (und Korrosion somit wirksam verhindert wird).
  - Jeder Anschlusspunkt ist als solcher gekennzeichnet und beschriftet, also identifizierbar.
  - Abgeschirmte Leiter müssen so angeschlossen werden, dass ein Abspleißen von Litzen verhindert und einfaches Abklemmen möglich ist.
  - Klemmleisten müssen so angebracht und verdrahtet sein, dass die Verdrahtung die Klemme nicht kreuzt.
  - Kennzeichnungsetiketten müssen lesbar, dauerhaft und für die Umgebungsbedingungen geeignet sein.

- alle Schutzleiter folgende Merkmale aufweisen:
  - (nach VDE 0113-1 Abschnitt 13.2.2) identifizierbar, also lesbar und dauerhaft gekennzeichnet
  - für die physikalischen Umgebungsbedingungen geeignet
  - gegen mechanische, chemische oder elektrochemische Alterung geschützt
  - ausschließlich in ihrer bestimmungsgemäßen Funktion und nicht zweckentfremdet eingesetzt
  - mit normkonformen (Farb-)Kennzeichnungen versehen, d. h.,
    - immer grün-gelb gekennzeichnet,
    - an den Enden gekennzeichnet, sofern sie blank oder schwer zugänglich sind,
    - eindeutig gekennzeichnet, sodass Verwechselungen ausgeschlossen sind.
- Die elektrische Durchgängigkeit muss durch Konstruktion oder angemessene Verbindung sichergestellt sein.

 **Praxistipp**

Für das Schutzleitersystem gilt es, Folgendes zusätzlich zu beachten:

Bei Einsatz von Leistungselektronik (wie z. B. Frequenzumformern, Schaltnetzteilen) können Erdableitströme (▶ „Erdableitstrom“) auftreten, die sehr häufig über den Schutzleiter abgeleitet werden. Körperdurchströmungen mit einer Stromstärke ≥ 10 mA können zu Verkrampfungen der Muskulatur führen, die ein Loslassen z. B. eines Leiters unmöglich machen. Daher sind Schutzleiterverbindungen in solchen Anlagen genauer zu prüfen.

Können Erdableitströme von mehr als 10 mA AC oder DC auftreten, sind zusätzliche Maßnahmen erforderlich und eine oder mehrere der folgenden Bedingungen für das Schutzleitersystem einzuhalten:

- Mindestquerschnitt 10 mm² Cu oder 16 mm² Al oder
- zweiter Schutzleiter mit mindestens demselben Querschnitt (Redundanz)
- alternativ: Abschaltung der Versorgungsspannung bei Verlust der Durchgängigkeit des Schutzleiters (Schutzleiterüberwachung)

Bei jedem Schutzleiter, der weder Teil einer Leitung ist noch sich in einer gemeinsamen Umhüllung mit dem aktiven Leiter befindet, darf der Querschnitt gemäß Abschnitt 8.2.1 der VDE 0113-1 folgende Grenzwerte nicht unterschreiten:

- 2,5 mm² Cu bzw. 16 mm² Al (bei vorhandenem Schutz gegen mechanische Beschädigung)
- 4 mm² Cu bzw. 16 mm² Al (wenn kein Schutz gegen mechanische Beschädigung vorhanden ist)

Zusätzlich fordert die VDE 0113-1 in Abschnitt 8.2.6, dass in der Nähe des PE-Anschlusses ein Warnschild mit dem Hinweis, dass über den Schutzleiter ein Ableitstrom von > 10 mA fließt. Diese Informationen müssen gemäß der Norm in der technischen Dokumentation des Herstellers enthalten sein.

Hinweise und Anforderungen aus den Abschnitten 6.3.2.2 und 6.3.2.3 der VDE 0113-1 sind ebenfalls zu berücksichtigen.

 **Hinweis**

Die v. g. Normanforderung ist unbedingt bei der Abnahme der Maschine durch den späteren Betreiber auf ihre Einhaltung zu überprüfen und ggf. vom Errichter der Maschine einzufordern. Ohne Kenntnis dieser Werte ist eine anschließende sicherheitstechnische Bewertung der Maschine bei der wiederkehrenden Prüfung erheblich schwieriger.

Bei Leitungen (zu deren Identifizierung gemäß Abschnitt 13.2 der Norm), ob

- alle Leitungen in Übereinstimmung mit der technischen Dokumentation (► „Technische Dokumentation") identifizierbar sind,
- alle Leitungen entsprechend der in der Dokumentation festgehaltenen Systematik (Nummern, Buchstaben groß/klein, Farben, Farbstreifen und -kombinationen) gekennzeichnet sind.

Bei Warnschildern, ob

- alle notwendigen ► „Warnschilder" vorhanden sind,
- an allen Sicherheitseinrichtungen Warnschilder angebracht sind.

Warnung vor gefährlicher elektrischer Spannung

Warnung vor Gefahr durch Batterie

Warnung vor magnetischem Feld

Bild 6: *Beispiele für Warnschilder nach ASR A1.3*

Bei Befehlsgeräten und Leuchtmeldern, ob

- alle erforderlichen Kennzeichnungen vorhanden und normkonform sind; hierzu vgl. die nachfolgende Tabelle.

Tabelle 1: *Farbkennzeichnungen von Leuchtmeldern*

Farbkennzeichnungen von Leuchtmeldern (nach VDE 0113-1)		
Kennfarbe	*Bedeutung*	*Anwendungsbeispiele*
Rot	Notfall	Sofortige Handlung erforderlich, z. B. Stillsetzen
Gelb	Anormaler Zustand	Eingreifen, Wiederherstellen der vorgesehenen Funktion
Grün	Normaler Zustand	Optional, z. B. Temperatur im vorgegebenen Bereich
Blau	Zwingend	Zwingende Handlung durch den Bediener erforderlich
Weiß	Neutral	Bei Zweifeln über die Anwendung von Rot, Grün, Gelb oder Blau

Tabelle 2: *Farbkennzeichnungen für Befehlsgeber nach VDE 0113-1*

Farbkennzeichnungen für Befehlsgeber, z. B. Steuertaster (nach VDE 0113-1)		
Kennfarbe	*Bedeutung*	*Anwendungsbeispiele*
Rot	Notfall	Stillsetzen im Notfall, Einleiten von Not-Funktionen
Gelb	Anormaler Zustand	Eingriff, um anormalen Zustand zu unterdrücken, Ablauf wieder starten
Grün	Normaler Zustand	Start, Ein
Blau	Zwingend	Rückstellfunktion
Weiß	Keine spezielle Bedeutung zugeordnet	Start/Ein (bevorzugt), Stopp/Aus
Grau		Start/Ein, Stopp/Aus
Schwarz		Start/Ein, Stopp/Aus (bevorzugt)

Bei der Verdrahtungstechnik, ob

- alle Anschlüsse und Leitungen (in ihrem gesamten Verlauf) frei von Brüchen, Rissen oder ähnlichen Schäden und ordnungsgemäß ausgeführt sind,
- alle Trassen für Leiter, Kabel und Leitungen frei von Brüchen, Rissen o. ä. Schäden sind,
- Leitungen verschiedener Stromkreise so (individuell) gekennzeichnet wurden, dass Verwechselungen ausgeschlossen sind,
- induktive Energieübertragungssysteme der Norm entsprechend ausgeführt wurden,

- alle Verdrahtungen sich innerhalb von Gehäusen befinden,
- alle Verbindungen zu sich bewegenden Maschinenteilen sich in einwandfreiem Zustand befinden,
- alle Verbindungen zwischen Geräten und Maschinen sich in einwandfreiem Zustand befinden,
- auf Platzreserven und die prozentuale Füllung von Kanälen geachtet wurde,
- alle flexiblen Installationsrohre und deren Verbindungen frei von Brüchen, Rissen o. ä. Schäden sind.

Bei Elektromotoren und ihrer zugehörigen Ausrüstung, ob

- Einbau und Anordnung fachgerecht sowie ordnungsgemäß sind und den für Motor-Steuergeräte geltenden Anforderungen entsprechen,
- die vorhandene Schutzart IEC 60529, mindestens jedoch IP 23 bzw. den vorhandenen Umgebungsbedingungen entspricht,
- ausreichender Schutz für zugehörige Kupplungen und Antriebe wie Ketten und Riemen vorgesehen ist,
- Zugänge für Wartungs-, Reinigungs-, Schmierungs-, Ausrichtungs- und Einstellungsarbeiten vorgesehen sind,
- alle Befestigungen und Klemmkästen leicht zugänglich sind,
- Maßnahmen zur Gewährleistung einer ausreichenden Kühlung vorhanden und wirksam sind,
- an Lüftungsöffnungen Maßnahmen zum Schutz gegen Eindringen von Fremdkörpern und Feuchtigkeit/Nässe vorhanden und wirksam sind,
- alle Abdichtungen von Kabel- oder Installationsrohreinführungen frei von Schäden sind,

- Kennwerte und Ausrüstung vorhandener Leistungsschilder den vorgesehenen Betriebs- und physikalischen Umgebungsbedingungen entsprechen.

Bei Zubehör und Beleuchtung, ob

- alle Steckdosen den Anforderungen nach DIN EN 60309-1 (VDE 0623-1) entsprechen, sonst mit deutlicher Kennzeichnung und Angabe ihrer Spannungs- und Strombemessungswerte versehen sind,
- die Durchgängigkeit des Schutzleitersystems gewährleistet wird,
- bei ungeerdeten Leitern Maßnahmen zum Schutz gegen Überlast und Überstrom vorhanden sind,
- Netz-Trenneinrichtungen vorhanden und funktionsfähig sind,
- Schutzleiterverbindungen für Leuchten vorhanden und funktionsfähig sind,
- EIN/AUS-Schalter richtig positioniert sind,
- Maßnahmen vorhanden und wirksam sind, um stroboskopische Effekte zu vermeiden,
- die EMV-Richtlinien beachtet wurden,
- Maßnahmen zum Schutz der Arbeitsplatzbeleuchtung vor Kurzschlussauswirkungen vorhanden und wirksam sind,
- alle Lampenfassungen und Reflektoren fachgerecht ausgeführt und befestigt sowie für die physikalischen Umgebungsbedingungen geeignet sind.

Bei der Technischen Dokumentation, ob

- eine Dokumentation vorhanden ist und mindestens folgende Angaben/Unterlagen umfasst:
  Schaltpläne und Stromlaufpläne

Angaben zu mechanischer Konstruktion, Notsystemen
Betriebs- und Wartungsangaben
Inbetriebnahmeangaben, Ergebnisse und Protokolle früherer Prüfungen

- vorhandene Ausrüstung, Ausführung und Sicherheitseinrichtungen den Angaben in der Dokumentation entsprechen,
- alle in der Dokumentation angesprochenen Typenschilder, Beschriftungen und Kennzeichnungen an den jeweils angegebenen Maschinenkomponenten vorhanden sind und mit der Dokumentation übereinstimmen.

Hinweis

Sollte sich im Rahmen der wiederkehrenden Prüfung herausstellen, dass keine entsprechende technische Dokumentation vorliegt, besteht die Möglichkeit des Vergleichs mit der Dokumentation gleicher oder ähnlicher Maschinen bzw. der Neubeschaffung. Ist die Neubeschaffung nicht möglich, so sind entsprechende Prüfrichtlinien zu erarbeiten und festzulegen.

1.2.2 Überprüfung der Bedingungen zum Schutz durch automatische Abschaltung der Stromversorgung

Vorgehensweise

Die Voraussetzungen für die automatische Abschaltung im Fehlerfall sind durch Prüfungen nachzuweisen.

Konkret wird damit die Wirksamkeit der in DIN VDE 0100-410 geforderten und anzuwendenden Schutzmaßnahme (▶ „Schutzmaßnahmen“) „Schutz durch automatische Abschaltung der Stromversorgung“ geprüft. Genauer wird überprüft, ob die Querschnitte der Leiter und die eingesetzten ▶ „Schutzeinrichtungen“ so ausgelegt sind, dass bei Auftreten eines Körperschlusses die Abschaltung innerhalb der in DIN VDE 0100-410 festgelegten maximalen Abschaltzeiten erfolgt.

In der aktuellsten Fassung der DIN EN 60204-1 (Stand: 2019-06) wird im Anhang A auf die Bedingungen für den ▶ „Fehlerschutz“ detailliert eingegangen.

Für Maschinen, die weder handgehalten noch bewegbar sind, muss eine Abschaltung in max. 5 Sekunden sichergestellt sein.

Die sonst einzuhaltenden maximalen Abschaltzeiten halten in der Norm zwei Tabellen (A.1 und A.2) fest.

Die in Tabelle A.1 genannten Abschaltzeiten gelten für TN-Netze (▶ Kap. 1.1.1.1) und für Stromkreise, in denen die Versorgung von handgehaltenen SK I-Betriebsmitteln und tragbarer Ausrüstung über Steckdosen oder direkt ohne Steckdosen erfolgt, als ausreichend kurz. Tabelle A.2 erfasst die Abschaltzeiten für TT-Netze (► Kap. 1.1.1.2).

Tabelle 3: *Maximale Abschaltzeiten bei automatischer Abschaltung im Fehlerfall in TN- und TT-Systemen gemäß DIN EN 60204-1, Tabelle A.1 und A.2.*

	TN-System		TT-System[2]	
System-Nennspannung	**AC**	**DC**	**AC**	**DC**
50 V < U_0 ≤ 120 V	0,8 s	–[1]	0,3 s	–[1]
120 V < U_0 ≤ 230 V	0,4 s	5 s	0,2 s	0,4 s
230 V < U_0 ≤ 400 V	0,2 s	0,4 s	0,07 s	0,2 s
U_0 > 400 V	0,1 s	0,1 s	0,04 s	0,1 s

U_0 = Nennwechsel- bzw. Nenngleichspannung Außenleiter gg. Erde

[1] Eine Abschaltung kann aus anderen Gründen als zum Schutz gegen elektrischen Schlag erforderlich sein.

[2] Maximale Abschaltzeit für Endstromkreise mit Nennstrom ≤ 32 A; für Stromkreise > 32 A gilt 1 s als max. Abschaltzeit

Die ► „Erdung" hängt von der guten und wirksamen Verbindung aller Betriebserder (PEN oder ► „Schutzleiter") mit der Erde ab. Da diese teilweise in den Verantwortungsbereich des Netzbetreibers fällt, muss laut DIN VDE 0100-410 eine Abstimmung mit dem Netzbetreiber erfolgen.

Können die geforderten Abschaltzeiten nicht erreicht werden, so ist zu überprüfen, ob gemäß DIN VDE 0100-410 Abschnitt 411.3.2.6 ein ► „zusätzlicher Schutzpotentialausgleich" vorhanden ist.

 **Hinweis**

In der letzten Fassung der DIN VDE 0100-410 (Stand: Oktober 2018) gelten die angegebenen Abschaltzeiten (vgl. hierzu Abschn. 411.3.2 und Tabelle 41.1 der Norm) für Endstromkreise mit einem Nennstrom

- **≤ 63 A** (bei Vorhandensein einer oder mehrerer Steckdosen)
- **≤ 32 A** (wenn die Endstromkreise ausschließlich der Versorgung fest angeschlossener elektrischer Verbrauchsmittel dienen)

Die aktuelle VDE 0100-410 unterscheidet zwischen Stromkreisen mit fest angeschlossenen Betriebsmitteln (≤ 32 A) und Stromkreisen mit Steckdosen (≤ 63 A). In Wechselspannungssystemen für Steckdosen zur allgemeinen Verwendung (durch Laien) und bei Endstromkreisen im Außenbereich für die Versorgung ortsveränderlicher Betriebsmittel wird zudem ein zusätzlicher Schutz verlangt.

Diese Forderung sollten Prüfer kennen, da demnach für alle Steckdosen ein zusätzlicher Schutz durch ► „Fehlerstromschutzeinrichtungen" (RCDs) mit Bemessungsdifferenzstrom ≤ 30 mA vom Normgeber gefordert wird. Das betrifft

- Steckdosen mit einem ► „Bemessungsstrom" ≤ 32 A (AC), die für die Benutzung durch Laien und zur allgemeinen Verwendung bestimmt sind.
  Ausnahmen gelten, wenn durch eine ► „Gefährdungsbeurteilung" nach BetrSichV Maßnahmen festgelegt wurden,

durch die eine allgemeine Verwendung dieser Steckdosen immer/zuverlässig ausgeschlossen werden kann.

- Stromkreise für im Außenbereich verwendete, fest angeschlossene ortsveränderliche Betriebsmittel ≤ 32 A (AC).
  Um diesen Anforderungen gerecht zu werden, wird der Einsatz von netzspannungsunabhängigen RCDs mit eingebautem Überstromschutz (FI/LS-Schalter) in jedem Endstromkreis von der Norm empfohlen. Hierdurch soll die unerwünschte Abschaltung nicht betroffener Stromkreise beim Auftreten von betriebsbedingten Ableitströmen (► „Ableitstrom“) oder transienten Impulsströmen verhindert werden.
- Beleuchtungsstromkreise (TN- oder TT-System) in Wohnungen.
  Diese müssen durch RCDs ≤ 30 mA geschützt werden. Dadurch bedingt muss nun jede neue Anlage zur Ausfallsicherung der Gesamtanlage mit mindestens zwei Fehlerstromschutzeinrichtungen (RCDs) versehen werden.

Unter Abschnitt 18.2 beschreibt VDE 0113-1 Prüfziel und -methoden zur Durchführung der Überprüfung der automatischen Abschaltung an Maschinen. Je nach zu untersuchendem Netzsystem wird dann wie folgt unterschieden:

Für IT-Systeme (► Kap. 1.1.1.3) verweist die Norm lediglich auf IEC 60364-6 (DIN VDE 0100-600 „Errichten von Niederspannungsanlagen – Teil 6: Prüfungen“).

Für TT-Systeme (► Kap. 1.1.1.2) werden in Anhang A.2 der Norm Hinweise gegeben (hierzu siehe (► Kap. 1.2.2.3).

Für das TN-System (► Kap. 1.1.1.1) wird dagegen zwischen den zwei Prüfmethoden unterschieden, auf die nachfolgend genauer eingegangen wird.

1.2.2.1 Prüfung 1: Überprüfung der Durchgängigkeit der Schutzleiterstromkreise

Das Schutzleitersystem einer Maschine trägt wesentlich dazu bei, Personenschutz zu leisten. Daher erklärt es sich fast von selbst, dass diese Schutzleiterverbindungen im Takt bzw. in Ordnung sein müssen, denn sie stellen letztlich eine Art „Lebensversicherung" dar. Deshalb ist sicherzustellen, dass das System seine Funktion einwandfrei gewährleisten kann.

In Abschnitt 18.1 der VDE 0113-1 wird für Prüfungen an Maschinen eine bestimmte Reihenfolge als „Empfehlung" dargestellt. Hinterfragt man aber Sinn und Zweck dieser Prüfreihenfolge, wird der Fachkraft schnell klar: Diese Empfehlung ist eigentlich ein Muss.

Die Begründung dafür ist relativ simpel: Sollte eine Schutzleiterverbindung nicht in Ordnung, gar fehlerhaft oder unterbrochen sein, sind alle weiteren messtechnischen Prüfungen im betreffenden Stromkreis sinnlos, da sie überwiegend falsche, wenn auch plausibel erscheinende Ergebnisse liefern.

Praktikern dürfte wohl klar sein, dass eine Prüfspannung (die bei sehr vielen Isolationswiderstandsmessungen z. B. 500 V betragen kann) auch am zu prüfenden Bauteil einer Maschine ankommen können muss. Ist einer der beteiligten ► „Schutzleiter" fehlerhaft oder gar unterbrochen, kann das nicht funktionieren. Daher liefert eine Isolationswiderstandsmessung, Alternativen inbegriffen, nur dann tragfähige Ergebnisse, wenn die Schutzleiterverbindungen einwandfrei funktionieren und dies bereits vor der Messung überprüft und sichergestellt wurde.

 **Praxistipp**

Im Vorfeld der Prüfung der Durchgängigkeit der Schutzleiterstromkreise ist auf Folgendes zu achten:

- Eine Unterbrechung des Schutzleiters durch Schaltgeräte oder ► „Überstromschutzeinrichtungen"/-vorkehrungen ist nicht zulässig.
- Eine temporäre Demontage von Teilen darf nicht zur Unterbrechung eines Schutzleiters führen.
  Gleitverbindungen, z. B. Scharniere für Türen, müssen ► „niederohmig" sein. Das kann durch Überbrückung mit flexibler Kupferlitze erfolgen. Dies trifft z. B. auf Schaltschranktüren zu. Bestehen Teile der Scharniere aus Kunststoff (Kunststoffeinpressbuchsen), ist die Herstellung einer „künstlichen" Schutzleiterverbindung (z. B. mit besagter Kupferlitze) unerlässlich.
- Werden verschiedene Metalle durch das Schutzleitersystem verbunden, ist eine elektrochemische Korrosion an der Anschlussstelle nicht auszuschließen. Es kann ein chemisches Element bzw. eine chemische Spannungsquelle entstehen. Dabei spielt Feuchtigkeit eine gravierende Rolle: Selbst bei normaler Luftfeuchtigkeit können sich hier auf Dauer fatale Folgen ergeben.
  Kommt es zur elektrochemischen Korrosion, wird stets das unedlere Metall angegriffen (häufig z. B. Aluminium). Die-

ser Effekt ist auch messtechnisch nachzuweisen, denn das Spannungsgefälle an einer solchen Korrosionsstelle geht vom edleren Metall hin zum unedleren.

Jede Schutzleiterverbindung zwischen der zugehörigen PE-Klemme und relevanten Punkten der Maschine/maschinellen Anlage ist zu prüfen.

Dabei sind folgende Besonderheiten zu beachten:

- Diese Prüfung 1 ist für jedes Schutzleitersystem durchzuführen.
- Der ► „Prüfstrom“ muss mindestens 0,2 A betragen; Stromstärken bis zu ca. 10 A sind nach VDE 0113-1 ebenfalls zulässig.
- Der Prüfstrom ist aus einer getrennten Spannungsquelle zu beziehen; wichtig hierbei ist, dass die
  Leerlaufspannung max. 24 V AC oder DC beträgt und
  keine PELV-Versorgung verwendet wird, da dies zu fehlerhaften Ergebnissen führen kann.
- Bei der Bewertung der Messungen ist darauf zu achten, dass der gemessene ► „Widerstand“ (R_{PE}) im zu erwartenden Bereich bleibt, wobei
  Leitungslänge (l),
  Leitungsquerschnitt (A) und
  Leitermaterial (χ)
  zu berücksichtigen sind.

Prüfhinweise

- Um zu verhindern, dass beim Durchmessen einzelner Schutzleiterverbindungen ein Teil des Prüfstroms über das Maschinenbett oder andere Anlagenteile fließen kann, ist diese Verbindung einseitig zu lösen. Dazu eignen sich zentrale Anschlusspunkte, wie Klemmleisten oder z. B. Haupterdungsschienen. Beim erneuten Anschließen der Schutzleiterverbindung ist mit größtmöglicher Sorgfalt vorzugehen.
- Bei Verwendung von Verlängerungsleitungen ist der Leitungswiderstand dieser Verlängerungen herauszurechnen/ vom Gesamtergebnis abzuziehen (Nullpunktabgleich/Kompensation).
- Bei der Auswertung der erzielten Messergebnisse sind die Umgebungsbedingungen und hierbei insbesondere der Temperatureinfluss zu berücksichtigen. Kupferleiter verhalten sich ggf. wie Kaltleiter, weswegen bei steigender Temperatur auch der ohmsche Widerstand (um ca. 0,4 % pro 1 K) ansteigt. Dadurch können sich im Rahmen von wiederkehrenden Prüfungen Leiterwiderstandswerte ergeben, die die Werte bei Erstinbetriebnahme um Einiges übersteigen.
- Die Schutzleiterprüfung kann auch anhand einer Schleifenwiderstandsmessung erfolgen. Daraus ergibt sich der Vorteil für den Prüfer, dass gleichzeitig der zugehörige Kurzschlussstrom ermittelt wird und somit Informationen über eine Auswertung des Ausschaltvermögens der elektrischen Anlage mitgeliefert werden.
- Bei komplexen Anlagen empfiehlt es sich, Übersichtspläne, Verbindungslisten oder Schaltpläne hinzuzuziehen. Zusätzlich angefertigte Kopien können genutzt werden, um bereits überprüfte Verbindungen „abzuhaken“ oder anderweitig zu kennzeichnen.

- Nicht zufriedenstellende Messergebnisse lassen möglicherweise auf Korrosionsschäden schließen. Der Prüfer kann hier Gewissheit erzielen, indem er die Messung mit einer Gleichspannungsquelle wiederholt. Dazu sind zwei Messungen erforderlich, wobei die zweite Messung mit umgekehrter Polarität der Prüfspannung (also Umpolung) erfolgen sollte. Liefern diese beiden Messungen unterschiedliche Ergebnisse, ist das mit Sicherheit auf Korrosion zurückzuführen.

Praxistipp

Sowohl bei der Prüfung von ortsveränderlichen Geräten als auch bei der Anlagenprüfung führen einige handelsübliche Prüfgeräte teilweise bereits automatisiert eine zweite Messung durch und liefern gleichzeitig Ergebnisse für die unterschiedlichen Polaritäten.

- Die Messergebnisse können mithilfe der folgenden Gleichung überprüft werden (wobei R für R_{PE} steht, s. o.):

$$R = \frac{l}{\chi \cdot A}$$

- Bei Verwendung größerer Prüfströme (< 10 A) erhöht sich die Genauigkeit der Messung, insbesondere bei kleinen Leitungswiderständen. Hierzu ein Beispiel als Vergleich: Bei Hybrid- oder Elektrofahrzeugen werden Masseverbindungen zwischen Karosserieteilen mit einer Stromstärke von 25 A, sog. Vierleitermessung, geprüft.

- Im Gegensatz zu anderen Prüfungen (wie z. B. Isolationswiderstandsmessungen ► Kap. 1.2.3) sind sowohl Prüfung 1 als auch Prüfung 2 (auf die nachfolgend eingegangen wird) auch im Rahmen von wiederkehrenden Prüfungen ohne Stillsetzung oder Abschaltung der Maschine und somit jederzeit ohne größere Stillstandzeiten möglich.

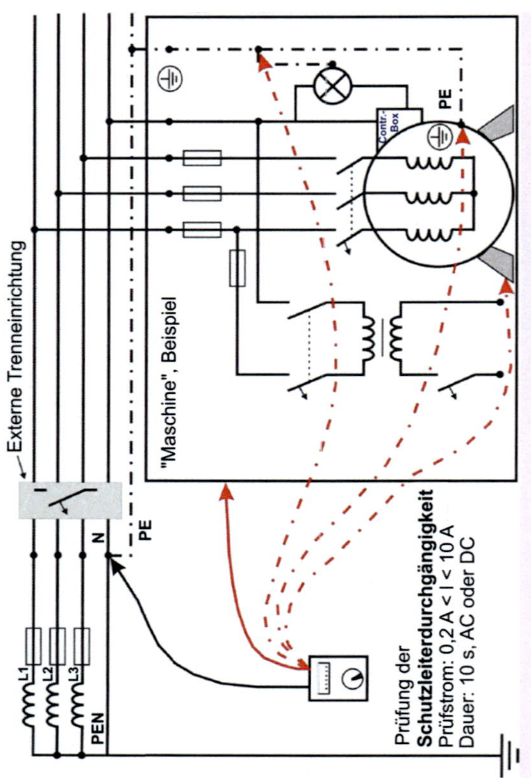

Bild 7: *Schutzleiterprüfung, Beispiel (Quelle: F. Schlüter)*

1.2.2.2 Prüfung 2: Überprüfung der Fehlerschleifenimpedanz und der Eignung der zugeordneten Überstromschutzeinrichtung

Mit dieser Prüfung sind gemäß VDE 0113-1 die ► „Fehlerschleifenimpedanz“ sowie Eignung der zugeordneten ► „Überstromschutzeinrichtungen“ zu überprüfen.

Die Wirksamkeit der Maßnahme „► „Fehlerschutz“ ist wie folgt sicherzustellen:

- durch Berechnung oder Messung der Fehlerschleifenimpedanz (nach Anhang A 2.4) und
- indem kontrolliert wird, ob
  die Einstellungen und Kennwerte der zugeordneten Schutzgeräte (Leitungsschutzschalter, Sicherung) mit den im Anhang A der VDE 0113-1 genannten Bedingungen konform sind,
  bei vorhandenen Leistungsantriebssystemen (PDS) die Einstellwerte und ► „Schutzeinrichtungen“ mit den jeweiligen Herstellerangaben übereinstimmen und hierzu eine Bestätigung vorhanden ist.

Messung der Fehlerschleifenimpedanz

Auch für die Messung der Fehlerschleifenimpedanz an Maschinen sind im Grunde die Anforderungen nach DIN VDE 0100-600 an die Anlagenprüfung umzusetzen. Dabei erfolgt die Überprüfung der ► „Schleifenimpedanz“ während des Betriebs und selbstverständlich bei geschlossener Trenneinrichtung.

Wird der „Schutz durch automatische Abschaltung der Stromversorgung“ durch Überstromschutzeinrichtungen ohne Einsatz von ► „RCD“ realisiert, so ist die Messung der Fehlerschleifenimpedanz notwendig, um den im Fehlerfall auftretenden Körperschlussstrom I_K zu ermitteln.

Hohe Abschaltströme mit niedriger Schleifenimpedanz sind erforderlich, um kurze Abschaltzeiten erreichen zu können. Die Messung dient dazu, die Abschaltzeiten der Überstromschutzeinrichtungen zu bestimmen und zu ermitteln.

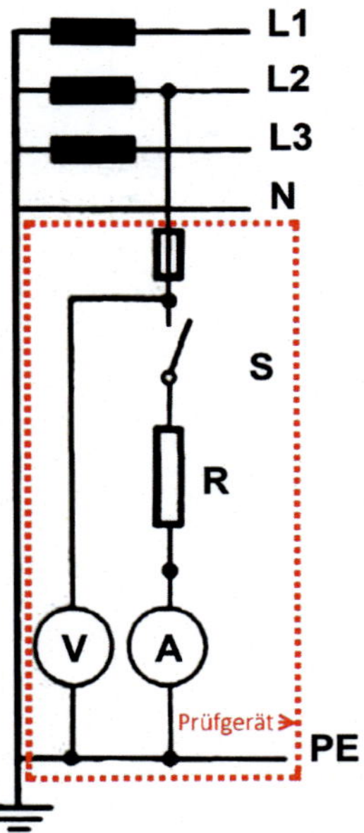

Bild 8: *Prinzip der Fehlerschleifenimpedanzmessung (Quelle: C. Orgel)*

Hinweis

Bei der Prüfung (siehe nachfolgende Abbildung) muss die Trenneinrichtung geschlossen sein.

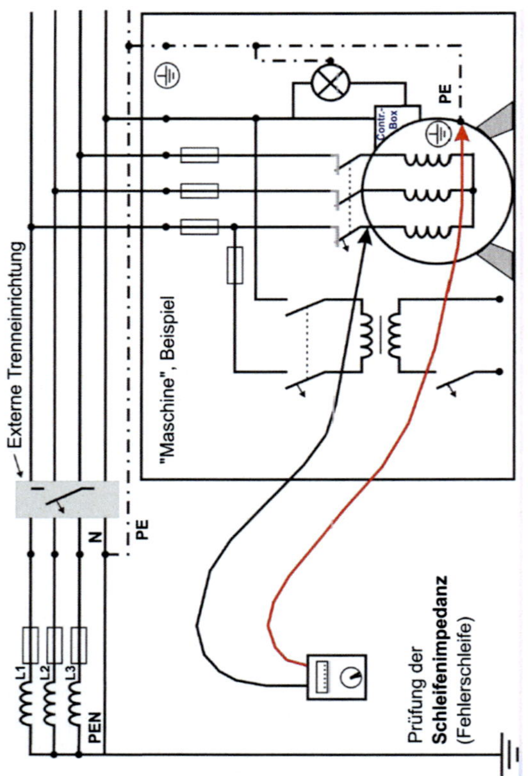

***Bild 9:** Fehlerschleifenimpedanzmessung bei Maschinen, Beispiel (Quelle: F. Schlüter)*

Die Schleifenimpedanz bewirkt bei einem Belastungsstrom einen Spannungsabfall. Aus Spannungsabfall und Belastungsstrom errechnet das Messgerät die Netzschleifenimpedanz nach

$Z_S = (U_1 – U_2) / I_R$

Die Fehlerschleifenimpedanz und die Kennwerte der ► Schutzeinrichtungen müssen dabei folgende Formel erfüllen:

$Z_S \leq U_0 / I_a$

(wobei Z_S = Fehlerschleifenimpedanz, U_0 = Nennwechselspannung zwischen Außenleiter und Erde, I_a = Strom, der das Abschalten der Schalteinrichtung in der geforderten Zeit bewirkt; bei RCDs ist dies der ► „Fehlerstrom")

Prüfhinweise

- Die Durchgängigkeit zwischen ► „Schutzleiter" des einspeisenden Netzes und Körpern (► „Körper") ist zu überprüfen, bevor die Fehlerschleifenimpedanz gemessen wird. Aus Sicherheitsgründen ist die Schutzleiterverbindung messtechnisch nachzuweisen.
- In TN- und TT-Systemen (► Kap. 1.1.1.1 und ► Kap. 1.1.1.2) muss die gemessene Fehlerschleifenimpedanz den geforderten Werten gemäß DIN VDE 0100-410 entsprechen (► Kap. 1.2.2, Tab. 2).
- Bestehen Zweifel an der Erfüllung der vorgenannten Bedingungen und wird deshalb ein zusätzlicher ► „Schutzpotentialausgleich" erforderlich, so muss dessen Wirksamkeit nachgewiesen werden.

- Sofern im TT-System (► Kap. 1.1.1.2) Überstromschutzeinrichtungen Verwendung finden, müssen die geforderten Abschaltzeiten eingehalten werden.
- Die Messung der Fehlerschleifenimpedanz muss nur einmal pro Stromkreis an der entferntesten Stelle erfolgen, was Anlagenkenntnis voraussetzt. An allen weiteren Stellen ist die ► „Durchgängigkeit“ der Schutzleiter nachzuweisen.
- Auf die Messung kann verzichtet werden, wenn folgende Bedingungen zutreffen:
  - Eine Berechnung der Fehlerschleifenimpedanz ist bereits vorhanden.
  - Eine Berechnung des Schutzleiterwiderstands (► „Schutzleiterwiderstand“) ist vorhanden. Länge und Querschnitt des Schutzleiters können durch Messung des Leiterwiderstands ermittelt und somit nachgewiesen werden. Die elektrische Durchgängigkeit der Schutzleiter muss dann ebenfalls nachgewiesen werden.
  - Es werden ► „Fehlerstromschutzeinrichtungen“ (RCD) < 500 mA verwendet.
- Um Messfehler durch Netzspannungsschwankungen zu vermeiden, sind die Messungen ggf. mehrmals durchzuführen, und ein Mittelwert ist zu bilden.
- Gemäß Geräteherstellernorm können die Betriebsmessabweichungen ± 30 % (Messgerätefehler) betragen. Diese und evtl. verschiedene Netzbedingungen müssen bei der Beurteilung mit berücksichtigt werden.
- Des Weiteren kann es gemäß DIN EN 60909-0 (VDE 0102) notwendig sein, Messungen, die bei einer Umgebungstemperatur von 20 °C erfolgt sind, z. B. auf 80 °C umzurechnen (Korrekturfaktor dabei: 1,24).
- Zwecks Brandschutzüberprüfung, Kurzschlusssicherheit oder Ermittlung des Spannungsfalls kann es notwendig sein,

die Netzimpedanz Z_{LN} zu ermitteln. Diese Messung löst evtl. vorhandene RCDs nicht aus.

- Moderne Prüfgeräte, die neben der Ermittlung der Schleifenimpedanz und des Kurz-/Körperschlussstroms (I_K) auch einen Vergleich von I_K mit den eingesetzten Sicherungen und Leitungsschutzschaltern direkt selbst durchführen, ersparen dem Prüfer viel Rechen- und Arbeitsaufwand.
- Für die Messung der Fehlerschleifenimpedanz an Maschinen verlangt VDE 0113-1 den Einsatz von Messausrüstungen gemäß IEC/DIN EN 61557-3. Außerdem wird im Punkt A.4.2 des Anhangs A darauf hingewiesen, dass die Vorgaben in der technischen Dokumentation (► „Technische Dokumentation“) zur Messausrüstung bezüglich der Genauigkeit der Messergebnisse und des zu befolgenden Messverfahrens zu berücksichtigen sind. Die Messung an der elektrischen Ausrüstung muss mit einer Stromversorgung mit Bemessungsfrequenz zwischen 99 % und 101 % erfolgen (je nach für die Maschine vorgesehener Stromversorgung).

Fehlerschutz in TN-Systemen

Der Schutz muss durch eine Überstromschutzeinrichtung vorgesehen werden.

Die geforderte Abschaltzeit bei Maschinen ist, im Gegensatz zur Forderung der DIN VDE 0100-410, generell > 5 s (siehe auch Tabelle 2 in ► Kap. 1.2.2).

Der dazu erforderliche Schutzleiterwiderstand errechnet sich nach der Formel

$$R_{PE} \leq \frac{50V}{I_{a(5s)}}$$

Kann diese Zeit trotzdem nicht sichergestellt werden, so müssen ergänzende Maßnahmen getroffen werden (z. B. zusätzlicher Schutzpotentialausgleich).

Bei Stromkreisen oder Steckdosen für handgehaltene Betriebsmittel der Klasse I sind die maximalen Abschaltzeiten gemäß der Tabelle 2 in ► Kap. 1.2.2 einzuhalten.

Ist der Schutz durch Fehlerstromschutzschalter (RCDs) vorgesehen, so ist die Einhaltung der Abschaltzeiten nachzuweisen.

Hinweis

Gemäß DIN VDE 0100-410 müssen Steckdosen mit einem Bemessungsstrom ≤ 32 A (AC), die für die Verwendung durch Laien oder zur allgemeinen Verwendung vorgesehen werden, mit einem zusätzlichen Schutz durch RCDs ≤ 30 mA versehen werden. Das sollte aber schon bei Übernahme der Maschine durch den Betreiber Beachtung finden.

Da in VDE 0113-1, z. B. für Servicesteckdosen, keine RCDs vorgesehen sind und mit der Begründung, dass sich diese Steckdosen im abgeschlossenen Schaltschrank befinden, sind auch meistens keine eingebaut. Diese müssen dann später oft aufwendig nachgerüstet werden, sofern elektrotechnische Laien (Nichtfachkräfte) Zugang erhalten.

1.2.2.3 Besonderheiten bei TT-Systemen

Die Prüfung in TT-Netzen erfolgt prinzipiell nach den gleichen normativen Vorgaben wie für TN-Systeme (siehe ► Kap. 1.2.2.1 und ► Kap. 1.2.2.2).

Zusätzlich gelten für TT-Systeme jedoch auch die nachfolgenden weiteren Anforderungen:

Als Erstes sollte durch ► „Sichtprüfung" festgestellt werden, ob alle Maschinenteile durch ► „Schutzleiter" an einen gemeinsamen Erder angeschlossen sind.

Für TT-Systeme wird gemäß Abschnitt A.2.2.1 der VDE 0113-1 verlangt, dass RCDs als ► „Fehlerschutz" verwendet werden. Zusätzlich zu den v. g. Prüfungen in TN-Systemen sind in TT-Netzen entsprechend folgende Besonderheiten zu beachten:

Der Erderwiderstand R_A muss gemessen werden, und folgende Bedingungen müssen erfüllt sein:

- Die Abschaltzeiten für das TT-System müssen eingehalten werden (siehe ► Kap. 1.2.2, Tab. 2).
- $R_A \times I_{\Delta N} \leq 50$ V (Dabei ist R_A die Summe der Widerstände von der Erdelektrode und dem Schutzleiter für jeden Körper und $I_{\Delta N}$ der Bemessungsdifferenzstrom des RCD.)

Selbst RCDs vom Typ S würden die geforderten Abschaltzeiten erreichen, da für sie schon ein Fehlerstrom von 2 $I_{\Delta N}$ zur Auslösung ausreicht. Für Stromkreise und Verteilerstromkreise, die nicht durch Tabelle 2 abgedeckt sind, ist eine Abschaltzeit von max. 1 s erlaubt.

Zudem sind gemäß Abschnitt A.2.3 der VDE 0113-1 folgende Prüfschritte durchzuführen:

- Prüfung des Bemessungsfehlerstroms für die Auflösung und die Abschaltzeit des RCD
- ► „Kontrolle“, dass bei der Prüfung des RCD die Vorgaben der relevanten Norm eingehalten wurden
- Prüfung aller Anschlüsse zum RCD und zum ► „Schutzpotentialausgleich“.

Ist die Messung von R_A nicht möglich, so darf der Fehlerschleifenimpedanzmesswert verwendet werden.

Für die Messung der ► „Fehlerschleifenimpedanz“ präzisiert die VDE 0113-1 folgende Bedingungen:

- Verwendung einer Messeinrichtung nach IEC 61557-3
- Die Genauigkeit der Messergebnisse und durchgeführten Messverfahren sind in der Anlagendokumentation festzuhalten und zu beschreiben.
- anzuwendende Bemessungsfrequenz während der Messung an der elektrischen Ausrüstung: 99 % bis 101 % (entsprechend der vorgesehenen Stromversorgung der Maschine)
- Messwert der Fehlerschleifenimpedanz gemäß Tabelle A.2 (siehe ► Kap. 1.2.2, Tabelle 2)

Für die Überprüfung der Eigenschaften des RCD und die Messung der Fehlerschleifenimpedanz gelten zudem die Anforderungen nach DIN VDE 0100-600 (hierzu siehe die Praxistipps in ► Kap. 1.1.1.2).

Nur in seltenen Fällen, sofern ein entsprechend niedriger Wert Z_S (Impedanz der gesamten Fehlerschleife in Ohm) dauerhaft und zuverlässig sichergestellt werden kann, ist die Verwendung von ► „Überstromschutzeinrichtungen" als Fehlerschutz zulässig. Bei Verwendung einer Überstromschutzeinrichtung gilt deshalb für den Fehlerschutz die Bedingung

$Z_s \times I_a \leq U_0$

(wobei Z_S = Fehlerschleifenimpedanz, U_0 = Nennspannung AC bzw. DC zwischen Außenleiter und Erde, I_a = Strom, der das Abschalten der Trenneinrichtung in der geforderten Zeit gemäß Tabelle A.2 bewirkt).

Für alle Stromkreise ≤ 32 A gelten die maximalen Abschaltzeiten nach Tabelle A.2 der Norm. Für Stromkreise > 32 A gilt als maximale Abschaltzeit 1 s.

Sind in einem TT-System alle fremden leitfähigen Teile innerhalb der Installation mit dem Schutzpotentialausgleich verbunden und erfolgt die Abschaltung durch eine Überstromschutzeinrichtung, dürfen die maximalen Abschaltzeiten nach Tabelle A.1 der Norm (siehe ► Kap. 1.2.2, Tabelle 2) verwendet werden.

1.2.3 Isolationswiderstandsprüfung

Eine Isolationswiderstandsmessung oder – anders ausgedrückt – eine Prüfung der Isolation und ihrer Eigenschaften verfolgt das Ziel, Sicherheit, Fehlerfreiheit und Funktionsfähigkeit von elektrischen Maschinenausrüstungen sicherzustellen.

Wie für elektrische ► „Betriebsmittel“, Anlagen und Maschinenausrüstungen ein Nachweis für den jeweils geforderten ► „Isolationswiderstand“ messtechnisch zu erbringen ist, wird in unterschiedlichen Normen geregelt (z. B. neben VDE 0113-1, in DIN VDE 0100-600 und DIN VDE 0701 und DIN VDE 0702). Während für elektrische Geräte und Anlagen die Messung des Isolationswiderstands jedoch normativ verlangt wird, ist dieser Prüfschritt im Rahmen der Maschinenprüfung nicht zwingend vorgeschrieben und liegt daher im Ermessen des Prüfers.

Eingesetzt wird diese Messung insbesondere zur systematischen Fehlersuche, um ► „Mängel“ frühzeitig aufzuspüren, aber auch zur Bewertung sowie Beurteilung von Isolierstoffen und konstruktiven Isolationslösungen. Ebenfalls lassen sich damit Schwachstellen, wie Kriechwege oder Verschmutzungen, gezielt aufdecken.

Wie bereits erwähnt, dient diese Prüfung dazu, Schwachstellen in der Isolation einer elektrischen Maschinenausrüstung zu finden. Mit einer erhöhten Spannung wird hier geprüft, ob alle aktiven Teile (► „Aktives Teil“) der Ausrüstung ausreichend isoliert sind, sodass keine Gefahr für Nutzer oder andere Beteiligte entstehen kann.

Um dies leisten zu können, sollte die einzusetzende Prüfspannung immer den Scheitelwert der normalen Betriebs- bzw. Bemessungsspannung übersteigen. In den allermeisten Fällen dürfte die Prüfspannung 500 V betragen, da die (effektive) Versorgungsspannung aus dem Netz i. d. R. im Bereich von 230 bis 400 V liegt. Je nach Versorgungsnetz können aber selbstverständlich auch andere Spannungen bei der Messung erforderlich sein.

Die folgende Abbildung zeigt Aufbau und Prinzip der Isolationswiderstandsmessung an einer Maschine.

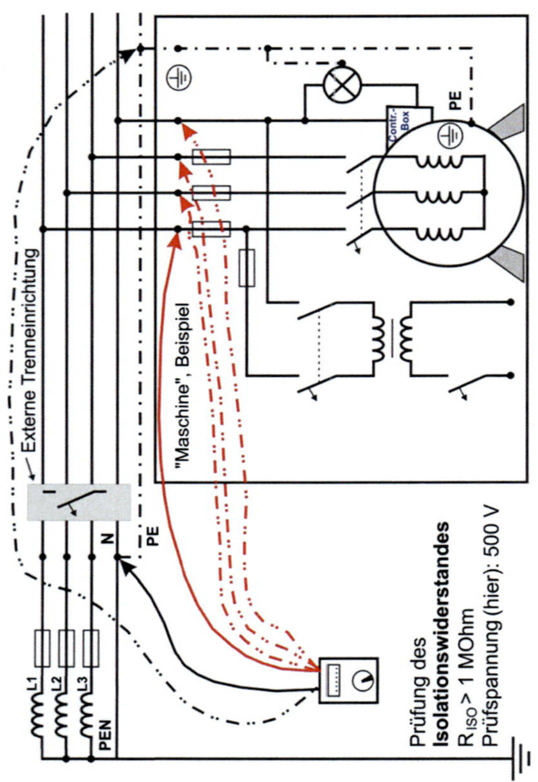

Bild 10: *Isolationswiderstandsmessung. Beispiel für Aufbau und Prinzip (Quelle: F. Schlüter)*

Eine Isolationswiderstandsmessung darf grundsätzlich nur im freigeschalteten Zustand durchgeführt werden, weswegen die Trenneinrichtung für die Dauer der Prüfung selbstverständlich geöffnet ist.

In Abbildung 13 werden **vier Einzelmessungen**, und zwar L1, L2, L3 und N, gegen das Schutzleitersystem (PE) dargestellt.

Für den Prüfer gilt es hier meist zu entscheiden, an welchen Teilen/Abschnitten der Anlage die Messung durchgeführt werden soll und wie Betriebsmittel hinter geöffneten Schaltkontakten (wie z. B. Motorwicklungen) erreicht werden können.

Prüfhinweise

- Vor der Durchführung von Isolationswiderstandsmessungen empfiehlt sich, die Schaltungsunterlagen genau zu studieren. Dadurch lässt sich fallspezifisch erkennen, ob Betriebsmittel (z. B. Schutzbeschaltungen) durch die anzulegende Prüfspannung ggf. gefährdet werden könnten.
- Bei der Prüfung dürfen Maschinen und maschinelle Anlagen in einzelne Abschnitte unterteilt werden.
- Es ist darauf zu achten, dass alle beschalteten Innenteile mit in die Messung einbezogen werden. Da es nicht möglich ist, durch geöffnete Schaltkontakte „hindurch" zu messen, kann es bspw. erforderlich sein, Teilmessungen vor und hinter den geöffneten Kontakten von Schützen und/oder Relais durchzuführen.
- Um den Prüfaufwand zu reduzieren, ist der Einsatz von Messadaptern zulässig (hierzu siehe auch Abbildung 14). Damit lassen sich messtechnisch mehrere Abschnitte einer Maschine oder Anlage gleichzeitig erreichen.

- Werden in den zu prüfenden Maschinen und Anlagen elektronische Schalteinrichtungen bzw. -werke eingesetzt, dürfen an betreffenden Anlagen lediglich Elektrofachkräfte mit ausreichender Kenntnis und Erfahrung die Sicherheit durch Alternativmessungen (wie z. B. mit Leckstromzange) nachweisen.
- Die Isolationswiderstandsprüfung gilt als „bestanden", wenn der gemessene Isolationswiderstand zwischen Hauptstromkreisen und Schutzleitersystem einen Wert von 1 MΩ nicht unterschreitet.
- Die Isolationswiderstandsprüfung wird meistens schon beim Hersteller vor Aufbau der Maschine und Anschluss von Steuerungen und Elektronik durchgeführt. Vor Ort werden nur noch nachträglich angebrachte Kabelverbindungen, z. B. zu Motoren geprüft. Dies liegt darin begründet, dass die Durchführung einer kompletten Isolationsprüfung erst bei Inbetriebnahme ein Abklemmen der entsprechenden Steuerung und anderer Elektronikbauteile bedingen würde, um ein ungewolltes Zerstören dieser Bauteile zu verhindern. Das Ab- und Anklemmen von Bauteilen würde die Funktionsprüfungen und damit die gesamte Inbetriebsetzung erheblich verlängern.
- Im Rahmen von wiederkehrenden Prüfungen ist für die Durchführung einer Isolationswiderstandsprüfung (neben dem o. g. An-/Abklemmen bestimmter Bauteile) ein Abschalten der Maschine erforderlich. Zumindest bei Produktionsmaschinen sind oft die dafür notwendigen Stillstandzeiten nicht ohne finanzielle Einbuße umsetzbar. Auch ergibt sich daraus die Notwendigkeit einer anschließenden vollständigen und umfangreichen Funktionsprüfung. Diese nachteiligen Auswirkungen sollten von der verantwortlichen Fachkraft bei der Auswahl und Festlegung der anzuwendenden Prüfverfahren berücksichtigt werden.

Sonderfälle

- Für **bestimmte Teile der elektrischen Ausrüstung**, wie
  - Sammelschienen,
  - Schleifleitungssysteme,
  - Schleifringkörper

  gilt ein niedrigerer Grenzwert (► „Grenzwerte"). Der gemessene Isolationswiderstand zwischen Hauptstromkreisen und Schutzleitersystem darf in diesem Fall nicht kleiner als 50 kΩ sein.
- Sind in der Ausrüstung der zu prüfenden Maschine oder Anlage **Vorrichtungen zum Überspannungsschutz** vorhanden, sind ebenfalls Ausnahmen erlaubt:
  - Entweder sind betreffende Betriebsmittel abzuklemmen oder die Prüfspannung ist auf einen Wert zu reduzieren, der unter dem Niveau der vorhandenen Schutzeinrichtung liegt.
  - Eine Unterschreitung des Spitzenwerts der Versorgungsspannung ist nicht zulässig (Phase gegen Neutralleiter). Dies wird nachfolgend anhand eines konkreten Beispiels genauer erläutert.

  Wird bei wärmeabgebenden Geräten der nach Norm geforderte Isolationswert nicht gleich bei der ersten Messung erreicht, empfiehlt es sich ferner, den Prüfling kurzzeitig in Betrieb zu nehmen, um z. B. Einflüsse der Restfeuchtigkeit zu minimieren. Jedoch auch diese Entscheidung ist der befähigten Person unter Beachtung der vorher ermittelten Widerstandswerte vorbehalten. Ein zu geringer Isolationswiderstandswert birgt nämlich die Gefahr eines Körperschlusses bzw. kann zu einer Körperdurchströmung führen.

Besonderheiten bei der Auswertung der erzielten Messergebnisse

Dem Praktiker ist klar, dass der in der Norm geforderte Mindestwert von 1 MΩ sehr niedrig angesetzt ist. Von den vorher erwähnten Ausnahmen mal abgesehen, zeigt das Display des Messgeräts in den allermeisten Fällen, selbst bei intakten Anlagenausrüstungen, dass der gemessene Isolationswiderstand sehr hoch ist und dieser Wert deswegen nicht mehr angezeigt werden kann.

Anders formuliert: Was ihre Prozessorleistung und Auflösung betrifft, sind die Geräte nicht mehr in der Lage, den „echten" Wert anzuzeigen und erzeugen eine Überlaufanzeige (z. B.: R_{ISO} > xxx MΩ). Bei einem Analoggerät wandert z. B. der Zeiger gegen den Anschlag.

Sollten also Isolationswiderstandswerte im einstelligen Megaohmbereich gemessen werden, ist hier der kritische Blick des Prüfers gefragt.

Die folgende Abbildung zeigt ein weiteres Alternativverfahren zur Messung des Isolationswiderstands an Maschinen.

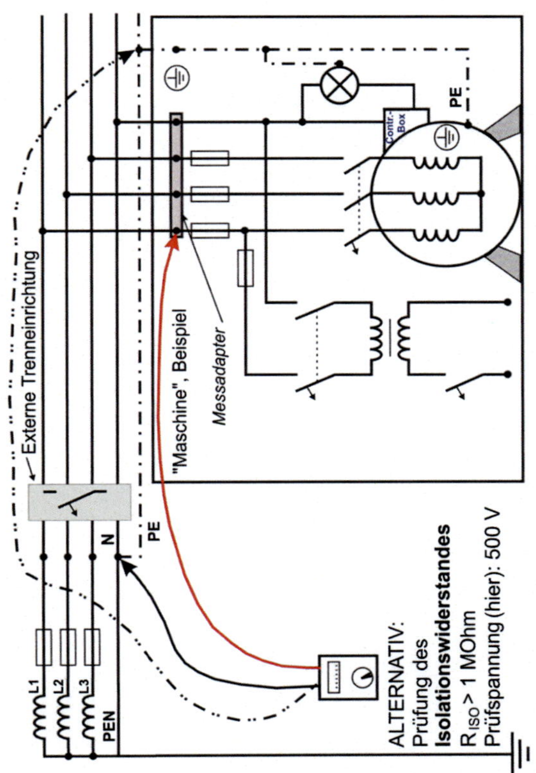

Bild 11: *Isolationswiderstandsmessung mit Messadapter, Prinzip (Quelle: F. Schlüter)*

Der Einsatz eines Messadapters erlaubt es, die vier Einzelmessungen aus Abbildung 13 durch eine einzige Messung zu ersetzen. Zum Beispiel bei Geräteprüfungen gehören solche Hilfsmittel inzwischen teilweise zum Standard; bei der Prüfung einer elektrischen Maschinenausrüstung ist in dieser Hinsicht u. U. noch etwas „Kreativität“ gefragt.

An zentralen Stellen, wie Sammelschienen, Sicherungsabgängen oder Klemmleisten, lassen sich die aktiven Teile der Stromkreise ggf. kurzschließen und dadurch größere Abschnitte in einem Zug prüfen. Das kann z. B. mithilfe von Messleitungen und Greifklemmen bewerkstelligt werden.

Maschinelle Anlagen, die mithilfe von Steckvorrichtungen (z. B. CEE-Steckvorrichtungen) am Netz angeschlossen sind, lassen sich dagegen (wie ortsveränderliche Geräte) unter Zuhilfenahme von Adaptern prüfen.

 **Hinweis**

Wird ein fiktives Beispiel angenommen, mit

- einem Effektivwert der Versorgungsspannung (Phase gegen Neutralleiter) von 230 V und
- vorhandenen Spannungstoleranzen:
  $U_{ist} = \pm 10\,\%$ von U_{nenn}

darf der Effektivwert zwischen 207 V und 253 V schwanken.

Wenn dabei die obere Grenze des Spitzenwertes

$US = \sqrt{2} \cdot U_{eff} = \sqrt{2} \cdot 253\ V = \mathbf{358\ V}$

beträgt, sollte die Prüfspannung einen Wert von 358 V **nicht** unterschreiten.

Bei einigen Prüfgeräten lässt sich diese Prüfspannung manuell und nahezu stufenlos einstellen.

Als geeigneter Ersatz für eine Isolationsprüfung könnte auch eine Schutzleiterstrommessung infrage kommen. Diese Lösung ist bereits bei der Geräteprüfung nach DIN VDE 0701 bzw. DIN VDE 0702 praxisüblich. Eine Schutzleiterstrommessung wird nämlich bei nicht erfolgter Isolationsprüfung von dieser Norm ausdrücklich und zwingend gefordert.

Diese Prüfung im Differenzstrommessverfahren (► „Differenzstrom“) mittels Differenzstrommesszange kann bei laufendem Betrieb erfolgen und bedingt somit keine Maschinenstillstandzeiten.

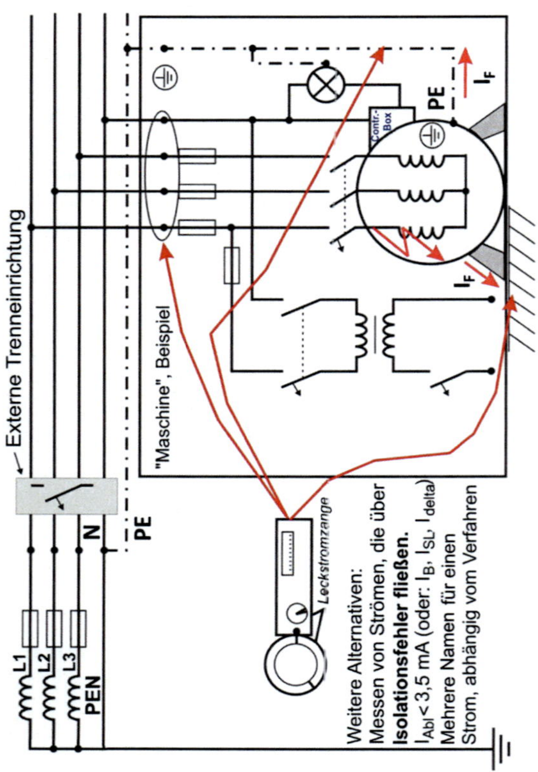

Bild 12: *Differenzstrommessung (Quelle: F. Schlüter)*

 **Hinweis**

Für die Differenzstrommessung mit Stromzange sind an der Maschine geeignete Messpunkte festzulegen. Bei Stillstandzeiten sind ggf. Zangenmesspunkte zu schaffen oder zusätzlich einzubauen, da es v. a. bei Drehstromanschluss oft problematisch ist, die drei Phasen und Null mit der Zange zu umfassen.

Allerdings sind die in DIN VDE 0701 bzw. DIN VDE 0702 definierten ► „Grenzwerte" bei Maschinen kaum einzuhalten. Somit bekommen die Bedingungen, die in Abschnitt 8.2.6 der VDE 0113-1 („Zusätzliche Anforderungen an die elektrische Ausrüstung mit Erdableitströmen größer als 10 mA") genannt werden, eine große Bedeutung.

Bei vorhandenen Unterlagen und Angaben zu den Erdableitströmen sind demnach die im Differenzstrommessverfahren gemessenen Werte damit zu vergleichen und ergeben ein gutes Abbild über den Isolationszustand der Anlage.

Sollten derartige Vergleichswerte nicht oder nicht mehr vorhanden sein und Erdableitströme von mehr als 10 mA AC oder DC auftreten, sind zusätzliche Maßnahmen erforderlich. Für das Schutzleitersystem müssen eine oder mehrere der folgenden Bedingungen eingehalten werden:

- Schutzleitermindestquerschnitt: 10 mm^2 Cu oder 16 mm^2 Al
- Beträgt der Schutzleiter weniger als 10 mm^2 Cu oder 16 mm^2 Al, muss ein zweiter Schutzleiter mit mindestens demselben Querschnitt verlegt werden.

 **Hinweis**

Dies kann einen getrennten Anschluss für einen zweiten Schutzleiter in der elektrischen Ausrüstung erfordern.

Automatische Abschaltung der Stromversorgung bei Verlust der Durchgängigkeit des Schutzleiters

- bei Verwendung einer Stecker-Steckdosen-Kombination:
  - Ausführung des Anschlusses mit Steckverbindern für industrielle Anwendungen nach IEC 60309
  - Schutzleitermindestquerschnitt (als Teil einer mehradrigen Leitung): 2,5 mm^2

Was Ableitströme betrifft, lässt sich mit der Nachrüstung von einer oder mehreren der vorgenannten Maßnahmen und relativ wenigem Aufwand der gleiche elektrische Sicherheitsstandard wie an einer neuen Maschine realisieren.

1.2.4 Spannungsprüfung

Eine Spannungsprüfung (in der Vergangenheit auch – obwohl nicht ganz korrekt – als Hochspannungsprüfung bezeichnet) ist nach VDE 0113-1 nicht zwingend vorgeschrieben und liegt im Ermessen des Errichters bzw. des Herstellers einer Maschine oder maschinellen Anlage. Grundsätzliches Ziel einer Spannungsprüfung ist, mögliche Isolationsschäden oder unzureichende Luftstrecken aufzuspüren. Dabei reicht jedoch dieser Schritt über eine reine Isolationswiderstandsprüfung hinaus.

Mit (im Vergleich zur Isolationswiderstandsmessung) erhöhter Prüfspannung sollen mögliche Isolationsschäden provoziert werden, was mit einer Art „Früherkennungsverfahren" vergleichbar ist.

Dabei soll jedoch vermieden werden, dass ► „Betriebsmittel" (wie Steuerungen oder andere Elektronikbauteile) geschädigt werden oder evtl. Vorschäden davontragen. Betriebsmittel, die für diese Spannung nicht bemessen sind, sind entsprechend von der Prüfung auszuschließen. Auch erfordert die Prüfung mit Hochspannung diverse Sicherheitsvorkehrungen und ist nur von speziell geschulten Elektrofachkräften durchzuführen. Da das Abklemmen und erneute Anklemmen ferner als Fehlerquelle zu sehen ist, können nachträgliche Kontrollen (z. B. durch Funktionsprüfungen, ► Kap. 1.2.6) erforderlich sein.

Daher obliegt die Entscheidung darüber, inwieweit die Durchführung einer Spannungsprüfung v. a. im Rahmen einer Wiederholungsprüfung sinnvoll und möglich ist, grundsätzlich der zur Prüfung befähigten Person und ist idealerweise unter Hinzuziehung einer ► „Gefährdungsbeurteilung" zu treffen (und zu begründen).

Das Grundprinzip hinter der Durchführung einer Spannungsprüfung besteht – wie bereits angedeutet – darin, mit einer „erhöhten" Prüfspannung das Isolationsvermögen aller aktiven Leiter erneut zu messen. Gemäß der Norm sind dabei die Leiter aller Hauptstromkreise gegenüber dem Schutzleitersystem zu prüfen.

Von der Prüfung ausgenommen sind

- PELV-Stromkreise,
- Stromkreise, die mit PELV-Spannungen betrieben werden,
- Bauteile, die nicht für diese Prüfspannung ausgelegt sind (Widerstände, Leuchtmittel etc.). Diese sollten für die Dauer der Prüfung abgeklemmt oder anderweitig von der Prüfspannung getrennt werden.

Bei der Durchführung der Prüfung sind die nachfolgenden Parameter zu beachten:

- Prüfeinrichtungen müssen der EN 61180 entsprechen
- Prüfspannung: 2 x U_{Nenn} bzw. 1.000 Volt (je nachdem, welche Spannung höher ist)
- Mindestleistung des speisenden Transformators: P_{Nenn} = 500 VA
- Frequenz der Prüfspannung: f = 50 – 60 Hz
- Prüfdauer: mindestens 1 s

Die Prüfung gilt als bestanden, wenn kein Lichtbogendurchschlag erfolgt.

Die Norm sieht vor, dass die Prüfungen und Prüfeinrichtungen der EN 61180 entsprechen. Selbstverständlich ist es auch zulässig, eine eigene Prüfeinrichtung zu errichten – vorausgesetzt, die oben angegebenen Rahmenbedingungen werden dabei eingehalten.

 **Praxistipp**

- Für die Durchführung von Spannungsprüfungen empfiehlt sich die Erstellung eines Prüfplans. Der hilft bei der Entscheidungsfindung, ob die Prüfung durchzuführen ist oder nicht und liefert (auch für spätere Wiederholungsprüfungen) eine Übersicht über bereits erledigte bzw. noch offene Prüfschritte und -abschnitte.
- Ist diese Prüfung bereits bei der Errichtung einer Maschine oder maschinellen Anlage möglich, können/sollten Einzelabschnitte gezielt geprüft werden, z. B. nach der Montage von Teilen der elektrischen Ausrüstung. Das grenzt die Gefahr ein, später für die Prüfspannung nicht geeignete Betriebsmittel versehentlich mit zu prüfen.
- Aufgrund der von der anzulegenden Prüfspannung ausgehenden Gefährdung – auch für den Prüfer – sollte diese Prüfung lediglich von speziell geschulten Elektrofachkräften durchgeführt werden.

In der nachfolgenden Abbildung werden Aufbau und Prinzip dieser Prüfung veranschaulicht. Die zu prüfenden Stromkreise (eigentlich: Leitungen) haben hierbei kapazitive Effekte.

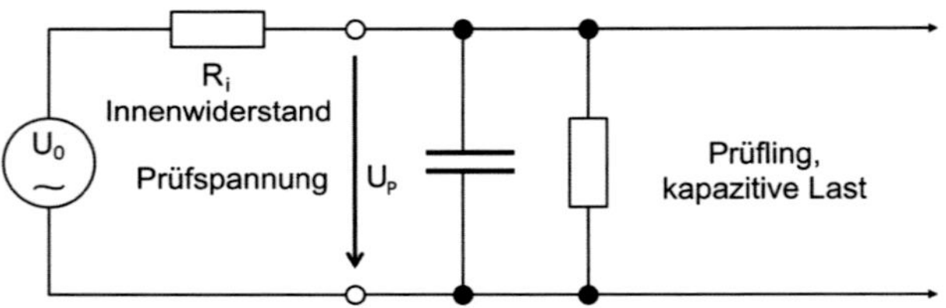

Bild 13: *Spannungsprüfung, prinzipielle Anordnung (Quelle: F. Schlüter)*

Der Prüfaufbau ist dem der Isolationswiderstandsmessung sehr ähnlich.

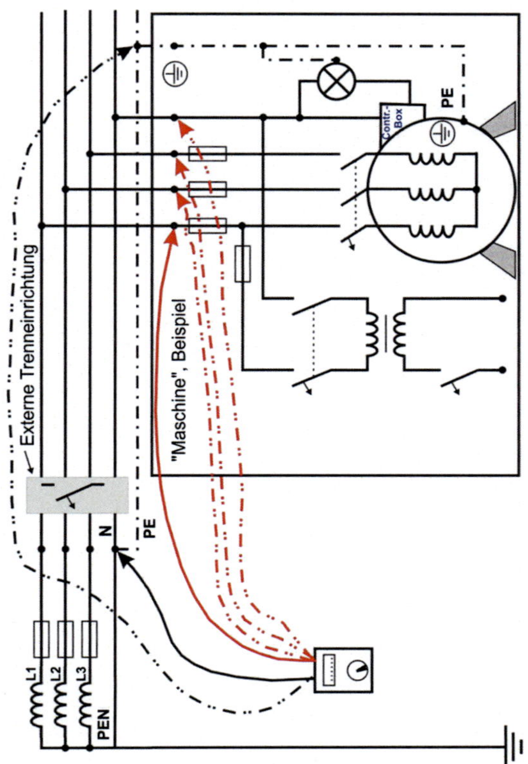

Bild 14: *Spannungsprüfung, Beispiel (Quelle: F. Schlüter)*

1.2.5 Schutz gegen Restspannung

Zum Schutz vor Restspannungen müssen Vorsichtsmaßnahmen getroffen werden, wenn elektrische Maschinenausrüstungen Bauteile oder ► „Betriebsmittel" enthalten, in denen Kondensatoren zum Einsatz kommen. Beispiele dafür sind:

- Geräte zur Blindstromkompensation
- Frequenzumrichter oder andere elektronische Motorsteuergeräte
- Schaltnetzteile

Hier spricht man auch von Leistungselektronik, in der mit sog. Zwischenkreisen gearbeitet wird, um Spannungen und Frequenzen umzuformen.

Nach einem Trennen solcher Maschinenausrüstungen vom Netz können die hier eingesetzten Kondensatoren noch Ladungen enthalten, die für Menschen lebensgefährlich sind. Deshalb ist bei der Durchführung von Prüfaufgaben darauf zu achten, dass von diesen Restspannungen keine Gefahr ausgeht bzw. betreffende Spannungen schnell genug auf ein ungefährliches Maß reduziert werden. Nach der Norm sind die folgenden Grenzen zu berücksichtigen:

- Restspannung: max. 60 V
- elektrische Ladungen: max. 60 μC
- Entladungszeit nach dem Abschalten: max. 5 s

Anders formuliert: Nach dem Ausschalten dürfen aktive Teile (► „Aktives Teil") nach fünf Sekunden keine Restspannung mehr über 60 V aufweisen bzw. müssen innerhalb dieser Zeit entsprechend weit genug entladen werden. Bei elektrischen Ladungen unter 60 μC ist die Gefährdung von vornherein gering genug, es bedarf daher keiner weiteren Maßnahmen.

Praxistipp

Bei einer Spannung von 60 V und einer Ladungsmenge von 60 μC erhält man eine Energie (d. h. das Vermögen, Arbeit zu verrichten) von 3,6 mWs (= mJ). Ab diesem Schwellenwert kann es für Menschen gefährlich werden. Ein Bauteil mit diesem Speichervermögen ist erschreckend klein (z. B. 1-μF-Kondensator).

Wird der Entladungsvorgang manuell herbeigeführt oder beschleunigt, ist darauf zu achten, dass die ordnungsgemäße Funktion der elektrischen Ausrüstung dadurch nicht beeinträchtigt wird.

Können die o. g. Bedingungen nicht eingehalten werden, ist die Gefahrenquelle zwingend mit einem dauerhaften Warnhinweis zu kennzeichnen. Das Warnschild (► „Warnschilder") muss darüber hinaus folgenden Anforderungen genügen und ist

- an gut sichtbaren Stellen anzubringen,
- auf oder unmittelbar neben dem ► „Gehäuse" anzubringen,
- mit Angaben über die Gefährdung und die einzuhaltende Wartezeit bis zur Öffnung des Gehäuses zu versehen.

Besonderheiten bei Steckvorrichtungen

Sollten beim Ziehen (z. B. von Steckern) Leitungsenden, Steckerstifte o. Ä. freigelegt oder frei zugänglich werden, muss eine Restspannung innerhalb von einer Sekunde auf ein ungefährliches Maß entladen werden.

Lässt sich dies nicht einhalten, sind solche Betriebsmittel mit zusätzlichen Maßnahmen zum ▶ „Basisschutz" auszustatten (z. B. Mindestschutzart IP2X oder IPXXB). Für abklappbare Stromabnehmer, Schleifleitungen oder Schleifringkörper gelten Forderungen nach Abschnitt 12.7 der VDE 0113-1, was hier nicht weiter verfolgt wird.

Prüfhinweise

- Bevor eine künstliche Entladung der Kapazitäten eingeleitet wird, ist unbedingt zu prüfen, inwiefern diese funktionsbeeinträchtigend sein oder gar zu einer Schädigung der Maschinenausrüstung führen kann.
- Der Schutz vor Restspannung beginnt in der Praxis im Grunde mit der ▶ „Sichtprüfung" (▶ Kap. 1.2.1). Dabei ist zu prüfen, dass an entsprechenden Teilen der Maschinenausrüstung die erforderlichen Warnzeichen angebracht sind und den o. g. Anforderungen genügen (so z. B. Hinweise auf einzuhaltende Wartezeiten enthalten). Auch Bauteilformen und -anordnungen liefern Hinweise auf vorhandene ▶ „Gefährdungen".
- Lässt sich eine Gefährdung nicht eindeutig ausschließen, so sind (ggf. wiederholt) Messungen vorzunehmen.

- Aktive, zugängliche Teile von Zwischenkreisen können auf Restspannung überprüft werden. Das können z. B. Klemmen oder direkt zugängliche aktive Teile (► „Aktives Teil“) sein.
- Mit einem zweipoligen Spannungsprüfer (z. B. Duspol), der automatisch anzeigen kann, ob Gleich- oder Wechselspannung anliegt, lässt sich die Höhe der Restspannung prüfen. Mithilfe der optionalen Lastzuschaltung eines solchen Spannungsprüfers („Drücken der beiden Knöpfe“) kann ein Entladungsvorgang beschleunigt werden.
- Grundsätzlich sind für diesen Prüfschritt Messgeräte und -einrichtungen nach DIN EN 61557 (VDE 0413) zu verwenden.

 **Hinweis**

Nur in den speziell für die Prüfungen nach DIN EN 60204 (VDE 0113) angebotenen Prüfgeräten ist die Restspannungsprüfung Bestandteil der Prüfroutinen.

1.2.6 Funktionsprüfungen

Die Anweisungen zu diesem Prüfschritt sind in VDE 0113-1 sehr überschaubar, denn unter Abschnitt 18.6 ist lediglich zu lesen, dass die Funktionen der elektrischen Ausrüstung geprüft werden müssen.

Wie dies konkret durchzuführen ist, wird jedoch nicht näher erläutert. Die nachfolgenden Erläuterungen gehen daher auf einige Besonderheiten und Tipps für die Durchführung dieses Prüfschritts genauer ein.

 **Hinweis**

In Abschnitt 17.2 listet VDE 0113-1 die Angaben auf, die in der zu liefernden technischen Dokumentation (► „Technische Dokumentation") zur elektrischen Ausrüstung enthalten sein müssen. Hierzu gehören auch Angaben zu Häufigkeit und Verfahren der erforderlichen Funktionsprüfungen. Entsprechend ist für den Prüfer unerlässlich, die herstellerseitigen Vorgaben bei der Bestimmung des Prüfablaufs und -umfangs zu berücksichtigen.

Zur Funktionsprüfung gehört auf alle Fälle, dass die Maschine bzw. deren elektrische Ausrüstung in eine normale Gebrauchslage versetzt wird. Abweichend von der im Abschnitt 18.1 der Norm genannten Reihenfolge kann hier sehr gut zwischen Schutzfunktionen und betrieblicher Funktionalität unterschieden werden.

Im Grunde muss beides in normaler, gewöhnlicher Gebrauchslage geprüft werden. Doch dabei sollte vermieden werden, die elektrische Ausrüstung selbst oder deren ordnungsgemäße Funktion zu beeinträchtigen bzw. gar zu beschädigen.

Ein konkretes Beispiel liefern Heizwiderstände: Sind solche Bauelemente im Normalbetrieb bspw. von Wasser benetzt oder umschlossen, kann sich eine Trockenprüfung schädigend auf sie auswirken und es können sich außerdem fehlerhafte oder ungenaue Prüfergebnisse ergeben (Wasser leitet gewöhnlich besser als Luft).

Als weiteres Beispiel sei hier das Betätigen der NOT-AUS-Funktion erwähnt: Ein abruptes Stillsetzen der Maschine oder maschinellen Anlage kann u. U. mit starkem Verschleiß verbunden sein (z. B. Bremsenverschleiß). Hier hat der Prüfer zu entscheiden, ob nicht (verschleiß)schonende Alternativen (wie bspw. eine „kalte" Prüfung weiterer NOT-AUS-Befehlsgeräte durch Messung) angewandt werden können.

Generell steht bei der Funktionsprüfung zunächst der Personenschutz im Vordergrund, auch für das Prüfpersonal. Dazu empfiehlt sich die folgende Vorgehensweise/Reihenfolge der Prüfschritte:

1. Bevor mit der Funktionsprüfung begonnen wird, sind zunächst Vorhandensein und Wirksamkeit der ► „Schutzmaßnahmen" gegen elektrischen Schlag im Fehlerfall sicherzustellen.
   Sind zusätzliche Schutzmaßnahmen (Zusatzschutz) wie ► „Fehlerstromschutzeinrichtungen" (► „RCD") oder Erdschluss- und Isolationsüberwachungseinrichtungen vorhanden, sollte deren Funktion mit geprüft werden, auch wenn diese unter Abschnitt 18.1 der VDE 0113-1 (► Kap. 1.2) nicht ausdrücklich erwähnt werden.
2. In der Fachliteratur wird gelegentlich als weiterer Schritt auch auf Isolations- und Spannungsprüfung hingewiesen. Sollten diese im Rahmen des vorausgehenden Prüfablaufs schon erfolgt sein, muss selbstverständlich nicht erneut geprüft werden. Jedenfalls ist es sicherlich empfehlenswert, diese Schutzfunktionen im Blick zu behalten.
3. Als nächster Schritt wird die Prüfung der ordnungsgemäßen Funktion aller sicherheitsrelevanten Einrichtungen empfohlen. Dazu gehören:

- Einrichtungen für Handlungen im Notfall wie ► „NOT-AUS“, Ausschalten, Stillsetzen
- Sicherheitsüberwachungen und Sicherheitsschalter, wie Lichtschranken, Lichtvorhänge, Reißleinen, kapazitive/induktive Näherungsschalter (sofern für die Sicherheit relevant) etc.
- Sicherheitsverriegelungen, wie z. B. Schütz-/Tasterverriegelungen, Verriegelungen (► „Verriegelung“) gegen unbeabsichtigtes Wiederanlaufen nach Wiederkehr einer zuvor ausgefallenen Energieversorgung
- Endschalter
- Auswirkungen bei Ausfall von Redundanzen

Hier wird dringend empfohlen, diese Sicherheitsfunktionen zu prüfen, ohne die Maschine oder maschinelle Anlage komplett in Betrieb zu nehmen. Dadurch soll der o. g. Verschleiß möglichst vermieden werden. Eine Prüfung ist selbstverständlich durchzuführen, aber durch Messung und (soweit möglich und sinnvoll) unter Verzicht auf eine bestimmungsgemäße ► „Inbetriebnahme“. In manchen Fachbüchern wird das als „kalte Prüfung“ bezeichnet.

4. Als letzten Schritt einer Funktionsprüfung folgt die Überprüfung der Funktionstüchtigkeit aller Funktionen, die für den bestimmungsgemäßen Betrieb erforderlich sind.

Bei einer Geräteprüfung hat eine Funktionsprüfung ebenfalls zu erfolgen. Häufig wird das allerdings mit einem automatisierten Testablauf erledigt, den die Prüfgeräte der Reihe nach abarbeiten. Das heißt, die Bohrmaschine fängt dann irgendwann an zu laufen. Somit ist das eine relativ einfache und überschaubare Angelegenheit. Bei der Prüfung von elektrischen Maschinenausrüstungen sieht es meist völlig anders aus. Die Komplexität mancher Maschinen und maschinellen Anlagen kann u. U.

den Prüfer der elektrischen Ausrüstung völlig überfordern, wenn es darum geht, die Maschine/Anlage bestimmungsgemäß zu bedienen bzw. zu fahren. Daher ist hier dringend zu raten, im Zweifel immer den Anlagenverantwortlichen oder z. B. einen Maschinenführer zu diesem Prüfschritt hinzuzuziehen.

1.2.7 Nachprüfungen

Nachprüfungen sind nach Abschnitt 18.7 der VDE 0113-1 durchzuführen, wenn Teile einer Maschine oder ihrer zugehörigen Ausrüstung geändert oder ausgewechselt worden sind. Dabei sind lediglich die von der Änderung betroffenen Teile (sofern dies möglich ist) einer erneuten Prüfung oder Überprüfung zu unterziehen.

Diese hier als Nachprüfung bezeichnete Maßnahme wird auch in der DGUV Vorschrift 3 (ebenso wie in der BetrSichV) generell gefordert. Dort heißt es sinngemäß, dass nach Reparatur oder Änderung vor der Wiederinbetriebnahme zu prüfen ist.

Für die Nachprüfungen fordert VDE 0113-1 darüber hinaus, dass besondere Aufmerksamkeit den möglichen nachteiligen Auswirkungen auf Maschine und Ausrüstungen gewidmet wird. Als Beispiele nennt die Norm hierbei

- Überbeanspruchungen von Isolierungen oder
- Überbeanspruchungen (Verschleiß) durch Ab- und Wiederanklemmen von Geräten oder Leitungen.

1.2.8 Dokumentation/Erstellen eines Prüfberichts

VDE 0113-1 fordert in Abschnitt 18.1 die Dokumentation der erzielten Prüfergebnisse, geht jedoch weder auf Form noch auf Inhalt dieser Dokumentation näher ein.

Die Normen DIN VDE 0100-600 und DIN VDE 0105-100 enthalten diesbezüglich genauere Anforderungen.

Beide Normen schreiben für die ► „Erstprüfung"/Inbetriebnahmeprüfung respektive ► „wiederkehrende Prüfung" die Bewertung und Aufzeichnung der durch ► „Sichtprüfung", ► „Erproben" und ► „Messen" ermittelten Ergebnisse vor.

Als Anlagendokumentation fordern beide Normen neben den erforderlichen Plänen und Unterlagen (Stromlaufpläne, Funktionspläne, Handbücher usw.) für Neuanlagen sowie erweiterte oder geänderte Anlagen einen Prüfbericht. Dieser muss Angaben zu dem geprüften Anlagenumfang sowie die erzielten Prüfergebnisse enthalten und (gemäß DIN VDE 0105-100 zwingend) folgende Inhalte aufweisen:

- Einzelheiten zu den Anlagenteilen, aber auch zu evtl. Einschränkungen der Prüfung
- Aufzeichnungen über das Besichtigen, Erproben, Messen und alle evtl. aufgetretenen Abweichungen
- Ergebnisse und Auswertungen der normkonform durchgeführten Prüfungen
- Angaben über die ermittelten Gefährdungsquellen und/oder Verschlechterungen gegenüber dem Originalzustand sowie Fehler und Schäden (DIN VDE 0100-600 präzisiert hierzu,

dass alle während der Prüfung erkannten Fehler müssen vor ► „Inbetriebnahme“ der Anlage korrigiert und beseitigt werden.)

- Angaben über evtl. vorhandene wesentliche Einschränkungen gegenüber den relevanten Normen (mit den entsprechenden Begründungen)
- Empfehlungen für Reparaturen und Verbesserungen (optional)
- Empfehlungen über eine angemessene Zeitspanne für die nächste wiederkehrende Prüfung
- Benennung der für die Prüfung verantwortlichen Person oder durch sie zur Prüfung autorisierten Person

 **Hinweis**

Der Prüfbericht muss

- von einer prüferfahrenen Person zusammengestellt und unterschrieben oder in anderer Form (z. B. als elektronische Speicherung mit eindeutig nachprüfbarer Verantwortlichkeit und elektronischer Signatur) autorisiert werden,
- die Verantwortlichkeit für die einzelnen Prüfungen aufführen,
- vom Personenkreis, der für die Prüfung, Errichtung und Sicherheit der Anlage verantwortlich ist, dem Auftraggeber übergeben werden.

Die o. g. Anforderungen an den Prüfbericht sind im nationalen Anhang NA der DIN VDE 0105-100 enthalten. Die dort aufgeführten Mindestinhalte sind konkreter als in DIN VDE 0100-600 (nationalen Anhang NB) präzisiert.

Demnach muss ein Prüfbericht für die wiederkehrende Prüfung folgende Mindestangaben enthalten:

a) Angaben allgemeiner Art

- Name und Anschrift von Auftraggeber und -nehmer
- Bezeichnung der Prüfprotokolle (= Protokoll-Nr.) für die Zuordnung der Messwerte
- Objektbezeichnung (wie Anlage, Gebäude, Stromkreis usw.)
- Angaben zu allen geprüften Stromkreisen mit jeweils dazugehörenden Bezeichnungen und Schutzeinrichtungen
- Angaben zu den verwendeten Mess- und Prüfgeräten (Hersteller und Typ)

b) Auswertung der durchgeführten Prüfungen

- Bewertung aller (durch Besichtigen, Erproben, Messen, Berechnen) gewonnenen Ergebnisse und Informationen inkl. der Messwerte (in der Norm als „Ergebnis der Prüfung“ definiert)
- Dokumentation vom o. g. Ergebnis der Prüfung
- Bewertung und Dokumentation aller Messwerte, die normgerecht sind, aber große Abweichungen von errechneten oder zu erwartenden Messergebnissen aufweisen

c) Prüfstelle, Prüfer, Prüfdatum und Unterschrift

 **Hinweise**

Weder DIN VDE 0100-600 noch DIN VDE 0105-100 fordert die Dokumentation der einzelnen Messwerte (bspw. wäre demnach bei der Bewertung der Messung der ► „Fehlerschleifenimpedanz“ pro Stromkreis lediglich die entfernteste Messstelle im Prüfbericht festzuhalten).

Obwohl nicht alle Messwerte zwingend zu dokumentieren sind, ist es vor dem Hintergrund der fortschreitenden Deregulierung des staatlichen und berufsgenossenschaftlichen Vorschriftenwerks ratsam, die Prüfdokumentation plausibel nachvollziehbar (reproduzierbar) und somit möglichst rechtssicher zu gestalten.

Hierzu gilt es, Folgendes zu beachten:

- Nach der heute gängigen Rechtspraxis kann es bei Verfahren gegen den Prüfer dazu kommen, dass dieser den Beweis für eine ordnungsgemäße Prüfung erbringen muss. Um dies jederzeit gewährleisten zu können, sollte der Prüfer bzw. die für die Prüfung verantwortliche befähigte Person möglichst jeden Prüf- bzw. Messschritt dokumentieren.
- Bei den heutigen Mess- und Prüfmitteln gehören Speicher und zugehörige Auswertsoftware (Prüf-, Protokoll- und Datenbanksoftware) zur Grundausstattung. Somit bedingt das Dokumentieren aller während der Prüfung durchgeführten Messungen und erzielten Messwerte keinen oder nur äußerst geringen Mehraufwand. Diesen Vorteil sollten Prüfer nicht leichtfertig verschenken.

- In der BetrSichV wird ausdrücklich darauf hingewiesen, dass die Dokumentationen in elektronischer Form aufbewahrt werden können.
- Bewährte Prüfprotokolle sind kostenpflichtig z. B. beim Zentralverband der Deutschen Elektro- und Informationstechnischen Handwerke (ZVEH) erhältlich. In Anlehnung an die Prüfprotokolle des ZVEH stehen Nutzern mit Erwerb der Premium-Ausgabe dieses Handbuchs entsprechende Vorlagen zur Verfügung.

2 Weiterführende Informationen zur Prüfung

2.1 Produkte in Verkehr bringen

Nachfolgend wird eine Übersicht zu dem vom Hersteller oder weiteren verantwortlichen Wirtschaftsteilnehmern zu erfüllenden Rechtsrahmen im Zusammenhang mit neuen Produkten allgemein und im Besonderen mit elektrischen Maschinen (► „Maschine“) gegeben. Diese grundlegenden Hinweise sollen ein besseres Verständnis über den typischen Pflichtenkreis auf der Produzentenseite schaffen. Damit soll zudem verdeutlicht werden, welche Möglichkeiten Käufern und späteren Nutzern im Rahmen des Beschaffungsprozesses offenstehen, Einfluss auf die Eigenschaften und das Sicherheitsniveau dieser Produkte nehmen zu können.

2.1.1 Der Europäische Rechtsrahmen

Seit vielen Jahren ist ein großer Anteil der nationalen Gesetzgebung für Produkte auch in Deutschland eingebettet in die „Rechtslandschaft“ der Vorschriften des Europäischen Binnenmarktes, auch Harmonisierungsrechtsvorschriften genannt. Die Europäische Kommission veröffentlichte am 28.10.2015 die strategischen Grundlagen der weiteren Entwicklung u. a. auf dem Gebiet der Wirtschafts- und Sozialpolitik unter dem Titel: *„Den Binnenmarkt weiter ausbauen: mehr Chancen für die Menschen und die Unternehmen“.*

Die konzentrierte Umsetzung der Vorhaben im einheitlichen Binnenmarkt für Produkte ist dabei nur einer der „Werkzeugkästen“ im Rahmen der aufgestellten Strategie, aber es ist einer der wichtigsten. Ein bedeutender Abschnitt auf diesem Weg war in jüngster Zeit und ist weiterhin das sog. „New Legislative Framework". Mit der Idee der Harmonisierung der technischen Rechtsvorschriften im Europäischen Wirtschaftsraum („Neues Konzept" bzw. „New Approach") spätestens seit Anfang der 1980er-Jahre konnten wesentliche Voraussetzungen geschaffen werden, um weitreichend vorhandene Handelshemmnisse zwischen den Mitgliedstaaten abzubauen.

Weiteres wichtiges Ziel war es, trotz aller Angleichungsbestrebungen ein weitgehend hohes und allgemein anerkanntes Schutzniveau der betreffenden Produkte zu erhalten. Man beschränkte sich bei der Harmonisierung der Rechtsvorschriften auf die Festlegung sog. grundlegender Sicherheitsanforderungen oder sonstiger Anforderungen im Interesse des Gemeinwohls.[1] Damit setzte man konsequent die ersten Ideen aus einigen Industriebereichen fort, die bereits seit den 1960er-Jahren ähnliche Harmonisierungsbestrebungen verfolgten. Viele Europäische Richtlinien, Verordnungen, Beschlüsse und Entschließungen wurden in den Folgejahren veröffentlicht, um die Grundzüge des „Neuen Konzepts" in weiten Teilen umzusetzen.[2]

Zumeist steht für ein bestimmtes Produkt auch eine zentrale Rechtsnorm (z. B. für „Maschinen" die Richtlinie 2006/42/EG – Maschinenrichtlinie). Aber in jeder Richtlinie oder Verordnung des „Neuen Konzepts", wie auch in den übergeordneten Rechtsvorschriften, wird der sog. **ganzheitliche Ansatz** verfolgt.

[1] Quelle: Entschließung des Rates vom 07.05.1985 über eine neue Konzeption auf dem Gebiet der technischen Harmonisierung und der Normung – Anhang I.

[2] Dazu siehe Rechtssystem der Europäischen Union unter http://eur-lex.eu; für eine Zusammenstellung wichtiger Europäischer Rechtsvorschriften siehe z. B. unter http://www.product-compliance.net/RL_hN.htm.

Das bedeutet für jeden, der Verantwortung für die Entwicklung und Konstruktion, also für die Herstellung, ggf. auch für den ► „Umbau" eines Produkts trägt:

Alle zutreffenden Rechtsvorschriften und die Anforderungen daraus sind kumulativ zu beachten.

Die überwiegende Zahl der Rechtsvorschriften des „Neuen Konzepts" sieht eine CE-Kennzeichnung vor, ergänzt von weiteren Richtlinien und Verordnungen, die bestimmte, spezielle Aspekte behandeln. Das an einem Produkt angebrachte CE-Zeichen signalisiert die Einhaltung aller zutreffenden Anforderungen, nicht mehr, aber auch nicht weniger.

Europäische Verordnungen stellen unmittelbares Recht in allen Mitgliedstaaten dar, während Richtlinien in einem eigenen Rechtssetzungsprozess national umgesetzt werden müssen. Die nationalen Gesetze haben die Richtlinien dabei „1:1" umzusetzen.

2.1.2 Rechtsgrundlagen für Maschinen

Für eine ganze Reihe von Produkten ist die Richtlinie 2006/42/EG[3] als geltende Inverkehrbringensvorschrift im Europäischen Wirtschaftsraum anwendbar. Die nationale Umsetzung erfolgt in Deutschland im Rechtsgebiet des Produktsicherheits-

[3] Richtlinie 2006/42/EG des Europäischen Parlaments und des Rates vom 17.05.2006 über Maschinen.

rechts mit der Neunten Verordnung zum Produktsicherheitsgesetz (9. ProdSV).

Neben den „Maschinen im engeren Sinne“ (▶ „Maschine“) gibt es im Übrigen weitere Elemente, die ebenfalls im Anwendungsbereich der Richtlinie liegen:

- auswechselbare Ausrüstungen
- Sicherheitsbauteile
- Lastaufnahmemittel
- Ketten, Seile, Gurte, sofern sie für Hebezwecke hergestellt werden oder Bestandteile von Lastaufnahmemitteln oder Hebezeugen werden
- abnehmbare Gelenkwellen
- Gesamtheiten von Maschinen
- händisch betriebene Hebezeuge
- unvollständige Maschinen

Eine ganze Reihe von Ausnahmen von der Maschinenrichtlinie sind jedoch nach dem dortigen Art. 1 Abs. 2 zu beachten.

Nach der grundlegenden Definition der Maschinenrichtlinie fallen aber zunächst **alle** Elemente unter den Begriff der Maschine,

- die aus mehreren miteinander verbundenen Teilen oder Vorrichtungen bestehen,
- von denen mindestens eines beweglich ist,
- die mit einem anderen Antriebssystem als der unmittelbaren menschlichen oder tierischen Kraft ausgestattet oder dafür vorgerichtet sind,
- die für eine bestimmte Anwendung zusammengefügt sind (z. B. Verarbeitung, Behandlung, Aufbereitung, Fortbewe-

gung von Stoffen, Fluiden, Gütern, Werkstücken, ggf. auch Energieformen und das Fortbewegen von Personen).

Somit fallen auch Produkte unter diese Definition, die man zunächst vielleicht als „reine“ elektrische ► „Betriebsmittel“ identifizieren würde.

 **Beispiel**

Beispiel 1: Laborgerät für das Bewegen von Zellkulturflaschen

Beispiel 2: Showlaser mit motorisch angetriebener „Linse“

Mit der Maschinenrichtlinie 2006/42/EG wurde die Abgrenzung auch zur Niederspannungsrichtlinie genauer gefasst. Voraussetzung, dass eines der nachfolgend genannten Produkte unter die Niederspannungsrichtlinie fällt, ist aber immer die Einhaltung der dort festgesetzten Spannungsgrenzen (siehe nachfolgendes ► Kap. 2.1.3). Fällt ein möglicherweise als elektrisches Betriebsmittel zu identifizierendes Produkt nicht in den genannten Spannungsbereich oder gibt es einen anderweitigen Ausschluss von der Niederspannungsrichtlinie, dann ist es möglicherweise doch nach Maschinenrichtlinie zu betrachten.

Folgende Elemente sind unter den vorgenannten Bedingungen zunächst von der Maschinenrichtlinie ausgeschlossen und der Niederspannungsrichtlinie zuzuordnen:

- für den häuslichen Gebrauch bestimmte Haushaltsgeräte
- Audio- und Videogeräte
- informationstechnische Geräte

- gewöhnliche Büromaschinen
- Niederspannungsschaltgeräte, Niederspannungssteuerungsgeräte
- Elektromotoren

Handgeführte und transportable elektrische Werkzeuge fallen unabhängig von ihrem Gebrauch („häuslich" oder „industriell") immer unter die Maschinenrichtlinie.

Der Vollständigkeit halber sei darauf verwiesen, dass folgende Hochspannungsausrüstungen ebenfalls nicht unter die Maschinenrichtlinie fallen und mangels „Einhaltung" der Spannungsgrenzen auch nicht der Niederspannungsrichtlinie unterliegen:

- Schalt- und Steuerungsgeräte
- Transformatoren

Alle weiteren, hier nicht genannten Elemente, die elektrisch betrieben werden und die Definition für eine Maschine erfüllen, fallen also unter die Maschinenrichtlinie. Im Anhang I der Richtlinie 2006/42/EG heißt es dazu unter Pkt. 1.5.1:

 **Gesetz**

„Eine mit elektrischer Energie versorgte Maschine muss so konstruiert, gebaut und ausgerüstet sein, dass alle von Elektrizität ausgehenden Gefährdungen vermieden werden oder vermieden werden können."

Weiterhin wird dort darauf abgestellt, dass zunächst in jedem Fall die Schutzziele der Niederspannungsrichtlinie bezüglich der elektrischen Gefährdungen (► „Elektrische Gefährdungen") einzuhalten sind. Dabei wird klargestellt, dass die Verfahren der Niederspannungsrichtlinie, die sich auf ► „Inverkehrbringen" und ► „Inbetriebnahme" beziehen, nicht auf Maschinen anwendbar sind, welche der Maschinenrichtlinie unterliegen. Eine Konformitätserklärung für Maschinen, die der Maschinenrichtlinie unterliegen, darf also nicht auf die Niederspannungsrichtlinie verweisen. Unabhängig von den Spannungsgrenzen der Niederspannungsrichtlinie muss der Maschinenhersteller jedoch natürlich auch Maßnahmen gegen **jede Art** von elektrischen Gefährdungen an seiner Maschine ergreifen. Dies ist z. B. dadurch recht problemlos möglich, da einschlägige harmonisierte Normen bezüglich der elektrischen Sicherheit (► „Elektrische Sicherheit") bereits „ab 0 V" anwendbar sind (vgl. z. B. DIN EN 60204-1). Für Ausrüstungen mit höheren Spannungen kann z. B. DIN EN 60204-11 herangezogen werden.

2.1.3 Rechtsgrundlagen für elektrische Betriebsmittel

Mit der Europäischen Richtlinie 2014/35/EU[4] werden die Anforderungen an elektrische ► „Betriebsmittel" innerhalb bestimmter Spannungsgrenzen definiert. Die nationale Umsetzung in Deutschland erfolgt natürlich ebenfalls unter dem Dach des Produktsicherheitsrechts mit der ersten Verordnung zum Pro-

[4] Richtlinie 2014/35/EU des Europäischen Parlaments und des Rates vom 26.02.2014 zur Harmonisierung der Rechtsvorschriften der Mitgliedstaaten über die Bereitstellung elektrischer Betriebsmittel zur Verwendung innerhalb bestimmter Spannungsgrenzen auf dem Markt.

duktsicherheitsgesetz (1. ProdSV). Die sog. Niederspannungsrichtlinie gilt zunächst für alle elektrischen Betriebsmittel zur Verwendung in den Spannungsgrenzen (Nennspannung):

- 50 V – 1.000 V für Wechselstrom
- 75 V – 1.500 V für Gleichstrom

Ein solches Betriebsmittel ist im „Internationales Elektrotechnisches Wörterbuch“ der International Electrotechnical Commission (IEC) definiert als:

 **Gesetz**

„Produkt, das zum Zweck der Erzeugung, Umwandlung, Überwachung, Verteilung oder Anwendung von elektrischer Energie benutzt wird, z. B. Maschinen, Transformatoren, Schaltgeräte und Steuergeräte, Messgeräte, Schutzeinrichtungen, Kabel und Leitungen, elektrische Verbrauchsmittel.“

Auch elektrische Installationsbetriebsmittel und Kabelführungssysteme fallen in den Geltungsbereich der Richtlinie[5].

Entscheidend für den Anwendungsbereich ist, dass mindestens ein Eingangs- oder ein Ausgangswert der Spannung des betreffenden Betriebsmittels in den oben genannten Grenzen liegt. Darüber hinaus dürfen Eingangs- oder Ausgangswerte von Spannungen den oberen Grenzwert (1.000 bzw. 1.500 V) nicht überschreiten. Nicht entscheidend ist es, wenn ausschließlich innerhalb des Geräts ein entsprechender Spannungswert auf-

5 Vgl. § 6 des Leitfadens zur Richtlinie 2014/35/EU.

tritt. Neben der Abgrenzung anhand der Spannungsbereiche ist darüber hinaus im Rechtstext eine ganze Reihe von Produkten von der Richtlinie ausgenommen:

- elektrische Betriebsmittel zur bestimmungsgemäßen Verwendung (▶ „Bestimmungsgemäße Verwendung") in gefährlicher explosionsfähiger Atmosphäre
- elektro-radiologische und elektro-medizinische Betriebsmittel
- elektrische Teile von Personen- und Lastenaufzügen
- Elektrizitätszähler
- Haushaltssteckvorrichtungen
- Vorrichtungen zur Stromversorgung von elektrischen Weidezäunen
- Betriebsmittel zur Funkentstörung
- spezielle Betriebsmittel zur Verwendung auf Schiffen, in Flugzeugen oder in Eisenbahnen
- kundenspezifische Erprobungsmodule

Stattdessen können auf solche Elemente andere spezielle (auch nationale) Rechtsvorschriften oder Anforderungen zutreffen.

Sehr häufig sind auf elektrische Betriebsmittel und damit auch auf elektrisch betriebene Maschinen (▶ „Maschine") weitere europäische Rechtsvorschriften anzuwenden, sofern diese Betriebsmittel in den jeweils dort genannten Anwendungsbereichen liegen. Wichtige Beispiele für solche Vorschriften sind:

- Richtlinie über die elektromagnetische Verträglichkeit (EMV)
- Richtlinie über Funkanlagen (z. B. bei der Anwendung von Funkfernbedienungen, WLAN-Modulen, Fernwartungsfunktionen etc.)
- allgemeine Produktsicherheitsrichtlinie

- Bauproduktenverordnung
- Richtlinie über die Beschränkung der Verwendung bestimmter gefährlicher Stoffe in Elektro- und Elektronikgeräten (RoHS)
- Richtlinie über Elektro- und Elektronikaltgeräte (WEEE)
- Ökodesign-Richtlinie
- Energieverbrauchs-Kennzeichnungs-Richtlinie

Im Sinne des „ganzheitlichen Ansatzes“ sind die Anforderungen aller zutreffenden Rechtsvorschriften kumulativ einzuhalten. Zu beachten sind jedoch weitreichende Ausnahmen in der Anwendung dieser Spezifikationen, gerade auch hinsichtlich elektrischer Maschinen (hierzu vgl. ▶ Kap. 2.1.2).

2.1.4 Anwendung der Rechtsvorschriften auf neue und gebrauchte Produkte

Die Harmonisierungsrechtsvorschriften der Union gelten für das ▶ „Inverkehrbringen“ von Produkten i. S. v. Enderzeugnissen.[6] Dabei werden alle Absatzkanäle erfasst. Die entscheidenden Begrifflichkeiten sind wie folgt definiert:

[6] Vgl. dazu Bekanntmachung der Kommission – Leitfaden für die Umsetzung der Produktvorschriften der EU 2016 („Blue Guide“) – Kapitel 2.1.

 **Gesetz**

„Bereitstellung auf dem Markt: jede entgeltliche oder unentgeltliche Abgabe eines Produkts zum Vertrieb, Verbrauch oder zur Verwendung auf dem Gemeinschaftsmarkt im Rahmen einer Geschäftstätigkeit;"

„Inverkehrbringen: die erstmalige Bereitstellung eine Produkts auf dem Gemeinschaftsmarkt;"[7]

Die Richtlinien und Verordnungen sind somit, unter Anwendung der o. g. Definitionen, zu beziehen auf:

- neu hergestellte Produkte
- jegliche Produkte, die aus einem Drittstaat erstmalig in den Europäischen Wirtschaftsraum verbracht werden

Dem Inverkehrbringen gleichzusetzen, ist im Übrigen das reine Inbetriebnehmen (► „Inbetriebnahme") von Produkten, die für den (gewerblichen) Eigengebrauch hergestellt wurden. Unter den meisten der Produktrechtsvorschriften der Gemeinschaft müssen solche Produkte die gleichen, insbesondere sicherheitstechnischen Eigenschaften aufweisen, wie dies für ein Inverkehrbringen erforderlich wäre. Gerade auch unter der Maschinenrichtlinie müssen die für den eigenen Gebrauch hergestellten Elemente sogar auch die formalen Anforderungen zur Konformität erfüllen (Erstellung der technischen Unterlagen und einer ► „Betriebsanleitung", Ausstellen einer ► „EG-Konformitätserklärung", Anbringen der CE-Kennzeichnung).

7 Beschluss Nr. 768/2008/EG – Anhang I, Kapitel R1, Artikel R1, Pkt. 1 und 2.

Gebrauchte Produkte hingegen fallen zunächst nicht unter die Rechtsvorschriften des „Neuen Konzepts". Allerdings kann es sein, dass die nationalen Produktsicherheitsgesetze für den Handel mit gebrauchten Produkten Anforderungen stellen, so z. B. auch das Produktsicherheitsgesetz (ProdSG) in Deutschland.

Erst wenn ein bereits in Verkehr gebrachtes Produkt so erheblich verändert wird, dass sich dies auf die Einhaltung der produktsicherheitsrechtlichen Anforderungen auswirkt, ist es als neues Produkt anzusehen. Das zutreffende Konformitätsbewertungsverfahren muss dann zwingend neu durchgeführt werden; dazu vgl. Kapitel 2.1 der „Bekanntmachung der Kommission – Leitfaden für die Umsetzung der Produktvorschriften der EU 2016" („Blue Guide").

Sicherheit vs. Risiko

Aus der Summe der zutreffenden und zu erfüllenden Rechtsvorschriften für ein bestimmtes Produkt ergibt sich der Pflichtenkreis der verantwortlichen Person bzw. des verantwortlichen Unternehmens. Häufig obliegen diese Pflichten dem Hersteller, der im Beschluss Nr. 768/2008/EG (Anhang I Kap. R1 Art. R1 Pkt. 3) wie folgt definiert ist:

 **Gesetz**

„[…] jede natürliche oder juristische Person, die ein Produkt herstellt bzw. entwickeln oder herstellen lässt und dieses Produkt unter ihrem eigenen Namen oder ihrer eigenen Marke vermarktet; […]"

Daneben gibt es weitere Wirtschaftsakteure, die anhand ihrer speziellen Aufgaben für sichere Produkte zu sorgen haben, im Einzelnen:

- der in der Gemeinschaft niedergelassene Bevollmächtigte des Herstellers
- Einführer („Importeure“)
- Händler

Insbesondere mit den im Jahre 2016 in Kraft getretenen neuen Richtlinien des New Legislative Framework wurden die Pflichten der Beteiligten sehr genau umrissen. Auch die weiteren, oben aufgeführten Wirtschaftsakteure können gemäß dem Beschluss Nr. 768/2008/EG (Anhang I Kap. R2 Art. R6) Herstellerpflichten unterliegen, sofern sie ein Produkt unter ihrem eigenen Namen oder ihrer eigenen Marke in Verkehr bringen.

Die Harmonisierungsrechtsvorschriften der Gemeinschaft und deren gesetzliche Umsetzung in den einzelnen Mitgliedstaaten definieren die Anforderungen an Produkte. Man beschränkt sich in der Rechtssetzung dabei jedoch auf Anforderungen von öffentlichem Interesse, insbesondere den Schutz der Gesundheit und die Sicherheit der Benutzer von Produkten. Diese Benutzergruppen sind im Regelfall Verbraucher oder Arbeitnehmer; vgl. dazu Kapitel 4.1.1 der „Bekanntmachung der Kommission – Leitfaden für die Umsetzung der Produktvorschriften der EU 2016“ („Blue Guide“). Unter der Maßgabe des Anwenderschutzes werden einzelne Schutzziele definiert, in denen entweder

- zu erreichende sichere Zustände oder
- abzuwendende Gefahrensituationen

benannt werden. Konkrete Lösungen werden damit nicht vorgegeben. Ziel ist es aber in jedem Fall, ein möglichst hohes Schutzniveau für die Verwender der Produkte zu erreichen.

Sicherheit zu gewährleisten, bedeutet für den Hersteller im Regelfall, eine geeignete Risikoanalyse und -bewertung, mithin eine ► „Risikobeurteilung" vorzunehmen. Diese Beurteilung, als Kern der Herstellerpflichten, stellt dann eine geeignete Grundlage dar, um Maßnahmen zur Risikominderung festzulegen. Die Ausführung einer Risikobeurteilung ist gerade bei Maschinen (► „Maschine"), die unter der entsprechenden Europäischen Richtlinie in Verkehr gebracht wurden und werden, bereits seit vielen Jahren gesetzliche Forderung. Vergleichbare Verfahren, teilweise unter anderen Bezeichnungen, standen bei weiteren technischen Produkten im Pflichtenkatalog der Hersteller. Mit den 2016 in Kraft getretenen neuen Europäischen Richtlinien und in allen zukünftigen „sicherheitsaffinen" Harmonisierungsrechtsvorschriften für Produkte wird eine solche Beurteilung auch in nahezu alle zutreffenden Produktbereiche übertragen. Eine Risikobeurteilung stellt ein universelles und geeignetes „Tool" dar, für eine systematische und präventive Ermittlung der notwendigen Maßnahmen gegen vorhandene Produktgefährdungen, denen ein Risiko innewohnt.

Die im Bereich des Maschinenbaus als grundlegender Sicherheitsstandard häufig und weitreichend angewandte Norm (DIN) EN ISO 12100 beschreibt den bereits mit der Maschinenrichtlinie vorgegebenen und ggf. mehrfach iterativ zu durchlaufenden Prozess der Risikobeurteilung ausführlich. Die nachfolgende Darstellung zeigt dieses Vorgehen vereinfacht und mit den typischen Beurteilungsschritten in nachvollziehbarer Form.

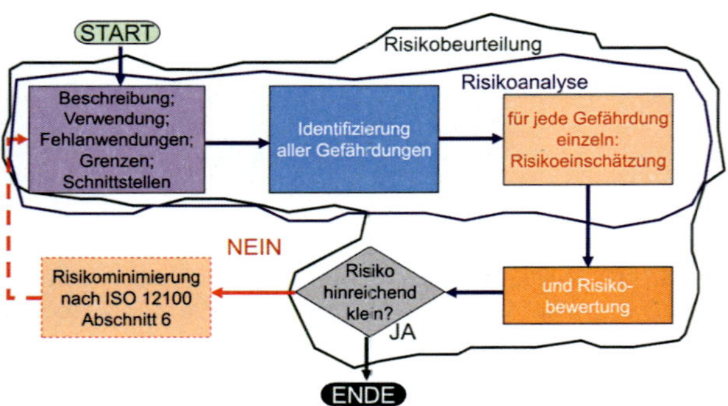

Bild 1: *Der iterative Prozess der Risikobeurteilung (Quelle: J. Bialek)*

Gerade im Bereich der („reinen") elektrischen ► „Betriebsmittel" gibt es mit dem Standard CENELEC-Guide 32 einen weiteren Leitfaden, der aber die Methodik der Maschinenrichtlinie und der Norm (DIN) EN ISO 12100 weitgehend abbildet.

Das Produkt zu beschreiben, bedeutet in diesem Zusammenhang insbesondere das Zusammentragen der folgenden Informationen:

- eindeutige Benennung des Produkts
- Kurzbeschreibung
- ► „bestimmungsgemäße Verwendung"
- vernünftigerweise vorhersehbare Fehlanwendungen (nach dem Produktsicherheitsgesetz in Deutschland auch als „vorhersehbare Verwendung" bezeichnet)
- die Grenzen des Produkts, im Einzelnen regelmäßig:

  - Verwendungsgrenzen, einschließlich der Festlegung der (erlaubten) Benutzergruppen
  - räumliche Grenzen
  - zeitliche Grenzen
- Einsatzort und/oder Einsatz- bzw. Umgebungsbedingungen
- Produktschnittstellen (insbesondere: Mensch – Produkt, Produkt – Energieversorgung)

Für jede dann im Bewertungsprozess gefundene Gefährdungssituation an jeder der im Vorfeld bestimmten Schnittstellen ist einzeln eine Einschätzung und Bewertung des Risikos vorzunehmen.

Das Risiko wird dabei als Funktion aus dem Schadensausmaß und der Eintrittswahrscheinlichkeit dargestellt. Letztere bestimmt sich im Regelfall aus den Einzelparametern:

- der Gefährdungsexposition (Häufigkeit und/oder Dauer des Aufenthalts einer Person an einem Gefährdungsort unter Einwirkung der Gefährdungssituation)
- der Möglichkeit (von Personen), die Gefährdung zu erkennen, die Auswirkung zu vermeiden oder zu verringern
- einer technischen Eintrittswahrscheinlichkeit, in die Informationen einfließen, wie die Verwendung technisch bewährter Lösungen, erprobter Technologien, das Unfallgeschehen bei vergleichbaren Situationen o. Ä.

Häufig gibt es für technische Systeme keine quantitativ messbaren oder statistisch bereits ermittelten Größen, die das Risiko tatsächlich zahlenmäßig beschreiben und somit einen numerisch ermittelbaren Wert darstellen. Daher erfolgen i. d. R. qualitative

Einschätzungen und Aussagen in der Form sog. Risikografen, die sich auf die o. g. Parameter der Risikofunktion stützen.

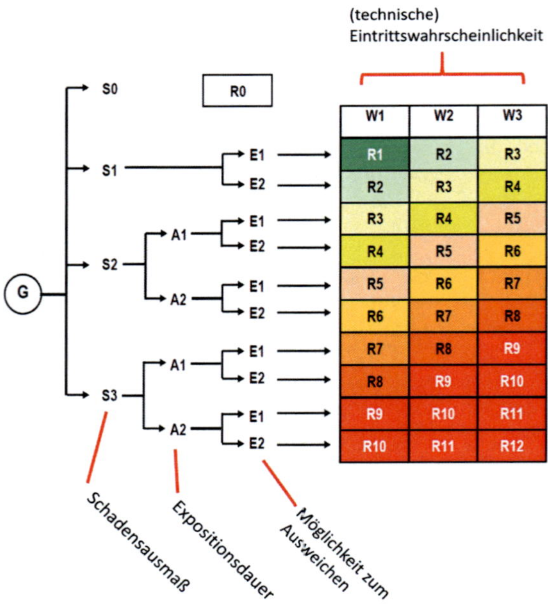

Bild 2: *Beispiel eines Risikografen (Quelle: J. Bialek)*

Bei der Wahl angemessener Maßnahmen zur Risikominderung als Ergebnis der durchgeführten Beurteilung ist dem Prinzip der Integration der Sicherheit zu folgen. Hersteller müssen bei der

Lösungssuche zwingend in der angegebenen Reihenfolge vorgehen:

1. Beseitigung der Gefährdung oder Minimierung der Risiken am Produkt selbst durch inhärent sichere Konstruktion *(Hersteller finden dazu Handlungsanleitungen z. B. in DIN EN ISO 12100, Pkt. 6.2 oder in CENELEC-Guide 32, Pkt. 9.3 und 10)*
2. Anwendung von technischen ► „Schutzeinrichtungen" und/ oder ergänzenden ► „Schutzmaßnahmen" *(siehe z. B. DIN EN ISO 12100, Pkt. 6.3 oder CENELEC-Guide 32 – wie oben)*
3. Unterrichtung der Benutzer über weiterhin vorhandene Restrisiken (in der Gebrauchsanleitung, über Piktogramme, Warnhinweise etc.), einschließlich der Hinweise auf evtl. erforderliche spezielle Ausbildung, Unterweisung oder Einarbeitung und den Gebrauch persönlicher Schutzausrüstung *(siehe z. B. DIN EN ISO 12100, Pkt. 6.4 oder CENELEC-Guide 32 – wie oben)*

Mit den Ergebnissen der Beurteilung und der Minderungsmaßnahmen erfolgen die Entwicklung, die Auslegung und die konstruktive Bearbeitung des Produkts. Die festgelegten Prämissen sind bei der Fertigung der Montage und dem Inverkehrbringen zu beachten und umzusetzen. Der Hersteller hat die Risikobeurteilung und die Aufzeichnungen zu den festgelegten Maßnahmen zur Risikominderung seinen technischen Unterlagen (interne ► „Technische Dokumentation") hinzuzufügen.

Konformitätsvermutung mit harmonisierten Normen

Wie gezeigt, ist es zentrale Pflicht des Herstellers, alle auf sein Produkt zutreffenden wesentlichen Anforderungen aus den relevanten Harmonisierungsrechtsvorschriften zu erfüllen. Um dies leichter umsetzen zu können, gibt es die Möglichkeit, bei der Bewertung der Übereinstimmung solcher Produkte mit den rechtlichen Anforderungen auf Spezifikationen zurückzugreifen, die im Allgemeinen unter dem Begriff der harmonisierten Normen bekannt sind. Hierzu heißt es z. B. im Beschluss Nr. 768/2008/EG (Anhang I Kap. R3 Art. R8):

 **Gesetz**

„Bei Produkten, die mit harmonisierten Normen oder Teilen davon übereinstimmen, deren Fundstellen im Amtsblatt der Europäischen Union veröffentlicht worden sind, wird eine Konformität mit den Anforderungen von [Verweis auf den betreffenden Teil des Rechtsaktes] vermutet, die von den betreffenden Normen oder Teilen davon abgedeckt sind."

Die Anwendung dieser Spezifikationen löst die sog. Konformitätsvermutung aus.

Harmonisierte Normen werden nach einem Mandat durch die Europäische Kommission von einer der Europäischen Normenorganisationen für das betreffende Fachgebiet nach den Grundsätzen des „Neuen Konzepts" erarbeitet. Nach Fertigstellung der Ausarbeitung und Prüfung durch die Kommission wird die sog. Fundstelle der Norm im Amtsblatt der Europäischen Union veröffentlicht.[8] Diese „Euronorm" (EN oder EN ISO) ist alsdann in

[8] Siehe Amtsblatt der Europäischen Union unter http://eur-lex.eu; siehe weiterhin Zusammenstellung jeweils aktueller Listen der harmonisierten Normen u. a. unter http://www.product-compliance.net/RL_hN.htm.

mindestens einem Mitgliedstaat in das nationale Normenwerk zu übernehmen (z. B. dann als DIN EN ISO o. Ä.).

Im Bereich der Maschinenrichtlinie gibt es noch die Besonderheit, dass nach verschiedenen Typen harmonisierter Normen unterschieden wird:

- Harmonisierte **Typ-A-Norm(en)** legen grundlegende Begriffe, Terminologien und Gestaltungsleitsätze fest, die für sämtliche Maschinen anwendbar sind (zzt. nur: (DIN) EN ISO 12100).
- Mit den **Typ-B-Normen** werden bestimmte Sicherheitsaspekte (insbesondere die verschiedenen Gefährdungsarten) bei den Maschinen behandelt (Typ-B1-Normen), oder es werden Schutzeinrichtungen beschrieben (Typ-B2-Normen).
  Insbesondere die Typ-B-Normen können produktübergreifend zur Erfüllung einzelner Aspekte aus dem Katalog der grundlegenden Anforderungen nach der Maschinenrichtlinie herangezogen werden, so z. B. gegen auftretende ► „elektrische Gefährdungen".
- Schließlich enthalten die harmonisierten **Typ-C-Normen** zugeschnittene Spezifikationen für eine bestimmte Art bzw. Kategorie von Maschinen. Produktzugeschnittene Lösungen ermöglichen, bei Anwendung solcher Normen von einer umfassenden Konformitätsvermutung für das relevante Produkt (die Maschine) ausgehen zu können.

Unter anderen Produktbereichen gibt es eine solche Unterscheidung bei den harmonisierten Normen im Übrigen nicht.

Die alleinige Konformitätsvermutung durch die Anwendung mindestens einer harmonisierten Norm wird nun unter den drei nachfolgend genannten Bedingungen ausgelöst:

- Es existiert mindestens eine spezifische und auf das zu bewertende Element anwendbare Produktnorm (z. B. nach der Maschinenrichtlinie eine harmonisierte Typ-C-Norm).
- Der Hersteller wendet diese Norm(en) ohne Einschränkung oder Abweichung an.
- Die betreffende(n) Norm(en) deckt/decken alle von dem Element ausgehenden ► „Gefährdungen“, mithin alle zu beachtenden grundlegenden Anforderungen ab.

Diese Bedingungen können in Gänze jedoch nicht immer erfüllt werden. Trotzdem ist es möglich, unter Anwendung harmonisierter Spezifikationen eine weitgehende Konformitätsvermutung unter Beachtung der folgenden Schritte zu erreichen:

1. Der Hersteller muss im Rahmen seiner Risikobeurteilung eine Einschätzung treffen, welche der grundlegenden Sicherheits- und Gesundheitsschutzanforderungen (*ESHR = Essential Health and Safety Requirement*) aus den einschlägigen Harmonisierungsrechtsvorschriften auf sein Produkt zutreffen.
2. Sofern es eine anwendbare harmonisierte Produktnorm gibt (z. B. eine harmonisierte Typ-C-Norm nach Maschinenrichtlinie) und der Hersteller diese auch anwenden möchte, kann er die Konformitätsvermutung für die von der Norm abgedeckten Aspekte erreichen.
3. Deckt diese Norm nicht alle Sicherheitsaspekte ab oder wendet der Hersteller die o. g. harmonisierte Produktnorm nicht vollständig an, so ist für die „verbleibenden“ Anforderungen nach anderen Lösungen zu suchen. Hierfür können wiederum harmonisierte (Typ-B-)Normen herangezogen werden, oder im Rahmen der Risikobeurteilung findet der Hersteller Alternativen, die dann nach den grundlegenden Anforderungen der Rechtsvorschriften zu bewerten sind.

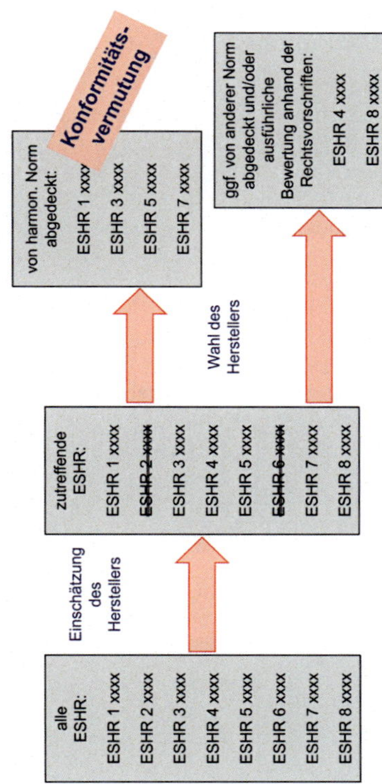

***Bild 3:** Harmonisierte Normen und Konformitätsvermutung*
(Quelle: J. Bialek)

2.1.5 Dokumentation und Erklärungen durch den Hersteller

Mit den Produktrechtsvorschriften der Gemeinschaft wird auch der Pflichtenkreis der Verantwortlichen, meist der Hersteller, definiert, was den Umfang der zu erstellenden technischen Unterlagen angeht. In der Maschinenrichtlinie ist dies im Anhang VII getrennt für (vollständige) Maschinen (► „Maschine“) und für unvollständige Maschinen definiert. Hier sei beispielhaft der Mindestumfang der „Dokumentation“ für die vollständigen Maschinen vereinfacht aufgelistet:

- Beschreibungen, Übersichts- und Detailpläne, Berechnungen, Versuchsergebnisse (auch von externen Stellen), die geeignet sind, die Übereinstimmung der Maschine mit den Anforderungen der Richtlinie zu zeigen
- ► „Risikobeurteilung“ und zugehörige Dokumente und Informationen
- Qualitätssicherungsdokumente, die geeignet sind, die Übereinstimmung der Maschine mit den Anforderungen der Richtlinie zu zeigen
- EG-Konformitätserklärungen (► „EG-Konformitätserklärung“) bzw. Einbauerklärungen mit zugehörigen Montageanleitungen von Komponenten, die in die Maschine eingebaut werden
- eine Kopie der ► „Betriebsanleitung“
- eine Kopie der EG-Konformitätserklärung

Der Hersteller einer unvollständigen Maschine hat eine sog. Montageanleitung nach der Definition des Anhangs VI der Richtlinie 2006/42/EG zu erstellen.

In ähnlicher Art und Weise werden solche Anforderungen auch nach den anderen Rechtsvorschriften gestellt. Dabei handelt es sich regelmäßig um die sog. interne ► „technische Dokumentation". Der Hersteller fertigt diese Dokumente an oder stellt sie zusammen. Ziel ist es dabei: Die Beurteilung der Übereinstimmung des betreffenden Produkts mit den zutreffenden Rechtsvorschriften muss anhand der dokumentierten Inhalte möglich sein. Die Unterlagen sind in einer oder mehreren Amtssprachen der Europäischen Union abzufassen. Es gilt überwiegend eine Aufbewahrungsfrist von mindestens zehn Jahren nach dem ► „Inverkehrbringen" des Produkts bzw. des letzten Produkts innerhalb einer Serienproduktion.

Diese technischen Unterlagen sind aber nicht mit den Dokumenten zu verwechseln, die ein Produkthersteller (z. B. der Maschinenbauer) seinem Käufer mitzugeben hat. Im Regelfall umfasst dies ausschließlich die sog. Benutzerinformationen, also eine Betriebs- oder Gebrauchsanleitung und ggf. weitere vergleichbare Informationen, die auch am Produkt selbst, als Warnhinweise o. Ä. angebracht sein können. Die Benutzerinformationen sind regelmäßig in der oder in den Amtssprache(n) des Landes mitzugeben, in dem das Produkt in Verkehr gebracht wird. Diese Sprachregelungen finden sich entweder in der Europäischen Rechtsvorschrift selbst oder aber in den nationalen Produktsicherheitsgesetzen der Mitgliedstaaten.

Darüber hinaus muss der Hersteller in einigen Produktbereichen dem Käufer die EG-/EU-Konformitätserklärung bzw. eine Kopie davon mitgeben. Im Anwendungsbereich der Maschinenrichtlinie ist dies obligatorisch. Unvollständigen Maschinen ist eine sog. Einbauerklärung mitzugeben. Bezüglich der Sprachen gelten die gleichen Anforderungen wie für die Benutzerhinweise/

die Betriebsanleitung. Der Umfang der Erklärungen ist für Maschinen in Anhang II der Richtlinie 2006/42/EG definiert. Für andere Produkte gelten die Anforderungen der jeweiligen Richtlinien oder Verordnungen.

2.1.6 Prüfungen beim Inverkehrbringen

Neben den sorgfältig auszuführenden und auf einer umfassenden Risikoanalyse und Risikobewertung basierenden Produktplanungen muss der Hersteller Maßnahmen ergreifen, damit in der tatsächlichen Ausführung im Herstellprozess des Produkts auch wirklich Konformität realisiert wird. Für Maschinen (► „Maschine") liest sich dies in der Richtlinie 2006/42/EG (Anhang VII, Pkt. 3) wie nachfolgend gezeigt:

 **Gesetz**

„Der Hersteller muss alle erforderlichen Maßnahmen ergreifen, damit durch den Herstellungsprozess gewährleistet ist, dass die hergestellten Maschinen mit den in Anhang VII Teil A genannten technischen Unterlagen übereinstimmen und die Anforderungen dieser Richtlinie erfüllen."

In geplanten und zugeschnittenen Prozessen muss der Hersteller entsprechend dem vom Produkt ausgehenden Risiko Qualitätssicherung und Konformitätsprüfungen vorsehen. Insbesondere bei anzuwendenden harmonisierten Normen werden regelmäßig solche vom Hersteller auszuführenden Produktprüfungen bereits definiert. Mangelt es an solchen Grundlagen, muss der Hersteller eigene Festlegungen treffen.

Anhand der Aspekte der elektrischen Sicherheit (► „Elektrische Sicherheit“) von Maschinen und der sicher wichtigsten anwendbaren harmonisierten Norm für diesen Themenkreis sollen die dort geforderten Prüfumfänge kurz als Übersicht dargestellt werden.

Anwendbare harmonisierte Norm:

DIN EN 60204-1 „Sicherheit von Maschinen – Elektrische Ausrüstung von Maschinen – Teil 1: Allgemeine Anforderungen“ kann immer dann angewendet werden, wenn:

- es keine spezielle Produktnorm (Typ-C-Norm) für eine betrachtete, elektrisch betriebene Maschine gibt,
- eine solche Produktnorm zwar existiert, jedoch dort keine Anforderungen zur elektrischen Sicherheit definiert werden,
- in einer solchen Produktnorm bezüglich der elektrischen Sicherheit explizit auf die Norm EN 60204-1 verwiesen wird (obligatorische Anwendung).

Im Kapitel 18 der Norm werden alsdann die Anforderungen an die ► „Prüfung“ der elektrischen Ausrüstung von Maschinen gestellt; Einzelheiten hierzu werden ausführlich im ► Kap. 1 beschrieben.

Mit der umfassenden Umsetzung der vorliegenden harmonisierten Norm und ggf. der Anforderungen zutreffender Produktnormen hinsichtlich der elektrischen Sicherheit kann bezüglich dieser Gefährdungsgruppe die Konformitätsvermutung für die so betrachteten Maschinen erreicht werden. Kommt der Hersteller seinen Pflichten umfassend und dokumentiert nach, besteht für den späteren ► „Betreiber“ Vereinfachungspotential insbesondere hinsichtlich der von ihm eigentlich auszuführenden Prüfungen vor erster ► „Inbetriebnahme“. In der zugehörigen Vorschrift der Unfallversicherungsträger in Deutschland, die DGUV Vorschrift 3 „Elektrische Anlagen und Betriebsmittel“, heißt es im § 5 Abs. 4 dazu:

 **Gesetz**

„Die Prüfung vor der ersten Inbetriebnahme [...] ist nicht erforderlich, wenn dem Unternehmer vom Hersteller oder Errichter bestätigt wird, dass die elektrischen Anlagen und Betriebsmittel den Bestimmungen dieser Unfallverhütungsvorschrift entsprechend beschaffen sind.“

und ergänzend als weitere Vereinfachung in Abschnitt 13 der zugehörigen Durchführungsanweisung (► „Durchführungsanweisungen“) zu § 5 Abs. 4:

 **Gesetz**

„Zu unterscheiden von der hier geforderten Bestätigung ist die Lieferbestätigung des Herstellers oder Lieferers bei der Lieferung von anschlussfertigen elektrischen Betriebsmitteln. Für diese Lieferbestätigung reicht es aus, wenn der Hersteller oder Lieferer auf Verlangen nachweist, dass der gelieferte Gegenstand den Verordnungen zum Geräte- und Produktsicherheitsgesetz entspricht, durch eine Konformitätserklärung, in der die Einhaltung der einschlägigen elektrotechnischen Regeln bestätigt wird."

Die Konformitätserklärung des Herstellers i. V. m. den auszuführenden Prüfungen nach anwendbaren harmonisierten Normen kann dem Betreiber eine weitreichende Sicherheit bieten, wobei jedoch stets die Zuverlässigkeit des Lieferanten und damit auch der Sicherheit der gelieferten (verwendungsfertigen) elektrischen ► „Betriebsmittel" im Blick gehalten werden muss.

Es empfiehlt sich für den zukünftigen Betreiber, die Anwendung harmonisierter Normen, sofern zutreffend, im Zweifel vertraglich zu vereinbaren und hierbei weiterhin auf ggf. optional auszuführende Auslegungsdetails und Prüfbedingungen Bezug zu nehmen. Die gekaufte Leistung, also z. B. die beschaffte Maschine, wird somit im späteren Einsatz besser bewertbar. Eigenschaften können so durch den Benutzer besser nachvollzogen werden. Normen sollten aber immer nur als Mindestanforderung vereinbart werden. Ansonsten ist vom Hersteller stets die Orientierung am ► „Stand der Technik" zu fordern – zur Gewährleistung eines sicheren Betriebs und effizienter Prozesse.

2.2 Rechtliche Grundlagen der Prüfung

Auch bei der betreiberseitigen ► „Prüfung“ elektrischer Maschinen (► „Maschine“) sind eine Reihe rechtlicher Vorgaben zu beachten.

Diese sind in der Rangfolge ihrer Wertigkeit:

- Gesetze (► Kap. 2.2.1)
- Verordnungen (► Kap. 2.2.2)
- Unfallverhütungsvorschriften (► Kap. 2.2.3)
- anerkannte Regeln der Technik (► Kap. 2.2.4)
- sonstige Regelungen auf privatvertragsrechtlicher Basis (► Kap. 2.2.5)

2.2.1 Gesetze

Das wohl wichtigste Gesetz in Bezug auf den Arbeitsschutz ist das **Arbeitsschutzgesetz** (ArbSchG). In § 5 dieses Gesetzes wurde erstmals die Forderung nach der Durchführung einer ► „Gefährdungsbeurteilung“ erhoben. Das Arbeitsschutzgesetz regelt auch die Rangfolge zu treffender ► „Schutzmaßnahmen“. Demnach sind ► „Gefährdungen“ möglichst bereits an ihrer Quelle zu bekämpfen. Lassen sich Gefährdungen nicht völlig ausschließen, sind **t**echnische Schutzmaßnahmen vorrangig vor **o**rganisatorischen bzw. **p**ersonenbezogenen Maßnahmen zu treffen (TOP-Hierarchie).

Zu den notwendigen Maßnahmen zum Schutz der Beschäftigten gehört auch die Durchführung von Prüfungen.

Bezüglich der weitergehenden Prüfanforderungen sind die Vorgaben der Unfallverhütungsvorschrift „Elektrische Anlagen und Betriebsmittel“ (DGUV Vorschrift 3 mit der zugehörigen ► „Durchführungsanweisungen“) sowie der Betriebssicherheitsverordnung und der erläuternden Technischen Regeln für Betriebssicherheit (TRBS) zu beachten.

Das Arbeitsschutzgesetz schafft des Weiteren u. a. die Rahmenbedingungen für die

- Übertragung von Aufgaben,
- Zusammenarbeit mehrerer Arbeitgeber,
- Maßnahmen zur Ersten Hilfe und bei Notfällen,
- Unterweisung der Beschäftigten sowie
- arbeitsmedizinische Vorsorge.

2.2.2 Verordnungen

Dem Arbeitsschutzgesetz zugeordnete Verordnungen sind z. B. die Betriebssicherheitsverordnung, die Arbeitsstättenverordnung oder die Gefahrstoffverordnung.

Verordnungen stehen zwar in ihrer Wertigkeit unterhalb der Gesetze, konkretisieren diese jedoch wesentlich und sind deshalb ebenso verbindlich anzuwenden. In Bezug auf die ► „Prüfung“ elektrischer ► „Arbeitsmittel“ ist insbesondere die „**Verordnung über Sicherheit und Gesundheitsschutz bei der Verwendung**

von Arbeitsmitteln“ (kurz: Betriebssicherheitsverordnung, BetrSichV) von Bedeutung.

Die Betriebssicherheitsverordnung gilt für sog. Arbeitsmittel („Betriebsmittel“ i. S. d. UVV) sowie für überwachungsbedürftige Anlagen, wie z. B. Aufzüge oder Anlagen in explosionsgefährdeten Bereichen. Elektrische Maschinen (► „Maschine“) als Arbeitsmittel fallen in den Anwendungsbereich der Verordnung. Hiervon ausgenommen sind allerdings Arbeitsmittel nach Anhang 3 (z. B. Krane) sowie überwachungsbedürftige Anlagen, wie z. B. Aufzüge, die zwar Bestandteil eines Gebäudes sind, jedoch ausdrücklich in den Anwendungsbereich der Betriebssicherheitsverordnung fallen. Zu beachten ist, dass „Elektrische Anlagen“, die Teile der Gebäudeinfrastruktur darstellen, wie z. B. Unterverteilungen, nicht im Geltungsbereich der BetrSichV liegen. „Elektrische Betriebsmittel“ i. S. d. DGUV Vorschrift 3, so auch die elektrischen Maschinen, sind nur ein Teilgebiet der Arbeitsmittel i. S. d. BetrSichV: Arbeitsmittel können sowohl einfache Werkzeuge, wie Hämmer, als auch komplexe rein pneumatisch oder hydraulisch betriebene Geräte ohne elektrotechnische Ausstattung sein. Dies zu berücksichtigen ist wichtig, da der in der BetrSichV für den Prüfer von Arbeitsmitteln gewählte Begriff „zur Prüfung befähigte Person“ (► Kap. 2.5.1) zunächst keinen direkten Aufschluss über dessen jeweils notwendige Qualifikation gibt. Eine „zur Prüfung befähigte Person“ (oder kurz „befähigte Person“) zum Prüfen elektrischer Arbeitsmittel muss eine Qualifikation aufweisen, die praktisch der einer Elektrofachkraft (► Kap. 2.5.2) entspricht. Enthält das Arbeitsmittel jedoch auch prüfpflichtige nichtelektrotechnische Komponenten (z. B. Druckleitungen, gefährdungsbehaftete mechanische Elemente, zu prüfende Tragkonstruktionen), wird die für die Durchführung dieser Teilprüfungen notwendige befähigte Person entweder eine Qualifikation als Mechatroniker oder Anlagenmechaniker benötigen, um beide Fachrichtungen in einer Person zu vereinigen, oder es sind zwei Prüfer mit jeweils entsprechender Qualifikation notwendig.

Folgende ausgewählte Inhalte der BetrSichV sind insbesondere in Bezug auf die Prüfung von Arbeitsmitteln zu beachten:

§ 3 (1): Arbeitsmittel dürfen erst verwendet werden, nachdem eine ► „Gefährdungsbeurteilung“ durchgeführt wurde sowie ggf. notwendige ► „Schutzmaßnahmen“ abgeleitet wurden. (In § 4 Abs. 1 wird zusätzlich die Umsetzung der Schutzmaßnahmen gefordert.)

§ 3 (2): Aufgrund neuer Erkenntnisse zu Unfallschwerpunkten wurden die an die Gefährdungsbeurteilung zu stellenden Anforderungen erweitert und präzisiert. In der Gefährdungsbeurteilung sind jetzt nicht nur von den Arbeitsmitteln selbst ausgehende Gefährdungen zu berücksichtigen, sondern auch ► „Gefährdungen“, die von der Arbeitsumgebung bzw. von Arbeitsgegenständen, an denen Tätigkeiten ausgeführt werden, ausgehen. Dabei sind u. a. auch die Gebrauchstauglichkeit von Arbeitsmitteln oder vorhersehbare Betriebsstörungen und die Gefährdung bei Maßnahmen zu deren Beseitigung in der Gefährdungsbeurteilung zu berücksichtigen. Infolgedessen ist es sinnvoll, entsprechende Basisdaten (z. B. als betriebliche Erfahrungswerte) im Rahmen der Prüfungen mit erheben zu lassen.

§ 3 (3): Mit der Gefährdungsbeurteilung soll bereits vor der Auswahl und Beschaffung der Arbeitsmittel begonnen werden. Die Durchführung der Gefährdungsbeurteilung ist fachkundigen Personen vorbehalten. Verfügt der Arbeitgeber nicht über die notwendige Fachkunde, so hat er sich von einer Person beraten zu lassen, die über diese Qualifikation verfügt. Dies betrifft insbesondere auch die im Rahmen von Prüfungen auftretenden Gefährdungen sowie die Festlegung von Prüffristen (► Kap. 2.4.4).

§ 3 (6): Art (► Kap. 2.4.2), Umfang (► Kap. 2.4.3) und Fristen (► Kap. 2.4.4) erforderlicher Prüfungen sowie die Fristen wiederkehrender Prüfungen sind – sofern in der BetrSichV nicht bereits entsprechende Vorgaben enthalten sind – so festzulegen, dass Arbeitsmittel bis zur nächsten festgelegten Prüfung sicher verwendet werden können. Weiterhin sind die Voraussetzungen zu ermitteln und festzulegen, welche die Personen erfüllen müssen, die mit den Prüfungen zu beauftragen sind (► Kap. 2.5). § 3 (6) enthält weitergehende Informationen für überwachungsbedürftige Anlagen, die an dieser Stelle nicht aufgeführt sind.

§ 10: Die ► „Instandhaltung“ von Arbeitsmitteln wurde als wesentlicher Unfallschwerpunkt erkannt. Aus diesem Grunde wurden bei der Überarbeitung der BetrSichV die bei der Instandhaltung zu berücksichtigenden Schutzmaßnahmen herausgestellt. Da Prüfungen i. d. R. den Abschluss von Instandsetzungsarbeiten darstellen, ist dieser Paragraf besonders zu beachten.

§ 11: Die Auswertung der Unfallstatistiken zeigte auf, dass sich Unfälle weniger im „Normalbetrieb“, sondern in viel stärkerem Maße im Rahmen des Auf- und Abbaus, der Erprobung oder des Transports ereignen. Erschwerend kommt hinzu, dass die Notfallorganisation für die Gewährleistung einer schnellen und gezielten Hilfe in vielen Fällen stark verbesserungsbedürftig ist. Diesen Erkenntnissen wird nun durch diesen neuen Paragrafen Rechnung getragen.

§ 13: Prüfaufträge werden oft an externe Dienstleister vergeben. Diese müssen über die notwendige Fachkunde verfügen und vor der Aufnahme der Tätigkeiten hinsichtlich der am Arbeitsplatz ggf. vorhandenen Gefährdungen sowie bezüglich des sicherheitsgerechten Verhaltens informiert werden. Es besteht eine sog. Koordinationspflicht zwischen unterschiedlichen Arbeitgebern (und damit ihren Beschäftigten), die in ein und demselben Bereich arbeiten.

Die Anforderungen an die Prüfung von Arbeitsmitteln sind in § 14 der BetrSichV beschrieben, weshalb die Inhalte dieses Paragrafen nachfolgend etwas ausführlicher dargestellt werden.

§ 14 (1): Arbeitsmittel, deren Sicherheit von den Montagebedingungen abhängt, müssen vor der erstmaligen Verwendung von einer zur Prüfung befähigten Person geprüft werden.

Auf die ► „Erstprüfung" vor der ► „Inbetriebnahme" eines Arbeitsmittels kann verzichtet werden, sofern es den Anforderungen des Produktsicherheitsgesetzes bzw. den geltenden EU-Binnenmarktregelungen entspricht und für seine Verwendung keine Montage notwendig ist (vgl. dazu auch DGUV Vorschrift 3 „Elektrische Anlagen und Betriebsmittel", § 5 Abs. 4).

§ 14 (2): Arbeitsmittel, die Schäden verursachenden Einflüssen unterliegen, die Gefährdungen von Beschäftigten zur Folge haben können, müssen wiederkehrend entsprechend den in der Gefährdungsbeurteilung ermittelten Fristen von einer zur Prüfung befähigten Person geprüft werden. Wird im Rahmen der Prüfung festgestellt, dass die Prüffristen falsch festgelegt wurden (d. h., dass der ordnungsgemäße Zustand des Arbeitsmittels offensichtlich nicht bis zum nächsten Prüftermin sicher gewährleistet werden kann), sind die Prüffristen neu festzulegen.

§ 14 (3): Werden an Arbeitsmitteln prüfpflichtige Änderungen durchgeführt oder unterliegen sie außergewöhnlichen Ereignissen (z. B. Unfälle, längere Zeiträume der Nichtbenutzung, Naturereignisse), welche sich schädigend auf ihre Sicherheit auswirken und durch die Beschäftigte ggf. gefährdet werden können, ist unverzüglich eine außerordentliche Prüfung durch eine zur Prüfung befähigte Person (▶ Kap. 2.5.1) durchführen zu lassen.

§ 14 (4): Die bisher in Unfallverhütungsvorschriften enthaltenen Prüfvorschriften für Krane, Flüssiggasanlagen und Arbeitsmittel der Veranstaltungstechnik wurden in den Geltungsbereich der BetrSichV überführt und dort im Anhang 3 beschrieben.

§ 14 (6): Zur Prüfung befähigte Personen unterliegen bei der Durchführung der Prüftätigkeit keinen fachlichen Weisungen durch den Arbeitgeber und dürfen vom Arbeitgeber wegen ihrer Prüftätigkeit nicht benachteiligt werden.

§ 14 (7): Das Ergebnis der Prüfung ist zu dokumentieren und mindestens bis zur nächsten Prüfung aufzubewahren. Die ▶ „Prüfaufzeichnungen" müssen mindestens über die Art (▶ Kap. 2.4.2), den Umfang (▶ Kap. 2.4.3) sowie das Ergebnis der Prüfung (▶ Kap. 1.2.8) Auskunft geben. Die Dokumente müssen weiterhin den Namen und die Unterschrift, bei ausschließlich elektronisch übermittelten Dokumenten die elektronische Signatur der zur Prüfung befähigten Person enthalten. Aus der Technischen Regel für Betriebssicherheit (TRBS) 1201 ergibt sich zusätzlich, dass der Anlass der Prüfung (z. B. Prüfung vor erstmaliger Verwendung, Prüfung nach prüfpflichtiger Änderung, Wiederkehrende Prüfung) anzugeben ist.

Aufzeichnungen können also auch in elektronischer Form aufbewahrt werden. Sofern Arbeitsmittel an unterschiedlichen Betriebsorten verwendet werden (z. B. Baustellen), ist ein Nachweis über die Durchführung der letzten Prüfung vorzuhalten (z. B. Prüfaufkleber, Stempelung, Kopie der Prüfaufzeichnungen als Erstnachweis der durchgeführten Prüfung).

Hiermit enden die allgemeinen Regelungen für die Verwendung von Arbeitsmitteln. Die nachfolgenden Paragrafen der BetrSichV beschreiben Anforderungen an überwachungsbedürftige Anlagen, Mitteilungspflichten und behördliche Ausnahmen sowie die Bildung des Ausschusses für Betriebssicherheit.

Von besonderer Bedeutung für die Praxis ist jedoch auch die erheblich umfangreicher gewordene Auflistung von Ordnungswidrigkeiten, die nun im allgemeinen Teil 33 Punkte umfasst.

Konkretisiert werden Verordnungen durch „Technische Regeln“, wie z. B. Technische Regeln für Betriebssicherheit (TRBS) im Falle der Betriebssicherheitsverordnung.

Die Technischen Regeln für Betriebssicherheit (TRBS) stellen für die Betriebssicherheitsverordnung (BetrSichV) praktisch das Äquivalent zu den Durchführungsanweisungen der DGUV Vorschriften dar. Die TRBS präzisieren und erläutern die Anforderungen der Betriebssicherheitsverordnung und geben den ► „Stand der Technik“, Arbeitsmedizin und Arbeitshygiene sowie sonstige gesicherte arbeitswissenschaftliche Erkenntnisse anhand von Beispielen und Lösungen wieder.

Mit der Einhaltung einer TRBS wird davon ausgegangen, dass die entsprechenden Anforderungen der BetrSichV erfüllt sind. Wird im Rahmen einer Gefährdungsbeurteilung eine andere Lösung ausgewählt, muss mindestens die gleiche Sicherheit sowie der gleiche Gesundheitsschutz erreicht werden.

In Bezug auf die Prüfung elektrischer Arbeitsmittel (z. B. elektrischer Maschinen) sind insbesondere die

- TRBS 1201 „Prüfung und Kontrollen von Arbeitsmitteln und überwachungsbedürftigen Anlagen“ sowie die
- TRBS 1203 „Zur Prüfung befähigte Personen“

relevant.

Neben den TRBS existieren auch „Empfehlungen zur Betriebssicherheit“ (EmpfBS). Sie enthalten ebenfalls Konkretisierungen und Hinweise, lösen jedoch nicht wie eine TRBS die Vermutungswirkung aus.

2.2.3 Unfallverhütungsvorschriften

Das deutsche duale Arbeitsschutzsystem, welches sowohl staatliche Arbeitsschutzbehörden („Gewerbeaufsicht“) als auch Unfallversicherungsträger kennt, ist einmalig. Dieses System ermöglicht es, dass die Unfallversicherungsträger („Berufsgenossenschaften“ für gewerbliche Betriebe, „Unfallkassen“ oder „Gemeindeunfallversicherungsverbände“ für Betriebe der öffentlichen Hand) Unfallverhütungsvorschriften als autonomes Satzungsrecht unter Einbeziehung der „Deutschen Gesetzlichen Unfallversicherung“ (DGUV) als dem gemeinsamen Spitzenverband erlassen. Sofern nicht bereits Regelungen durch staatliches Recht bestehen, dürfen Unfallversicherungsträger eigene Regelungen erlassen, wenn dies für die Prävention geeignet und notwendig ist. Im Zuge der Harmonisierung des EU-Binnenmarkts wird jedoch eine Reduzierung von Doppelregelungen angestrebt. Die Einführung neuer Verordnungen, wie z. B. der Betriebssicherheitsverordnung, führte deshalb bereits zur Zurückziehung einiger Unfallverhütungsvorschriften. Die Unfallverhütungsvorschrift „Elektrische Anlagen und Betriebsmittel“ (DGUV Vorschrift 3) ist hiervon jedoch noch nicht betroffen, da sie, wie im vorstehenden Abschnitt bereits beschrieben, nicht vollständig durch staatliches Recht abgedeckt ist.

So wie der Vorschriftentext der Betriebssicherheitsverordnung durch Technische Regeln erläutert und konkretisiert wird, so werden auch die in den Vorschriftentexten der Unfallverhütungsvorschriften enthaltenen Schutzzielformulierungen durch ► „Durchführungsanweisungen“ konkretisiert.

Beispiel: § 2 Abs. 3 der DGUV Vorschrift 3 bzw. 4 „Elektrische Anlagen und Betriebsmittel“

Vorschriftentext:

„Als Elektrofachkraft im Sinne dieser Unfallverhütungsvorschrift gilt, wer auf Grund seiner fachlichen Ausbildung, Kenntnisse und Erfahrungen sowie Kenntnis der einschlägigen Bestimmungen die ihm übertragenen Arbeiten beurteilen und mögliche Gefahren erkennen kann.“

Durchführungsanweisung:

„Die fachliche Qualifikation als Elektrofachkraft wird im Regelfall durch den erfolgreichen Abschluss einer Ausbildung, z. B. als Elektroingenieur, Elektrotechniker, Elektromeister, Elektrogeselle, nachgewiesen. Sie kann auch durch eine mehrjährige Tätigkeit mit Ausbildung in Theorie und Praxis nach Überprüfung durch eine Elektrofachkraft nachgewiesen werden. Der Nachweis ist zu dokumentieren.

[...]“

In älteren Unfallverhütungsvorschriften ist zur besseren Unterscheidung der Vorschriftentext fett, die Durchführungsanweisung hingegen kursiv gedruckt. Neuere Unfallverhütungsvorschriften (wie z. B. die DGUV Vorschrift 1 „Grundsätze der Prävention“) enthalten nur noch die Vorschriftentexte. Die erläuternden Durchführungsanweisungen sind in separaten Regeln gleichen Titels enthalten (z. B. DGUV Regel 100-001 „Grundsätze der Prävention“). Eine DGUV Regel mit aktualisierten Durchführungsanweisungen zu der DGUV Vorschrift 3 bzw. 4 befindet sich zum Zeitpunkt der Drucklegung dieses Werks in Erarbeitung.

DGUV Regeln können sich entweder auf bestimmte Teilthemen beziehen (z. B. DGUV Regel 103-011 „Arbeiten unter Spannung“) oder die Durchführungsanweisungen für eine komplette DGUV Vorschrift enthalten (z. B. DGUV Regel 100-001 „Grundsätze der Prävention“).

2.2.4 Anerkannte Regeln der Technik

Sowohl die Betriebssicherheitsverordnung als auch die Unfallverhütungsvorschriften enthalten zwar Forderungen, dass ► „Arbeitsmittel" geprüft werden müssen, jedoch keine Vorgaben, *wie* die Prüfungen konkret durchzuführen sind.

Das Deutsche Institut für Normung e.V. (DIN) bzw. der Verband der Elektrotechnik Elektronik Informationstechnik e.V. (VDE) erarbeiten deshalb Normen, die als üblicherweise allgemein anerkannter ► „Stand der Technik" anzusehen sind. In Bezug auf die ► „Prüfung" elektrischer Maschinen (► „Maschine") und maschineller Anlagen können z. B. die folgenden Normen herangezogen werden:

- DIN VDE 0701 „Allgemeines Verfahren zur Überprüfung der Wirksamkeit der Schutzmaßnahmen von Elektrogeräten nach der Reparatur" [Anzuwenden, wenn über Stecker oder fest angeschlossene Maschinen nach einer Reparatur geprüft werden müssen.]
- DIN VDE 0702 „Wiederholungsprüfung für elektrische Geräte" [Anzuwenden, wenn über Stecker oder fest angeschlossene Maschinen wiederkehrend geprüft werden müssen.]
- DIN VDE 0100-600 „Errichten von Niederspannungsanlagen – Teil 6: Prüfungen" [Anzuwenden, wenn eine fest installierte Maschine im Rahmen einer Erstprüfung als Teil der elektrischen Anlage geprüft werden soll.]
- DIN VDE 0105-100 „Betrieb von elektrischen Anlagen – Teil 100: Allgemeine Festlegungen [Anzuwenden, wenn eine fest installierte Maschine im Rahmen einer wiederkehrenden Prüfung als Teil der elektrischen Anlage geprüft werden soll.]

- DIN EN 60204-1 (VDE 0113-1) „Sicherheit von Maschinen – Elektrische Ausrüstung von Maschinen – Teil 1: Allgemeine Anforderungen“
- DIN EN 60204-11 (VDE 0113-11) „Sicherheit von Maschinen – Elektrische Ausrüstung von Maschinen – Teil 11: Anforderungen an Hochspannungsausrüstung für Spannungen über 1000 V Wechselspannung oder 1500 V Gleichspannung, aber nicht über 36 kV“
- Normenreihe DIN EN 60335 (VDE 0700) „Sicherheit elektrischer Geräte für den Hausgebrauch und ähnliche Zwecke“
- Normenreihe DIN EN 60745 (Teil der Reihe VDE 0740) „Handgeführte motorbetriebene Elektrowerkzeuge – Sicherheit“
- Normenreihe DIN EN 61029 (Teil der Reihe VDE 0740) „Sicherheit transportabler motorbetriebener Elektrowerkzeuge“
- DIN EN 62353 (VDE 0751-1) „Medizinische elektrische Geräte – Wiederholungsprüfungen und Prüfung nach Instandsetzung von medizinischen elektrischen Geräten“
- Normenreihe DIN EN 62841 (Teil der Reihe VDE 0740) „Elektrische motorbetriebene handgeführte Werkzeuge, transportable Werkzeuge und Rasen- und Gartenmaschinen – Sicherheit“
- Norm-Entwurf DIN EN IEC 60445 VDE 0197:2021-02 „Grund- und Sicherheitsregeln für die Mensch-Maschine-Schnittstelle“
- weitere harmonisierte Typ-C-Normen und Normenreihen für Maschinen[9]

Neben Normen können auch allgemein übliche Branchenstandards oder andere Regelungen zu den „Allgemein anerkannten Regeln der Technik“ zählen.

[9] Zusammenstellung aktueller harmonisierter Normen u. a. in: http://www.product-compliance.net/RL_hN.htm.

2.2.5 Sonstige Regelungen

Bei der elektrischen Ausrüstung (► „Elektrische Maschinenausrüstung“) von großen Maschinen (► „Maschine“) und maschinellen Anlagen, die z. T. eine Ausdehnung über mehrere Räumlichkeiten eines Gebäudes haben können, ist möglicherweise auch das Bauordnungsrecht des jeweiligen Bundeslandes anzuwenden (z. B. Prüfverordnung). Baurecht ist in Deutschland generell Landesrecht mit u. U. stark differierenden Forderungen. Bei der ► „Prüfung“ dieser maschinellen Ausrüstungen dürften jedoch im Regelfall auch die Anforderungen bezüglich der elektrischen Maschinen generell anwendbar sein. Darüber hinaus kann in Sonderfällen das Thema der Prüfung elektrischer Anlagen (ortsfest) berührt sein. Dies ist im Einzelfall auch in Zusammenarbeit z. B. mit dem ermächtigten Sachverständigen zur Prüfung der ortsfesten Anlagen zu prüfen. Prüfvorgaben können sich auch aus privatrechtlichen Regelungen (z. B. mit dem Träger der Gebäudesachversicherung) ergeben. Typisch sind solche Regelungen für Gebäude, die hohe Sachwerte bergen oder für besonders feuergefährdete Gebäude bzw. Gebäudeteile. Ebenso wie die landesbaurechtlichen Regelungen können die Anforderungen an Art und Umfang der Prüfungen, der Qualifikation des Prüfers sowie die Prüffristen (► Kap. 2.4.4) erheblich von den Anforderungen der DGUV Vorschrift 3 abweichen.

Es empfiehlt sich deshalb auch in diesem Fall, ein Prüfkonzept mit dem Sachverständigen und der Versicherung abzustimmen.

2.3 Betriebliche Organisationspflichten

2.3.1 Pflichten des Arbeitgebers

Der Arbeitgeber, mithin der Inhaber, die Geschäftsführung und ggf. weitere leitende Mitarbeiter haben die volle und umfassende Organisationspflicht im Unternehmen und tragen somit auch die (persönliche) Verantwortung für alle unternehmerischen Prozesse. Die Pflichten im Zusammenhang mit dem Gebrauch von Arbeitsmitteln, also die Zurverfügungstellung solcher Elemente an die Beschäftigten, gehört zu den Kernaufgaben und ist wie zuvor gezeigt, in Deutschland durch die Betriebssicherheitsverordnung geregelt.

Ziel ist es, sichere und gesundheitsgerechte Arbeitsbedingungen zu erreichen. Diese sog. Systemsicherheit stellt einen Zustand des Arbeitssystems inklusive der ► „Arbeitsmittel“ dar, in dem technische, organisatorische und personelle Faktoren im Zusammenwirken den Eintritt eines Schadens mit hinreichender Wahrscheinlichkeit ausschließen.

Die ► „Prüfung“ der den Beschäftigten zur Verfügung gestellten Arbeitsmittel hinsichtlich einer adäquaten Sicherheit gehört, wie oben gezeigt, zu den Kernaufgaben des Unternehmers. Arbeitsmittel müssen dabei während der gesamten Nutzungsdauer (also bei **jeder** Zurverfügungstellung) nach dem ► „Stand der Technik“ sicher verwendbar sein. Neben den obligatorischen Prüfaufgaben ergibt sich für den Unternehmer damit auch die Pflicht zur sicherheitstechnischen Nachrüstung seiner Arbeitsmittel, sofern sich der diesbezügliche Stand der Technik und damit die Sicherheitsanforderungen weiterentwickelt haben.

Die weiteren an der Prüfung beteiligten Personen sind somit vom Arbeitgeber für diese Tätigkeiten zu beauftragen. Festgestellte Prüfergebnisse müssen dann von den Prüfern dem beauftragenden Unternehmer und ggf. weiteren benannten Verantwortlichen für das bzw. die betreffende(n) Arbeitsmittel kommuniziert werden.

2.3.2 Verantwortung des Prüfers

Dem Prüfer obliegt zunächst einmal grundsätzlich die Aufgabe, die Prüfungen ordnungsgemäß durchzuführen. Dies mag sich banal anhören, jedoch stoßen in der Praxis viele Prüfer schnell an die Grenzen ihrer Möglichkeiten, z. B., wenn ▶ „Arbeitsmittel" zu prüfen sind, die mit den eigenen Prüfgeräten nicht geprüft werden können oder für deren ▶ „Prüfung" spezielle Kenntnisse erforderlich sind. Oftmals liegen auch keine technischen Informationen über die Anlage oder ▶ „Maschine" mehr vor, anhand derer z. B. die Höhe eines Ableitstroms (▶ „Ableitstrom") beurteilt werden kann. Solche und ähnliche Problemstellungen führen in der Folge dazu, dass ein Prüfer nicht die Verantwortung für eine ordnungsgemäße Prüfung übernehmen kann.

Das Gleiche gilt auch für solche Fälle, in denen mangels Prüferfahrung oder aufgrund unzureichender bzw. nicht mehr aktueller Kenntnisse die Prüfung nicht eigenverantwortlich durchgeführt werden kann. Dem Prüfer obliegt deshalb auch in besagten Fällen die Verantwortung, den Beauftragenden darauf hinzuweisen, dass bestimmte Prüfungen durch ihn nicht durchgeführt werden konnten. Nach Möglichkeit sollten dann gemeinsam Lösungen gesucht werden (z. B. Nachqualifizierung des Prüfers, Änderung der Prüforganisation, Vergabe von Prüfaufträgen an Fremdfirmen etc.).

Eine besondere Verantwortung haben Prüfer wahrzunehmen, die im Prüfteam mit elektrotechnisch unterwiesenen Personen (EuP, ► Kap. 2.5.5) arbeiten: Letztere dürfen gemäß den ► „Durchführungsanweisungen“ zu § 3 Abs. 1 der DGUV Vorschrift 3 bzw. 4 „Elektrische Anlagen und Betriebsmittel“ nur unter der Leitung und Aufsicht einer Elektrofachkraft (► Kap. 2.5.2) tätig werden. Der Begriff „Leitung und Aufsicht“ bedeutet, dass die Führungs- und Fachverantwortung gegenüber den unterstellten EuP wahrgenommen wird. Hierzu gehört insbesondere

- das Überwachen der ordnungsgemäßen Errichtung, Änderung und ► „Instandhaltung“ elektrischer Anlagen (► „Elektrische Anlage“) und ► „Betriebsmittel“,
- das Anordnen, Durchführen und Kontrollieren der zur jeweiligen Arbeit erforderlichen ► „Sicherheitsmaßnahmen“ einschließlich des Bereitstellens von Sicherheitseinrichtungen,
- das Unterrichten elektrotechnisch unterwiesener Personen,
- das Unterweisen von elektrotechnischen Laien über sicherheitsgerechtes Verhalten, erforderlichenfalls das Einweisen,
- das Überwachen, erforderlichenfalls das Beaufsichtigen der Arbeiten und der Arbeitskräfte, z. B. bei nichtelektrotechnischen Arbeiten in der Nähe unter Spannung stehender Teile.

Grundsätzlich ist zwischen „Überwachen“ und „Beaufsichtigen“ zu unterscheiden. Leitung und Aufsicht bedeutet nicht zwangsläufig, dass bei der Durchführung von Arbeiten durch elektrotechnisch unterwiesene Personen die zuständige Elektrofachkraft ständig zugegen sein muss. Vielmehr muss die Elektrofachkraft beurteilen können, inwieweit die unterstellte EuP die vorgesehenen Aufgaben genauso sicher und fachgerecht wie die Elektrofachkraft selbst durchführen kann, da sie schließlich die Verantwortung für das Arbeitsergebnis trägt. Daraus folgt, dass der Elektrofachkraft Entscheidungsfreiheiten bezüglich der Auswahl geeigneter EuP, des Umfangs der von ihnen wahrgenommenen Tätigkeiten sowie der Tiefe der Unterweisung und Kontrolle eingeräumt werden müssen.

2.3.3 Betriebliche Zusammenarbeit

Prüfer sind häufig „normale" gewerbliche Arbeitnehmer ohne besondere Befugnisse gegenüber anderen Beschäftigten oder gar Führungskräften. Insofern besteht eine wesentliche Aufgabe des Arbeitgebers/Anlagenbetreibers darin, dem Prüfer „den Weg zu bereiten", damit dieser seinem Prüfauftrag nachkommen kann. Zu diesem Zweck ist der Arbeitgeber für die Festlegungen zur Durchführung der Prüfungen und Kontrollen (► „Kontrolle") verantwortlich und hat die erforderlichen Voraussetzungen zu schaffen. Gemäß Abschnitt 8.1 der TRBS 1201 obliegt es ihm,

- die für die ► „Prüfung" erforderlichen Hilfsmittel und Unterlagen (z. B. Prüf- und Stromlaufpläne, Festlegungen zu getroffenen organisatorischen und technischen Schutzmaßnahmen, Vorschriften und Normen) bereitzustellen,
- die Zugänglichkeit zu dem zu prüfenden oder kontrollierenden Arbeitsmittel zu gewährleisten,

- für die Prüfung oder ► „Kontrolle“ geeignete und sichere Arbeitsbedingungen zu schaffen,
- den Prüfer mit den für die Durchführung der Prüfungen (► „Prüfung“) notwendigen Weisungsbefugnissen und Entscheidungskompetenzen auszustatten sowie ausreichend bemessene Zeit für die Prüf- oder Kontrolltätigkeit vorzusehen oder
- die Beschäftigten und Führungskräfte direkt anzuweisen, den Prüfer bei der Durchführung seiner Tätigkeit zu unterstützen.

Typische im Rahmen der Prüftätigkeit auftretende Problemstellungen sind z. B.:

- Die Beschäftigten wurden im Vorfeld nicht informiert und können bzw. wollen ihre Arbeit nicht unterbrechen.
- Zu prüfende ► „Arbeitsmittel“ oder Anlagenteile werden nicht zugänglich gemacht.
- Die Außerbetriebnahme nicht sicherer Arbeitsmittel oder Anlagenteile führt zu Konflikten.
- Prüfer können ihre Prüftätigkeit nicht störungsfrei ausführen, da sie häufig zu anderen innerbetrieblichen „Brennpunkten“ gerufen werden.
- Prüfer werden oft unter Druck gesetzt – was jedoch eindeutig gegen die gesetzlichen Vorgaben verstößt. Die BetrSichV führt bspw. in § 14 Abs. 6 dazu eindeutig aus, dass Prüfer bezüglich ihrer fachlichen Tätigkeit weisungsfrei (► „Weisungsfreiheit“) gestellt sind.

Auch wenn die Prüftätigkeit i. d. R. auf eine Fachkraft übertragen wird, so ist doch in erster Linie der Arbeitgeber/Anlagenbetreiber der in den Vorschriften genannte Adressat des Prüfauftrags, und er hat deshalb für die ordnungsgemäße Durchführbarkeit der Prüfungen ebenfalls Sorge zu tragen.

2.3.4 Besonderheiten bei Fremdfirmeneinsatz und Vergabe von Unteraufträgen

Prüfungen elektrischer ► „Arbeitsmittel" werden oft durch Fremdfirmen durchgeführt. Als „betriebsfremde Personen" sind externe Prüfer häufig nicht mit den im Betrieb gegebenen ► „Gefährdungen" und ► „Schutzmaßnahmen" vertraut. Aus diesem Grund wird u. a. in § 13 der Betriebssicherheitsverordnung sowie in § 5 der DGUV Vorschrift 1 „Grundsätze der Prävention" die Forderung erhoben, dass der Auftraggeber den Auftragnehmer über Gefährdungen am Arbeitsplatz und spezifische Verhaltensregeln (z. B. Verwendung von persönlicher Schutzausrüstung, Verhalten im Notfall u. Ä.) zu informieren hat. Darüber hinaus hat der Auftraggeber dem Auftragnehmer schriftlich aufzugeben, die notwendigen Maßnahmen zum Arbeitsschutz zu beachten und einzuhalten.

Bei der Beauftragung sind neben der genauen Beschreibung der zu übernehmenden Prüfaufgaben folgende Punkte festzuhalten:

a) Einzusetzende Prüf- und Arbeitsmittel

Zu klären und eindeutig zu regeln ist, ob betriebseigene oder betriebsfremde Prüf- und Arbeitsmittel bei der ► „Prüfung" eingesetzt werden. Davon hängt z. B. ab, wer im Rahmen des Auftrags für die Einhaltung der einschlägigen Anforderungen an die Sicherheit und den Gesundheitsschutz die Verantwortung (und somit ggf. auch die Haftung im Fall eines Unfalls und/oder Schadens) trägt.

b) Betriebsspezifische Gefährdungen

Bezüglich der betriebsspezifischen Gefährdungen muss der den Auftrag erteilende Unternehmer das Fremdunternehmen bei der ► „Gefährdungsbeurteilung" unterstützen. Ferner hat er sicherzustellen, dass Tätigkeiten mit besonderen Gefahren sowie die Umsetzung der festgelegten Sicherungsmaßnahmen durch Aufsichtführende überwacht werden. Zu diesem Zweck ist bei Vergabe des Auftrags schriftlich festzulegen, wer den Aufsichtführenden zu stellen hat.

c) Verantwortung

Der Auftragnehmer trägt und übernimmt die Verantwortung für

- die Erarbeitung erforderlicher Arbeitsanweisungen,
- die Auswahl und den Einsatz geeigneter Personen für die anstehenden Prüfungen und
- die fach- und sicherheitsgerechte Durchführung der Prüfungen.

Das den Auftrag erteilende Unternehmen ist dennoch dazu verpflichtet, sich bei der Erteilung des Auftrags von der Fachkunde des Auftragnehmers zu überzeugen (§ 13 Abs. 1 BetrSichV).

Eine Weitergabe des Auftrags durch den Auftragnehmer an Subunternehmer, sei es teilweise oder vollständig, darf deshalb nur mit Kenntnis und Zustimmung des den Auftrag erteilenden Unternehmens erfolgen.

Arbeiten Beschäftigte mehrerer Unternehmer zusammen, ist eine Person zu bestimmen, welche die Arbeiten aufeinander abstimmt und über entsprechende Weisungsbefugnis verfügt.

 **Hinweis**

Bei Angeboten über Prüfleistungen zu außerordentlich niedrigen Preisen ist Vorsicht geboten!

Dem Auftraggeber wird in solchen Fällen geraten, die Befähigung des tatsächlich für die Prüfungen eingesetzten Personals sowie die Richtigkeit des im Angebot veranschlagten Zeitaufwands zu hinterfragen und mit dem Auftragnehmer zu besprechen.

Eine erste grobe Abschätzung kann meist anhand folgender Kriterien erfolgen: Ergibt sich aus dem angebotenen Gesamtpreis und dem praxisüblichen Stundenlohn für Fachkräfte eine plausible Zeit für die Erledigung der Prüfung? Wenn der so geschätzte Zeitaufwand noch nicht einmal genügen würde, um jeden zu prüfenden Anlagenteil in einer Begehung zumindest einmal gesehen zu haben, ist eine fachlich korrekt durchgeführte Prüfung eher unwahrscheinlich.

2.4 Betriebliche Prüforganisation

2.4.1 Prüfpflicht

Alle ► „Arbeitsmittel“ gemäß § 14 BetrSichV,

- deren Sicherheit von den Montagebedingungen abhängt,
- die Schäden verursachenden Einflüssen unterliegen, aus denen sich Gefährdungen für die Beschäftigten ergeben können,
- die von außergewöhnlichen Ereignissen mit schädigenden Auswirkungen auf ihre Sicherheit betroffen sind, durch die Beschäftigte gefährdet werden können,
- an denen prüfpflichtige Änderungen vorgenommen wurden,

müssen durch zur Prüfung befähigte Personen (siehe TRBS 1203 sowie ► Kap. 2.5.1) geprüft werden.

Elektrische Arbeitsmittel sind gemäß der Betriebssicherheitsverordnung (BetrSichV)

- vor jeder ► „Inbetriebnahme“ (► „Erstprüfung“),
- vor Wiederinbetriebnahme nach jeder Änderung und ► „Instandhaltung“ sowie
- regelmäßig wiederkehrend (► „Wiederkehrende Prüfung“)

zu prüfen.

Entsprechendes gilt ebenso für elektrische Anlagen auf Grundlage der DGUV Vorschrift 3 bzw. 4.

Hierfür müssen insbesondere

- Art,
- Umfang und
- Fristen

der erforderlichen Prüfungen unter Berücksichtigung der jeweiligen Beanspruchung sowie die Qualifikation der mit der Durchführung der Prüfungen zu beauftragenden Person ermittelt werden.

Sofern an einem Arbeitsmittel Änderungen vorgenommen werden, ist gemäß TRBS 1201 zu ermitteln, ob sich aufgrund dieser Änderungen neue oder andere Prüfpflichten ergeben. Dies hat grundsätzlich im Rahmen einer Gefährdungsbeurteilung zu erfolgen.

Im Abschnitt 3.2 unterscheidet die TRBS zwischen

- nicht prüfpflichtigen Änderungen,
- prüfpflichtigen Änderungen und
- Änderungen, aus denen sich Herstellerpflichten ergeben.

Als „**prüfpflichtige Änderung**" i. S. d. § 10 Abs. 5 BetrSichV ist jede Maßnahme zu verstehen, durch welche die Sicherheit eines Arbeitsmittels beeinflusst wird. Konkretisiert wird dieser Begriff durch die TRBS 1201. Demnach sind Änderungen insbesondere dann prüfpflichtig, wenn sie

- eine Folgewirkung auf die Sicherheit eines Arbeitsmittels haben,

- die Bauart oder die Betriebsweise einer überwachungsbedürftigen Anlage beeinflussen oder
- neue Wechselwirkungen mit anderen Arbeitsmitteln, der Arbeitsumgebung oder den Arbeitsgegenständen (Gegenstände, an denen Tätigkeiten mit Arbeitsmitteln ausgeführt werden) bewirken.
- Auch durch eine ► „Instandsetzung“ kann eine prüfpflichtige Änderung hervorgerufen werden.

Nicht prüfpflichtige Änderungen gemäß TRBS 1201 und im Sinne von § 10 Abs. 5 BetrSichV sind insbesondere Maßnahmen, die

- der ► „Wartung“ des Arbeitsmittels dienen (siehe auch TRBS 1112) oder
- der ► „Instandhaltung“ des Arbeitsmittels dienen, wenn dabei nur Teile durch identische bzw. baugleiche Teile ausgetauscht werden, welche gegenüber den Originalbauteilen identische Sicherheits- und Betriebsparameter aufweisen.

Weitere Voraussetzungen für nicht prüfpflichtige Änderungen sind, dass die Instandhaltungsmaßnahmen keine Folgewirkungen auf die Sicherheit des Arbeitsmittels haben, die Montage durch fachkundige unterwiesene und beauftragte Personen erfolgt, sowohl die Montage-, Installations- und Aufstellbedingungen als auch die sichere Funktion unverändert bleiben und dass der Arbeitgeber die Verwendung der Ersatzteile und deren ordnungsgemäße Montage und Installation durch geeignete organisatorische Abläufe sicherstellt.

 **Hinweis**

Auch bei nicht prüfpflichtigen Änderungen ist nach Abschluss der Arbeiten insbesondere zu kontrollieren, dass alle Arbeits- und Hilfsmittel entfernt wurden, sich das Arbeitsmittel wieder in einem sicheren Zustand befindet und alle technischen Schutzmaßnahmen wieder vollständig vorhanden und funktionsfähig sind.

2.4.2 Prüfart

Die Prüfarten sind je nach Methode und Verfahren zu unterscheiden in

- Ordnungsprüfungen und
- technische Prüfungen.

Bei Ordnungsprüfungen muss gemäß TRBS 1201 insbesondere festgestellt werden, ob

- die zur Durchführung der ► „Prüfung" erforderlichen Unterlagen vorhanden und schlüssig sind (für Arbeitsmittel reicht nach Maßgabe der Gefährdungsbeurteilung ggf. auch eine Betriebsanweisung, Betriebsanleitung oder Gebrauchsanleitung aus),
- der Prüfgegenstand gemäß dem Ergebnis der ► „Gefährdungsbeurteilung" eingesetzt und verwendet wird,
- die festgelegten organisatorischen Maßnahmen geeignet sind,

- die erforderlichen Prüfparameter, wie z. B. Prüfumfang (► Kap. 2.4.3), Prüffrist (► Kap. 2.4.4) etc., definiert sind,
- die technischen Unterlagen mit der Ausführung übereinstimmen,
- sich die Beschaffenheit des Prüfgegenstands oder die Betriebsbedingungen seit der letzten Prüfung geändert haben und
- die von der Behörde ggf. geforderten Auflagen im Erlaubnis- oder Genehmigungsbescheid eingehalten werden.

Im Rahmen einer technischen Prüfung sind die sicherheitstechnisch relevanten Merkmale eines Prüfgegenstands auf

- Zustand,
- Vorhandensein und
- ggf. Funktionsfähigkeit

am Objekt selbst mit geeigneten Verfahren zu prüfen. Hierzu gehören u. a. folgende Prüfarten:

- äußere oder innere Sichtprüfungen (► „Sichtprüfung")
- ► „Funktionsprüfung" und Wirksamkeitsprüfung der Schutz- und Sicherheitseinrichtungen
- Prüfungen mit Mess- und Prüfmitteln
- labortechnische Untersuchungen
- zerstörungsfreie Prüfungen
- Prüfungen mit datentechnisch verknüpften Messsystemen (z. B. Online-Überwachung)

Die technische Prüfung ist, gegebenenfalls verbunden mit Zerlegung und ordnungsgemäßem Zusammenbau des Arbeitsmittels, durchzuführen. Für die Festlegung der Prüfart sind geeignete Prüfverfahren festzulegen, die den Zweck der Prüfung zuverlässig erfüllen und dem ▶ „Stand der Technik“ entsprechen. Die Prüfaussage der Prüfverfahren muss letztendlich aussagekräftig und nachvollziehbar sein.

2.4.3 Prüfumfang

Der Prüfumfang umfasst nach der Definition in der TRBS 1201 die räumlichen oder funktionellen Grenzen der erforderlichen Prüfungen der Arbeitsmittel. Gemäß § 3 Abs. 6 der Betriebssicherheitsverordnung ist der Umfang durchzuführender Prüfungen so festzulegen, dass der sicherheitstechnische Zustand eines zu überprüfenden Objekts zuverlässig beurteilt werden kann. Demnach umfasst der Prüfumfang sowohl die Auswahl der zu überprüfenden Gegenstände (z. B. Komponenten, Stichproben) als auch die Tiefe der jeweils durchzuführenden ▶ „Prüfung“. Für elektrotechnische Prüfungen ist der notwendige Prüfumfang in den jeweils anzuwendenden Prüfnormen beschrieben.

Der Prüfumfang kann aus einer Kombination verschiedener Prüfarten (▶ Kap. 2.4.2) bestehen und in mehreren aufeinander abgestimmten Teilprüfungen durchgeführt werden, wobei erforderlichenfalls das Zusammenwirken von Teilkomponenten eines Arbeitsmittels (▶ „Arbeitsmittel“) bzw. einer Anlage zu berücksichtigen ist. Für die Festlegung des Prüfumfangs sind gemäß der TRBS 1201 u. a. die folgenden Parameter zu bewerten:

- mögliche Schädigungsmechanismen und Abweichungen vom Soll-Zustand,

- Prüfverfahren, mit denen Abweichungen vom Soll-Zustand erkannt werden können,
- erforderliche Hilfsmittel.

Der Prüfumfang kann sich gemäß TRBS 1201 auch auf Teilprüfungen beschränken, sofern gewährleistet ist, dass das Arbeitsmittel insgesamt sicher verwendet werden kann. So kann z. B. festgelegt sein, dass die elektrotechnischen Komponenten eines Krans in festgelegten Fristen durch eine zur Prüfung befähigte Person mit der Qualifikation einer Elektrofachkraft geprüft werden, wohingegen die mechanischen Komponenten in anderen Fristen durch eine andere zur Prüfung befähigte Person (z. B. Industriemechaniker) geprüft werden.

2.4.4 Prüffristen

Sowohl die Betriebssicherheitsverordnung (BetrSichV) als auch die DGUV Vorschrift 3 bzw. 4 „Elektrische Anlagen und Betriebsmittel" fordern regelmäßige Prüfungen (► „Prüfung") zum Nachweis des Erhalts des sicheren Zustands elektrischer Anlagen (► Elektrische Anlage) und ► „Betriebsmittel". Die Fristen dieser Prüfungen sind so zu bemessen, dass zwischen zwei Prüfungen von einem sicheren Betrieb auszugehen ist. Die DGUV Vorschrift 3 bzw. 4 enthalten Prüffristenempfehlungen für „normale" Betriebs- und Nutzungsbedingungen. Von diesen Empfehlungen kann jedoch abgewichen werden, wenn andere z. B. anhand einer ► „Gefährdungsbeurteilung" oder aufgrund betrieblicher Erfahrungswerte ermittelte Fristen vorliegen, die sich zumeist in einer entsprechend geringen Fehlerquote widerspiegeln.

Neben diesen anpassbaren Prüffristen können ferner aufgrund anderer anzuwendender Rechtsgrundlagen (z. B. Vertragsbedingungen der Sachversicherungsträger, Bauordnungsrecht etc.) festgelegte Prüffristen zu berücksichtigen sein.

Erforderlich i. S. d. TRBS 1201 und § 14 Abs. 2 BetrSichV ist eine Festlegung von Prüffristen für Prüfungen nach § 14 BetrSichV nur für Arbeitsmittel, die Schäden verursachenden Einflüssen unterliegen, die zu Gefährdungen der Beschäftigten führen können.

Für Arbeitsmittel, die während der üblichen Arbeitszeiten betrieben werden (z. B. Ein-schichtbetrieb), betrachtet die TRBS 1201 einen jährlichen Prüfabstand als angemessen. Für elektrische Arbeitsmittel verweist dieses Regelwerk auf die bewährten Prüffristen in den ▶ „Durchführungsanweisungen" zu der DGUV Vorschrift 3 bzw. 4 sowie dem ergänzenden DGUV Regelwerk.

Für die Festlegung von Prüffristen sind gemäß der TRBS 1201 folgende Kriterien relevant:

- Einsatzbedingungen, unter denen das Arbeitsmittel verwendet wird (z. B. Art der Benutzung/Beanspruchung, Häufigkeit und Dauer der Benutzung, Qualifikation der Beschäftigten usw.)
- Herstellerhinweis entsprechend der Betriebsanleitung
- Schädigungsmechanismen und Erfahrungen mit einem eventuellen Ausfallverhalten des Arbeitsmittels
- Unfallgeschehen oder Häufung von Mängeln an vergleichbaren Arbeitsmitteln

Prüffristen für wiederkehrende Prüfungen/Überprüfungen ortsfester elektrischer Anlagen und Betriebsmittel gemäß DGUV Vorschrift 3:

Tabelle 1: *Prüffristen für wiederkehrende Prüfungen/Überprüfungen nach DGUV Vorschrift 3*

Anlage/Betriebsmittel	Prüffrist	Art der Prüfung	Prüfer
Elektrische Anlagen und ortsfeste Betriebsmittel	4 Jahre	auf ordnungsgemäßen Zustand	Elektrofachkraft
Elektrische Anlagen und ortsfeste Betriebsmittel in „Betriebsstätten, Räumen und Anlagen besonderer Art“ (DIN VDE 0100 Gruppe 700)	1 Jahr		
Schutzmaßnahmen mit Fehlerstrom-schutzeinrichtungen in nichtstationären Anlagen	1 Monat	auf Wirksamkeit	Elektrofachkraft oder elektrotechnisch unterwiesene Person bei Verwendung geeigneter Mess- und Prüfgeräte
Fehlerstrom-, Differenzstrom- und Fehlerspannungs-Schalter • in stationären Anlagen • in nichtstationären Anlagen	 6 Monate arbeitstäglich	auf einwandfreie Funktion durch Betätigung der Prüfeinrichtung	Benutzer

Prüffristen für die wiederkehrende Prüfung ortsveränderlicher elektrischer Betriebsmittel gemäß DGUV Vorschrift 3:

Tabelle 2: *Prüffristen für die wiederkehrende Prüfung ortsveränderlicher elektrischer Betriebsmittel gemäß DGUV Vorschrift 3*

Anlage/Betriebsmittel	Prüffrist Richt- und Maximalwerte	Art der Prüfung	Prüfer
Ortsveränderliche elektrische Betriebsmittel (soweit benutzt)	Richtwert 6 Monate, auf Baustellen 3 Monate. Wird bei den Prüfungen eine Fehlerquote < 2 % erreicht, kann die Prüffrist entsprechend verlängert werden. **Maximalwerte:** **Auf Baustellen, in Fertigungsstätten und Werkstätten** oder unter ähnlichen Bedingungen 1 Jahr, in **Büros** oder unter ähnlichen Bedingungen 2 Jahre.	auf ordnungsgemäßen Zustand	Elektrofachkraft, bei Verwendung geeigneter Mess- und Prüfgeräte auch elektrotechnisch unterwiesene Person
Verlängerungs- und Geräteanschlussleitungen mit Steckvorrichtungen			
Anschlussleitungen mit Stecker			
Bewegliche Leitungen mit Stecker und Festanschluss			

Prüffristen für die wiederkehrende Prüfung von Schutz- und Hilfsmitteln und persönlicher Schutzausrüstung gemäß DGUV Vorschrift 3:

Tabelle 3: *Prüffristen für die wiederkehrende Prüfung von Schutz- und Hilfsmitteln und persönlicher Schutzausrüstung gemäß DGUV Vorschrift 3*

Prüfobjekt	Prüffrist	Art der Prüfung	Prüfer
Isolierende Schutzbekleidung (soweit benutzt)	vor jeder Benutzung	auf augenfällige Mängel	Benutzer
	12 Monate 6 Monate für isolierende Handschuhe	auf Einhaltung der in den elektrotechnischen Regeln vorgegebenen Grenzwerte	Elektrofachkraft
Isolierte Werkzeuge, Kabelschneidgeräte; isolierende Schutzvorrichtungen sowie Betätigungs- und Erdungsstangen	vor jeder Benutzung	auf äußerlich erkennbare Schäden und Mängel	Benutzer
Spannungsprüfer, Phasenvergleicher		auf einwandfreie Funktion	
Spannungsprüfer, Phasenvergleicher und Spannungsprüfsysteme (kapazitive Anzeigesysteme) für Nennspannungen über 1 kV	6 Jahre	auf Einhaltung der in den elektrotechnischen Regeln vorgegebenen Grenzwerte	Elektrofachkraft

Im Anhang 3 der TRBS 1201 finden sich für einige ► „Arbeitsmittel“ nach Anhang 3 BetrSichV (Krane, Flüssiggasanlagen, maschinentechnische Arbeitsmittel der Veranstaltungstechnik) Festlegungen zu Art und Umfang der erforderlichen Prüfungen. Im Anhang 4 der TRBS werden zudem bewährte Prüffristen, Prüfumfänge sowie Anforderungen an die prüfende Person für die Durchführung von wiederkehrenden Prüfungen bzw. Überprüfungen ausgewählter Arbeitsmittel dargestellt. Die nachfolgende Tabelle enthält Auszüge der Empfehlungen im o. g. Anhang für elektrische Arbeitsmittel oder solche mit elektrotechnischem Bezug; die Tabelle im Anhang 4 der TRBS 1201 führt noch weitere Arbeitsmittel auf, die möglicherweise mit zu prüfenden elektrischen Komponenten ausgestattet sind

***Tabelle 4:** Prüfungen vor Inbetriebnahme und bewährte Prüffristen für wiederkehrende Prüfungen/Überprüfungen (Quelle: TRBS 1201, Anhang 4, Auszug)*

Arbeitsmittel	Prüffrist	Prüfumfang
[...]	[...]	[...]
Bügelmaschine, Bügelpressen und Fixierpressen, bei denen im Arbeitsablauf wiederkehrend in den Gefahrbereich gegriffen werden muss	1 mal alle 6 Monate 1 mal pro Jahr	Wirksamkeit der Not-Befehlseinrichtungen, bei Zweihandschaltungen und Schutzeinrichtungen mit Annäherungsfunktion: Nachlaufweg beachten Schutzeinrichtungen, Steuerungen und Antrieb
Druckmaschinen und Maschinen der Papierverarbeitung (bei denen regelmäßig zwischen Werkzeugteile gegriffen werden muss) z. B. Planschneidemaschinen, halbautomatische Siebdruckmaschinen, Etikettenstanzen	alle 3 Jahre alle 5 Jahre	Prüfung nach den geltenden elektrotechnischen Regeln, wenn sicherheitsbezogene Steuerung nicht redundant und ohne Fehlererkennung ist (i. d. R. Baujahr vor 1988), wenn weitergehende sicherheitstechnische Maßnahmen getroffen sind. Prüfung nach den geltenden elektrotechnischen Regeln, wenn sicherheitsbezogene Steuerung redundant und mit Fehlererkennung ist („sichere" Steuerung).
[...]	[...]	[...]
Hebebühnen	1 mal pro Jahr	Zustand der Bauteile und Einrichtungen, Vollständigkeit und Wirksamkeit der Notbefehls- und Schutzeinrichtungen

Tabelle 4: *Prüfungen vor Inbetriebnahme und bewährte Prüffristen für wiederkehrende Prüfungen/Überprüfungen (Quelle: TRBS 1201, Anhang 4, Auszug)*

Arbeitsmittel	Prüffrist	Prüfumfang
[...]	[...]	[...]
Hubarbeitsbühnen und Teleskoplader/-stapler (Telehandler)	1 mal pro Jahr	Zustand der Bauteile und Einrichtungen, Vollständigkeit und Wirksamkeit der Notbefehls-und Schutzeinrichtungen
Leder- und Schuhpressen, Leder -und Schuhstanzen, Textilstanzen , bei denen im Arbeitsablauf wiederkehrend in den Gefahrenbereich gegriffen werden muss	1 mal pro Jahr	Handschutz, Steuerung, Antrieb
	alle 6 Monate	Wirksamkeit der Notbefehlseinrichtungen bei Zweihandschaltungen, Sicherheitshub oder Schutzeinrichtung mit Annäherungsreaktion: Reaktions- und Nachlaufzeit der Maschine sowie Sicherheitsabstand
[...]	[...]	[...]

Tabelle 4: *Prüfungen vor Inbetriebnahme und bewährte Prüffristen für wiederkehrende Prüfungen/Überprüfungen (Quelle: TRBS 1201, Anhang 4, Auszug)*

Arbeitsmittel	Prüffrist	Prüfumfang
Pressen der Metallbe- und -verarbeitung, bei denen im Arbeitsablauf wiederkehrend in den Gefahrenbereich gegriffen werden muss	1 mal pro Jahr	Zustand der Bauteile und Einrichtungen, Vollständigkeit und Wirksamkeit der Notbefehls- und Schutzeinrichtungen wie z. B. Handschutz, Steuerung, Antrieb bei Not-Befehlseinrichtungen Reaktions- und Nachlaufzeit der Maschine Die Prüfvorgaben des Herstellers sind hierbei zu berücksichtigen.

 **Hinweis**

- In den Durchführungsanweisungen der für Betriebe des öffentlichen Dienstes geltenden DGUV Vorschrift 4 sind für Tabelle 1B geringfügig andere Prüffristenempfehlungen veröffentlicht. Die zum Zeitpunkt der Drucklegung dieses Werks noch in Erarbeitung befindliche neue DGUV Regel 103-011 „Elektrische Anlagen und Betriebsmittel“ wird für beide DGUV Vorschriften gleiche Prüffristenempfehlungen enthalten.
- Bei den vorausgegangenen Werten handelt es sich um Richtwerte. Maßgeblich für die Ermittlung der Prüffristen ist immer die nach Betriebssicherheitsverordnung geforderte Gefährdungsanalyse, orientiert an den jeweiligen betrieblichen Gegebenheiten. Demnach können ausgehend von dem Ergebnis der Gefährdungsanalyse sowie der durchgeführten Prüfungen, abweichende (verlängerte oder verkürzte) Prüffristen ermittelt werden. Die TRBS 1201 empfiehlt zudem im Abschn. 6.1, die Fehlerquote oder die festgelegten Toleranzwerte für Abweichungen vom Soll-Zustand als Maß für die ausreichende Bemessung von Prüffristen heranzuziehen.

2.4.5 Auswahl des Prüfpersonals

Für die Durchführung der Prüfungen (► „Prüfung“) hat der Arbeitgeber die notwendigen Voraussetzungen zu ermitteln und festzulegen, welche die Personen erfüllen müssen, die von ihm mit der Prüfung oder Erprobung von Arbeitsmitteln (► „Arbeitsmittel“) zu beauftragen sind. Diese Auswahlverantwortung ergibt sich aus § 3 Abs. 6 der BetrSichV.

Auf die genaueren Qualifikationsanforderungen an die für die Prüfung verantwortlichen Personen wird in den nachfolgenden Kapiteln eingegangen (► Kap. 2.5).

2.5 Qualifikationsanforderungen an den Prüfer

Die wichtigsten Anforderungen an die für das Prüfen elektrischer Anlagen (► „Elektrische Anlage“) und ► „Betriebsmittel“ verantwortlichen Personen sind in nachfolgenden Rechtsvorschriften enthalten:

- BetrSichV
- TRBS 1201 und TRBS 1203
- DGUV Vorschrift 3
- DIN VDE 1000-10 „Anforderungen an die im Bereich der Elektrotechnik tätigen Personen“.

Demnach dürfen ► elektrotechnische Arbeiten grundsätzlich nur durch Elektrofachkräfte (► Kap. 2.5.2) oder unter deren Leitung und Aufsicht durch elektrotechnisch unterwiesene Personen (► Kap. 2.5.5) ausgeführt werden.

Im Folgenden werden die unterschiedlichen, im Bereich der ► „Prüfung“ tätigen Personen mit ihren jeweiligen Qualifikationen beschrieben.

2.5.1 Zur Prüfung befähigte Person

Die erforderliche Qualifikation einer zur Prüfung befähigten Person (kurz: befähigte Person) richtet sich nach der Schwierigkeit und Komplexität der Prüfaufgabe und muss entsprechend angemessen sein, sodass die Prüfung sachgerecht durchgeführt werden kann. In Abhängigkeit von der Prüfaufgabe (z. B. Prüfumfang, Prüfanlass, Nutzung bestimmter Messgeräte) können die Anforderungen an die Befähigung variieren.

Die zur Prüfung befähigte Person für die Prüfung von Arbeitsmitteln mit elektrischen Komponenten muss so ausgewählt und qualifiziert sein, dass sie die ihr übertragenen Prüfaufgaben

- nach dem Stand der Technik und
- mit dem entsprechenden Prüfumfang

zuverlässig und sorgfältig durchführt.

Insbesondere muss sie

- Abweichungen des Ist-Zustands vom Soll-Zustand erkennen, bewerten und das Ergebnis der Prüfung dokumentieren können,
- die bei der vorgesehenen Verwendung des Arbeitsmittels auftretenden Gefährdungen beurteilen können,
- Art und Umfang der erforderlichen Prüfungen kennen, die in der Gefährdungsbeurteilung festgelegt wurden,
- beurteilen können, ob die vorgesehenen Prüfverfahren für die Prüfaufgabe geeignet sind,
- die Prüfverfahren anwenden können

- alle Schutzmaßnahmen, die zur sicheren Durchführung der Prüfung erforderlich sind, kennen.

Die Anforderungen an eine zur Prüfung befähigte Person für die ► „Prüfung" elektrischer ► Arbeitsmittel bzw. Arbeitsmittel mit elektrischen Komponenten erfüllt, wer als Elektrofachkraft (► Kap. 2.5.2) gem. § 2 Abs. 6 BetrSichV und TRBS 1203 „Zur Prüfung befähigte Personen" über folgende Qualifikationen verfügt:

- eine für die vorgesehene Prüfaufgabe adäquate technische Berufsausbildung (eine abgeschlossene elektrotechnische Berufsausbildung, ein abgeschlossenes Studium der Elektrotechnik oder eine vergleichbare, für die vorgesehene Prüfaufgabe ausreichende elektrotechnische Qualifikation)
- eine mindestens einjährige praktische Berufserfahrung mit der Errichtung, dem Zusammenbau oder der ► „Instandhaltung" von elektrischen Arbeitsmitteln bzw. Arbeitsmitteln mit elektrischen Komponenten oder Anlagen
- eine zeitnahe, im Zusammenhang mit der Durchführung von Prüfungen stehende berufliche Tätigkeit, z. B. Reparatur-, Service- und Wartungsarbeiten an elektrischen Arbeitsmitteln mit anschließender Prüfung sowie regelmäßige Prüftätigkeit an elektrischen Arbeitsmitteln. Neben der praktischen Erfahrung muss auch eine Aktualisierung der elektrotechnischen Fachkenntnisse (z. B. durch Teilnahme an Schulungen oder einschlägigem Erfahrungsaustausch) nachgewiesen werden können. Beides kann auch innerbetrieblich erfolgen, wenn die erforderliche Fachkunde im Unternehmen zur Verfügung steht.

In der Praxis wird häufig unterstellt, dass eine abgeschlossene elektrotechnische Ausbildung direkt zur Durchführung der Prüfung elektrischer Arbeitsmittel berechtigt. Dies ist allerdings insofern falsch, als gem. § 14 der Betriebssicherheitsverordnung nur solche Personen prüfberechtigt sind, welche die zuvor genannten Anforderungen tatsächlich erfüllen (hierzu siehe auch ► Kap. 2.2.2). Zur Prüfung befähigte Personen können erst dann durch den Arbeitgeber bestellt werden, nachdem er geprüft hat, dass die beschriebenen Formalqualifikationen erfüllt sind. Die notwendige Prüferfahrung wird nicht zwangsläufig durch die Berufsausbildung und irgendeine berufliche Tätigkeit erworben.

Typische Prüfaufgaben, die eine Befähigung gemäß BetrSichV/ TRBS 1203 erfordern, sind u. a.:

- Prüfung der ordnungsgemäßen Montage und sicheren Funktion von Arbeitsmitteln, deren Sicherheit von den Montagebedingungen abhängt, nach der Montage und vor der ersten ► „Inbetriebnahme" sowie nach jeder Montage auf einer neuen Baustelle oder an einem neuen Standort
- Prüfung von Arbeitsmitteln, die Schäden verursachenden Einflüssen (z. B. Unfälle, Veränderungen an den Arbeitsmitteln, längere Zeiträume der Nichtbenutzung der Arbeitsmittel, Naturereignisse) unterliegen
- Prüfung von Arbeitsmitteln nach Änderungs- und Instandsetzungsarbeiten, welche die Sicherheit der Arbeitsmittel beeinträchtigen können

Die zur Prüfung befähigte Person ist nicht mit der sog. Verantwortlichen Elektrofachkraft (► Kap. 2.5.4) gleichzusetzen und nicht mit dieser zu verwechseln.

Der Begriff „zur Prüfung befähigte Person“ tritt in der Betriebssicherheitsverordnung nur im Zusammenhang mit der Prüfung von Arbeitsmitteln und überwachungsbedürftigen Anlagen auf.

2.5.2 Elektrofachkraft

Als Elektrofachkraft i. S. d. § 2 Abs. 3 der DGUV Vorschrift 3 „Elektrische Anlagen und Betriebsmittel“ gilt, wer aufgrund seiner fachlichen Ausbildung, Kenntnisse und Erfahrungen sowie Kenntnis der einschlägigen Bestimmungen die ihm übertragenen Arbeiten beurteilen und mögliche Gefahren erkennen kann.

Die fachliche Qualifikation als Elektrofachkraft wird im Regelfall durch den erfolgreichen Abschluss einer Ausbildung, z. B. als Elektroingenieur, Elektrotechniker, Elektromeister, Elektrofacharbeiter oder -geselle, nachgewiesen. Der Begriff „Elektrofachkraft“ stellt somit einen Oberbegriff für die Summe der elektrotechnischen Berufe dar.

Neben dem „klassischen“ Weg der elektrotechnischen Berufsausbildung kann der Status einer Elektrofachkraft aber auch durch eine mehrjährige Tätigkeit mit Ausbildung in Theorie und Praxis nach einer erfolgten Überprüfung durch eine Elektrofachkraft erworben werden. Der Nachweis ist zu dokumentieren.

Zum Erhalt und Ausbau der Fachkunde ist jede Elektrofachkraft verpflichtet, ihren Kenntnis- und Erfahrungsstand durch regelmäßige Weiterbildung (z. B. Teilnahme an Schulungen) zu aktualisieren und diesen ihrem eigenen Tätigkeitsprofil anzupassen.

Der Unterschied gegenüber der zur Prüfung befähigten Person (► Kap. 2.5.1) gem. § 14 der Betriebssicherheitsverordnung besteht darin, dass eine zur Prüfung befähigte Person lediglich als Prüfer von Arbeitsmitteln und ggf. von überwachungsbedürftigen Anlagen definiert ist, eine Elektrofachkraft nach § 2 Abs. 3 der DGUV Vorschrift 3 darüber hinaus jedoch sowohl elektrische Anlagen (► „Elektrische Anlage") als auch elektrische ► „Betriebsmittel" errichten, ändern, betreiben und instand halten darf. Sofern keine überwachungsbedürftigen Anlagen oder Arbeitsmittel nach Anhang 3 BetrSichV geprüft werden, ist für die Durchführung der Prüfungen an elektrischen Anlagen eine Elektrofachkraft mit der entsprechenden Prüferfahrung zu bestellen.

2.5.3 Elektrofachkraft für festgelegte Tätigkeiten

Durch eine Qualifizierung zur „Elektrofachkraft für festgelegte Tätigkeiten" (EFKffT) können Personen aus nichtelektrotechnischen Berufen dazu befähigt werden, bestimmte ► „elektrotechnische Arbeiten" in eigener Fachverantwortung durchzuführen.

Kennzeichnend für eine EFKffT ist, dass sie nur gleichartige, sich wiederholende elektrotechnische Arbeiten (= festgelegte Tätigkeiten) ausführen darf, für die eine Ausbildung in Theorie und Praxis mit einer abschließenden Überprüfung durch eine Elektrofachkraft (= entsprechend qualifizierte Person bzw. Ausbildungsstätte) nachweisbar ist. Weiterhin sind diese Tätigkeiten gemäß der ► „Durchführungsanweisungen" zu § 2 Abs. 3 der

DGUV Vorschrift 3 vom Arbeitgeber in einer Arbeitsanweisung festzulegen.

Die Rahmenbedingungen für die Ausbildung sind in dem DGUV Grundsatz 303-001 beschrieben, welcher die Ausbildungskriterien für festgelegte Tätigkeiten im Sinne der Durchführungsanleitung zur DGUV-Vorschrift „Elektrische Anlagen und Betriebsmittel" (DGUV Vorschrift 3 bzw. 4) präzisiert.

Die fachliche Qualifikation elektrotechnischer Laien als EFKffT erfolgt durch eine Ausbildung in Theorie und Praxis in den für die Tätigkeit infrage kommenden Aufgaben durch qualifizierte Personen bzw. Ausbildungsstätten und umfasst mindestens 80 Stunden. Die Eignung muss durch eine Überprüfung nachgewiesen werden.

Aufgrund der gegenüber voll ausgebildeten Elektrofachkräften (► Kap. 2.5.2) wesentlich eingeschränkteren Kenntnisse und Erfahrungen ist es in der Praxis faktisch ausgeschlossen, dass eine EFKffT elektrische Anlagen bzw. komplexe Maschinen eigenverantwortlich prüfen kann oder mit der Wahrnehmung der Fach- und Führungsverantwortung gegenüber elektrotechnisch unterwiesenen Personen (► Kap. 2.5.5) betraut werden kann. EFKffT sind in der Regel so ausgebildet, dass sie die Wirksamkeit der elektrotechnischen Schutzmaßnahmen in Bezug auf ihre jeweilige Tätigkeit überprüfen können (z. B. Anschluss des Schutzleiters), allerdings können sie nicht eigenverantwortlich die Gesamtprüfung einer elektrischen Anlage durchführen. Sie können ebenso wie elektrotechnisch unterwiesene Personen (► Kap. 2.4.5) die Elektrofachkraft bei der Prüfung elektrischer Anlagen auf Anweisung unterstützen.

Ortsveränderliche elektrische Arbeitsmittel können ggf. durch EFKffT eigenverantwortlich überprüft werden, sofern die ▶ „Prüfung“ in der Ausbildung vermittelt und eine Arbeitsanweisung für die Durchführung der Prüfung verfasst wurde. Von diesen Vorgaben abweichend zu prüfende Arbeitsmittel können jedoch von EFKffT nicht in eigener Fachverantwortung geprüft werden.

2.5.4 Verantwortliche Elektrofachkraft

Die Norm DIN VDE 1000-10 unterscheidet zwischen Elektrofachkraft sowie Verantwortlicher Elektrofachkraft und definiert in den Abschnitten 3.1 und 3.2 genauer deren jeweilige Kompetenzen und Verantwortungen.

Verantwortliche Elektrofachkraft ist demnach, wer als Elektrofachkraft (▶ Kap. 2.5.2) die Fach- und Führungsverantwortung übernimmt und vom Unternehmer hierfür schriftlich bestellt/beauftragt ist.

Neben der fachlichen und persönlichen Eignung ist für die verantwortliche fachliche Leitung eines elektrotechnischen Betriebs oder Betriebsteils mindestens eine der folgenden Qualifikationen erforderlich und nachzuweisen:

- Ausbildung als Techniker, Meister oder Ingenieur sowie Bachelor oder Meister im Bereich der Elektrotechnik
- zeitnaher Einsatz im zu verantwortenden Bereich der Elektrotechnik
- vertiefte Kenntnisse der aktuellen Normen, Vorschriften und Gesetze

Die Bestellung einer Verantwortlichen Elektrofachkraft ist erforderlich, wenn der Unternehmer bzw. seine Führungskräfte nicht bereits kraft ihrer Position und Fachkenntnis Verantwortliche Elektrofachkräfte sind und dadurch diesen Teil ihrer Unternehmerpflichten im elektrotechnischen Betrieb bzw. Betriebsteil nicht wahrnehmen können (DIN VDE 1000-10, Abschnitt 6).

Für die Fach- und Aufsichtsverantwortung in einem bestimmten, zugewiesenen Bereich kann u. U. auch schon eine abgeschlossene elektrotechnische Ausbildung mit Kenntnissen der aktuellen Normen und Erfahrung im jeweiligen Einsatzgebiet als Grundqualifikation ausreichend sein.

2.5.5 Elektrotechnisch unterwiesene Person

Als elektrotechnisch unterwiesene Person (EuP) gilt, wer durch eine Elektrofachkraft (► Kap. 2.5.2) über die ihr übertragenen Aufgaben und möglichen Gefahren bei unsachgemäßem Verhalten unterrichtet und erforderlichenfalls angelernt sowie über die notwendigen ► „Schutzeinrichtungen“ und ► „Schutzmaßnahmen“ unterwiesen wurde.

Elektrotechnisch unterwiesene Personen gelten nicht als zur Prüfung befähigte Personen i. S. d. Betriebssicherheitsverordnung (► Kap. 2.5.1). Entsprechend sind sie bei der Arbeitsvorbereitung und Durchführung von Prüfungen (► „Prüfung“) nur unter Leitung und Aufsicht einer zur Prüfung befähigten Person mit der Qualifikation als Elektrofachkraft befugt, die ihnen übertragenen Aufgaben durchzuführen.

Typische Aufgaben, die einer elektrotechnisch unterwiesenen Person nach Unterweisung übertragen werden können, sind u. a.:

- Sichtkontrollen an Arbeitsmitteln (▶ „Arbeitsmittel“) und Arbeitsplätzen
- Sichtkontrollen an Schaltschränken und Unterverteilungen bei gegebenem Berührungsschutz
- Funktionskontrolle an Bedienelementen und Sicherheitseinrichtungen
- Fehlersuche in beschränktem Umfang
- Unterstützung der befähigten Person bei der Prüfung einfacher ortsveränderlicher elektrischer Arbeitsmittel (▶ „Ortsveränderliche elektrische Arbeitsmittel“, z. B. Kaffeemaschinen, Verlängerungsleitungen, Bohrmaschinen etc.). Voraussetzung hierfür ist, dass die EuP im Prüfteam unter der fachlichen Leitung und Aufsicht einer zur Prüfung befähigten Person mit der Qualifikation als Elektrofachkraft tätig wird und dass ein geeignetes Prüfgerät verwendet wird.

Geeignet sind Prüfgeräte mit Messdatenanzeige und -dokumentation sowie Ja-/Nein-Aussage, die bedienungssicher sind und/oder den Prüfablauf beim Nichtbestehen einer Teilprüfung abbrechen.

Da die Auswertung der von einer elektrotechnisch unterwiesenen Person gelieferten Prüfergebnisse der zur Prüfung befähigten Person bzw. der Elektrofachkraft obliegt, sollte zusätzlich darauf geachtet werden, dass eine Protokollierung der Messwerte erfolgt.

Für die Nutzung durch elektrotechnisch unterwiesene Personen sind deshalb insbesondere über Prüf- und Dokumentationssoftware gesteuerte Prüfgeräte besonders geeignet, da durch sie sichergestellt werden kann, dass für jedes zu prüfende Arbeitsmittel der jeweilige Prüfablauf durch die zur Prüfung befähigte Person/Elektrofachkraft vorgegeben wird und für jedes geprüfte Arbeitsmittel ggf. eine nachträgliche Bewertung aufgrund der Messwerte erfolgen kann.

Bei Unklarheiten muss jederzeit gewährleistet sein, dass die elektrotechnisch unterwiesene Person Rückfragen an die aufsichtführende zur Prüfung befähigte Person bzw. Elektrofachkraft stellen kann.

2.6 Gefährdungen und Schutzmaßnahmen bei Prüfungen

2.6.1 Rechtliche Vorgaben

Die Deregulierung des staatlichen und berufsgenossenschaftlichen Vorschriftenwerks brachte es mit sich, dass die Ableitung konkreter ► „Schutzmaßnahmen“ inzwischen in weiten Teilen auf die Unternehmen selbst übergegangen ist. Die ► „Gefährdungsbeurteilung“ ist somit sowohl für die Unternehmen als auch für die überwachenden Arbeitsschutzbehörden zum zentralen Instrument des Arbeits- und Gesundheitsschutzes geworden.

Hinsichtlich der konstruktiven Sicherheit von Maschinen (► „Maschine“) verpflichtet der Gesetzgeber zunächst die Hersteller, bei der Projektierung ihrer Maschinen hohe Qualitäts- und Sicherheitsstandards einzuhalten und im Produktionsprozess entsprechende Risikobeurteilungen (► „Risikobeurteilung“) gemäß der EG-Maschinenrichtlinie durchzuführen. Beim späteren Betrieb der Maschinen trägt der ► „Betreiber“ (i. d. R. der Arbeitgeber) die Verantwortung dafür, dass diese für die jeweilige Arbeit tatsächlich geeignet sind.

Grundsätzlich hat er sicherzustellen, dass Maschinen nur entsprechend den durch den Hersteller in der ► „Betriebsanleitung“ für die sichere Verwendung spezifizierten Angaben eingesetzt werden. Die in der Betriebsanleitung enthaltenen Herstellerhinweise für den sicheren Maschinenbetrieb sind in entsprechende arbeitsorganisatorische Maßnahmen umzusetzen, welche wiederum z. B. als Betriebsanweisung von den Beschäftigten zu befolgen sind.

Dem Maschinenbetreiber obliegt zudem auch die Pflicht,

- darüber hinausgehende unternehmensspezifische Gefährdungssituationen am Arbeitsplatz zu ermitteln,
- auf Grundlage der gewonnenen Informationen Maßnahmen zum Arbeitsschutz sowie zum sicheren und gesundheitsgerechten Maschinenbetrieb festzulegen und
- die Einhaltung dieser Maßnahmen organisatorisch sicherzustellen.

Das Ziel der durch den Betreiber durchzuführenden Gefährdungsbeurteilung ist es demnach nicht, die Inhalte der bereits durch den Hersteller durchgeführten Risikobeurteilung zu wiederholen, sondern diese durch Berücksichtigung folgender Aspekte zu ergänzen (und hierzu u. U. auch entsprechende Rückmeldung an den Hersteller zu geben):

- das Zusammenwirken von Beschäftigten, Maschine und betrieblichem Umfeld
- betriebs- und unternehmensspezifische Gegebenheiten und ► „Gefährdungen“
- von dem „direkten“ Umfeld der Maschine ausgehende Gefährdungen

Die Gefährdungsbeurteilung sollte von den Unternehmen jedoch nicht nur als Bürde, sondern auch als Chance verstanden werden, da sie ihnen die Möglichkeit bietet, sowohl schnell auf geänderte Gegebenheiten reagieren zu können als auch auf die eigene betriebliche Situation „maßgeschneiderte“ Lösungen in eigener Verantwortung abzuleiten.

Da durch die Deregulierung auch für die Arbeitsschutzbehörden die bisherigen konkret formulierten Vorgaben weggefallen sind, führen diese im Rahmen ihrer Aufsichtstätigkeit Plausibilitätsprüfungen durch, anhand derer sie erkennen können, ob die Gefährdungsbeurteilungen ordnungsgemäß durchgeführt wurden.

Deshalb sind bei der Erstellung von Gefährdungsbeurteilungen die nachfolgenden Prozessschritte zu beachten:

Vorbereitung

Die Vorbereitung einer Gefährdungsbeurteilung umfasst u. a. die Abgrenzung des zu betrachtenden Arbeitssystems, das Sammeln von Informationen, das Einbeziehen von Verantwortlichen und Beteiligten sowie die Ableitung von Zielen.

Sofern nicht stationär geprüft werden kann, ist die Abgrenzung des Arbeitssystems schwierig. Die Gefährdungsbeurteilung sollte sich dann eher auf die Prüftätigkeit selbst konzentrieren, während die Gefährdungen durch die Arbeitsumgebungsbedingungen (Lärm, Gefahrstoffe, Konflikte, Körperhaltung etc.) separat zu betrachten sind (z. B. „Arbeit in Lärmbereichen", „Tätigkeiten in ungünstiger Körperhaltung"). Dieser modulartige Aufbau bietet den Vorteil, dass die für solche Bereiche festgestellten Gefährdungen und Schutzmaßnahmen auch leicht für die Gefährdungsbeurteilung weiterer, anders gearteter Tätigkeiten genutzt werden können. Unter Berücksichtigung der bekannten, an den Prüfplätzen vorhandenen Gefährdungen empfiehlt es sich dann, dem Prüfer Anweisungen zu geben, wie er gesundheitliche Beeinträchtigungen vermeiden kann (► Kap. 2.6.3).

Informationen, die einen möglichst ganzheitlichen Betrachtungsansatz ermöglichen sollen, können aus staatlichen und berufsgenossenschaftlichen Vorschriften, Regeln und Informationen, Normen, Meldungen zum Unfall- oder Beinahunfallgeschehen, Informationen der Beschäftigten und vielen anderen Quellen bestehen.

In die Erstellung der Gefährdungsbeurteilungen sind mindestens folgende Personen einzubeziehen:

- der Prüfer selbst (aufgrund seiner Kenntnisse und Erfahrungen im Prüfgeschäft)
- die Fachkraft für Arbeitssicherheit sowie ggf. der Betriebsarzt (als Berater mit vertieften Kenntnissen im Arbeitsschutz)
- der Arbeitgeber bzw. die verantwortliche Führungskraft (als Adressat der Vorschriften und Verantwortlicher für den Arbeits- und Gesundheitsschutz)

- die weiteren Führungskräfte (da sie den möglichst reibungslosen Ablauf der Prüfungen in ihrem Verantwortungsbereich zu gewährleisten haben)
- die Beschäftigten, da sie als Verwender der Maschinen und Arbeitsmittel über praktische Erfahrungen verfügen und somit wichtige Hinweise zu Gefährdungen und Belastungen geben können
- ggf. der Betriebsrat/die Personalvertretung aufgrund ihres Mitwirkungs- und Mitbestimmungsrechts

Das nächstliegende Ziel einer Gefährdungsbeurteilung ist natürlich das Feststellen von Gefährdungen sowie die Ableitung von Schutzmaßnahmen. Darüber hinaus können aber auch in einem Arbeitsgang Qualifikationsanforderungen an einen Prüfer sowie Arten, Umfänge und Fristen erforderlicher Prüfungen, Abgrenzungen der Aufgabenbereiche („Wer prüft was?") sowie ggf. auch die an ein geeignetes Prüfgerät zu stellenden Anforderungen gleich mit abgeleitet werden, sofern diese Ziele im Rahmen der Vorbereitung gesetzt worden sind.

Ermittlung

Insbesondere, wenn noch keine Erfahrungswerte hinsichtlich der Durchführung von Gefährdungsbeurteilungen vorliegen, besteht bei der Ermittlung von Gefährdungen das Risiko, dass nur die offensichtlichen Gefährdungen erfasst werden (z. B. Gefahr des elektrischen Schlags) und die weniger offensichtlichen Gefährdungen (z. B. Konflikte mit Beschäftigten aufgrund der als Störung empfundenen Prüftätigkeit) „unter den Tisch fallen".

Es empfiehlt sich deshalb, sich an Gefährdungskatalogen zu orientieren und diese Schritt für Schritt mit den eigenen betrieblichen Bedingungen abzugleichen (▶ Kap. 2.6.2).

Bewertung

Das Gefährdungspotential ergibt sich aus der Abwägung von der Eintrittswahrscheinlichkeit („ausgeschlossen“ bis „hohe Eintrittswahrscheinlichkeit“) und der Folgenschwere („keine Folgen“ bis „schwerer bleibender Gesundheitsschaden bzw. Tod“). Ziel ist es, Gefährdungen nach Möglichkeit ganz auszuschließen. Ist dies nicht möglich, muss das Risiko unter Anwendung von Schutzmaßnahmen beherrschbar sein.

Eine Hilfestellung für die Bewertung stellt die nachfolgend dargestellte Risikomatrix (in Anlehnung an Nohl) dar.

Folgenschwere / Eintrittswahrscheinlichkeit	keine Folgen (k.F.)	Bagatellfolgen (B.f.)	Verletzungs-/ Erkrankungsfolgen (V.f/E.f.)	leichter bleibender Gesundheitsschaden (l.b.G)	schwerer bleibender Gesundheitsschaden (s.b.G)
nicht vorstellbar (n.v.)	0	0	0	1	1
äußerst gering (ä.g.)	0	0	1	3	4
vorstellbar (v.)	0	1	2	5	7
sehr hoch (s.h.)	0	1	3	7	10

Bild 4: *Risikomatrix nach Nohl (Quelle: R. Rottmann)*

Unter „keine Folgen“ können solche Unfälle eingeordnet werden, bei denen nach der Wundversorgung die Weiterarbeit möglich ist (z. B. bei einer oberflächlichen Schnittverletzung).

Bezüglich der Bewertung, ob ein vorübergehender Gesundheitsschaden als „leicht“ (Bagatellverletzung) oder als „mittel“ (Verletzungs-/Erkrankungsfolgen) einzuschätzen ist, empfiehlt sich die Orientierung an den Regelungen für meldepflichtige Arbeitsunfälle (Arbeitsunfähigkeit unter bzw. über drei Tage).

Analog kann die Unterscheidung zwischen bleibenden und schweren bleibenden Gesundheitsschäden danach getroffen werden, ob mit der Entstehung einer Berufskrankheit oder einer Minderung der Erwerbsfähigkeit von mehr als 20 % (= Bemessungsgrenze für die Gewährung von Erwerbsminderungsrenten durch den Unfallversicherungsträger) beim Eintritt des Gesundheitsschadens zu rechnen ist.

Der Punktwert „0“ entspricht somit dem alltäglichen Lebensrisiko, sodass im Allgemeinen keine weiteren Maßnahmen nötig sind.

Für sehr niedrige Punktwerte („1–2“) können einfache Schutzmaßnahmen, z. B. Hinweise oder Unterweisung, ausreichend sein.

Mit steigendem Punktwert steigen auch die Anforderungen an die Güte der Schutzmaßnahmen. Der höchste Punktwert stellt dabei i. d. R. ein Risiko dar, bei dem auch unter Anwendung von Schutzmaßnahmen keine ausreichende Sicherheit mehr gewährleistet werden kann: Die Gefahren sind an ihrer Quelle zu beseitigen (z. B. Freischaltung einer Schaltanlage zu Wartungszwecken).

Ableitung von Maßnahmen

Sofern Gefährdungen nicht von vornherein ausgeschlossen werden können, sind die Schutzmaßnahmen i. S. d. TOP-Hierarchie auszuwählen: Technische Maßnahmen haben Vorrang vor organisatorischen Maßnahmen, und diese wiederum sind vorrangig vor personenbezogenen Maßnahmen anzuwenden.

Zu den technischen Schutzmaßnahmen zählen z. B. Fehlerstromschutzschalter, Lichtschranken u. Ä. Durch organisatorische Schutzmaßnahmen wird versucht, Mensch und Gefahrenstelle zu trennen (z. B. durch einzuhaltende Abstände, Arbeitszeitbegrenzungen u. Ä.). Personenbezogene Maßnahmen (wie z. B. Helme, Gehörschutz, Hinweisschilder, Arbeitsanweisungen etc.) sind nachrangig anzuwenden, da ihre Wirksamkeit davon abhängig ist, dass sie auch tatsächlich angewendet werden.

Wirksamkeitskontrolle und Dokumentation

Den vorläufigen Abschluss der Gefährdungsbeurteilung bilden die Wirksamkeitskontrolle und Dokumentation. Wird im Rahmen der ► „Kontrolle“ festgestellt, dass die gewählten Maßnahmen nicht ausreichend bzw. nicht wirksam sind (z. B. nicht akzeptierte persönliche Schutzausrüstungen), oder treten Änderungen im betrachteten Arbeitssystem auf, ist die Gefährdungsbeurteilung zu überarbeiten. In der Dokumentation sollte vermerkt werden, wer bis wann welche Maßnahmen durchzuführen hat und wer bis zu welchem Datum die Wirksamkeitskontrolle durchführt. Die Gefährdungsbeurteilung ist gem. § 3 Abs. 7 BetrSichV regelmäßig zu überprüfen. Ergibt die Überprüfung der Gefährdungsbeurteilung, dass keine Aktualisierung erforderlich ist, so hat der Arbeitgeber dies unter Angabe des Datums der Überprüfung in der Dokumentation nach Abs. 8 zu vermerken.

2.6.2 Typische Gefährdungen und Schutzmaßnahmen im Rahmen der Prüftätigkeit

Nachfolgend werden einige nach der vorstehend beschriebenen Vorgehensweise ermittelte und im Rahmen der Prüftätigkeit typischerweise auftretende ► „Gefährdungen" beschrieben sowie mögliche ► „Schutzmaßnahmen" vorgeschlagen. Diese Auflistung kann jedoch keinesfalls als abschließend betrachtet werden, sondern stellt lediglich eine sensibilisierende Handlungsempfehlung für typische im Zusammenhang mit der Maschinenprüfung auftretende Gefährdungen dar.

Mechanische Gefährdungen

 **Beispiele**

ungeschützt bewegte Maschinenteile; Teile mit gefährlichen Oberflächen; bewegte Transport- und Arbeitsmittel; unkontrolliert bewegte Teile; Sturz, Ausrutschen, Stolpern, Umknicken; Absturz

Arbeiten an Maschinen (► „Maschine") bergen die Gefahr, dass sich die Bedienenden durch Unkenntnis verletzen.

Die häufigsten mechanischen Gefahrstellen sind:

- Einzugsstellen (z. B. Walzen oder Zylinder)
- Quetschstellen (z. B. Anpressbalken)
- Schneidstellen (z. B. Messer)
- Stoßstellen (z. B. durch bewegte Teile)

Unkontrolliert bewegte oder sich selbstständig bewegende Teile können dazu führen, dass Beschäftigte zwischen Maschinenteilen oder Werkzeugen gequetscht oder von rotierenden Teilen erfasst werden. Aus Maschinen können außerdem ggf. Gegenstände herausgeschleudert werden oder auf Beschäftigte herabstürzen.

Im Rahmen der ► „Sichtprüfung" ist deshalb auch auf gelockerte oder beschädigte Maschinen- und Anlagenteile zu achten.

Bei Anwendung des Differenzstrommessverfahrens im Rahmen der ► „Prüfung" der elektrischen Maschinenausrüstung (► „Elektrische Maschinenausrüstung") wird Netzspannung an das zu überprüfende ► „Arbeitsmittel" angelegt. Anders als bei den vorhergehend durchgeführten Prüfungen wird also der Prüfling in Betrieb genommen und kann insbesondere beim Anlaufen Personen verletzen. Aus diesem Grund sind vorzugsweise Prüfgeräte zu verwenden, die den Prüfer vor der Zuschaltung der Netzspannung warnen.

Gespeicherte Energien (z. B. unter Druck stehende Flüssigkeiten, gespannte Federn u. Ä.) können im Rahmen von Prüfungen ebenfalls schlagartig freigesetzt werden und dazu führen, dass Teile weggeschleudert werden oder sich in Bewegung setzen.

Meistens bringt der Betrieb von Maschinen mit der Zeit mit sich, dass die bei der Aufstellung noch vorhandenen Freiflächen durch Material, Ersatzteile, Werkzeugschränke oder andere Gegenstände zugestellt werden, sodass sich die Zugänglichkeit verschlechtert. Fette, Kühlflüssigkeiten oder abgetragenes Material im Bereich von Metallbearbeitungsmaschinen führen oft zu rutschigen Oberflächen. Vor Aufnahme der Tätigkeiten ist deshalb für eine sichere Zugänglichkeit im Bereich der Arbeitsstelle Sorge zu tragen.

Elektrische Gefährdungen

 **Beispiele**

elektrischer Schlag; Lichtbögen; elektrostatische Aufladung

Die wohl offensichtlichste Gefährdung für Prüfer stellt der elektrische Strom dar. Die Einhaltung des nach der Prüfnorm vorgesehenen Ablaufs (▶ Kap. 1.1) stellt sicher, dass Netzspannung erst nach einigen bereits durchgeführten Prüfschritten an das zu überprüfende Arbeitsmittel angelegt wird.

Hierdurch kann jedoch nicht ausgeschlossen werden, dass doch noch Gefährdungen bestehen, da bei Anwendung der Isolationswiderstandsmessung an zu prüfenden Geräten mit z. B. spannungsabhängigen Schalteinrichtungen nur bis zum Schalter gemessen wird, nicht jedoch dahinter. Wird dann Netzspannung angelegt, können bisher noch nicht erkannte ▶ „Mängel" zur Gefährdung führen.

Je nachdem, ob die Maschine über eine Steckvorrichtung oder fest an das elektrische Netz angeschlossen ist, ergeben sich hinsichtlich der Prüfungen mit Netzspannung etwas unterschiedliche Gefährdungen und Schutzmaßnahmen.

Der Prüfer muss insofern fachkundig sein, dass er diese und andere Eigenheiten kennt und deshalb entsprechende Vorsicht bei der Durchführung der Prüfungen walten lässt sowie ggf. zusätzliche Schutzmaßnahmen (z. B. PRCD, zusätzliche Isolation, Lichtbogenschutz) anwendet.

Gefahrstoffe

 **Beispiele**

mangelnde Hygiene beim Umgang mit Gefahrstoffen; Hautkontakt mit Gefahrstoffen; Einatmen u./o. Verschlucken von Gefahrstoffen; physikalisch-chemische Gefährdungen

Durch den Austritt von Arbeits- oder Hilfsstoffen (z. B. Dampf, Hydrauliköl, Kühlmittel oder Chemikalien) kann sich ein gesundheitsgefährdender Kontakt mit Gefahrstoffen ergeben. Die Kontamination mit solchen Stoffen kann auch durch aggressive Reinigungsmittel oder durch das Aus- und Abblasen mit Druckluft erfolgen.

Insbesondere in der chemischen Industrie genutzte Maschinen können mit Rückständen von Gefahrstoffen behaftet sein. Ist damit zu rechnen, sind die Maschinen vor der Durchführung der Prüfung reinigen zu lassen. Die Prüfer sind bezüglich der Gefahren und einzuhaltenden ► „Sicherheitsmaßnahmen“ zu unterweisen und ihnen ist die notwendige persönliche Schutzausrüstung (PSA) zur Verfügung zu stellen (die TOP-Hierarchie ist in Abhängigkeit der zu erwartenden Restrisiken zu beachten).

Biologische Gefährdungen

 **Beispiele**

Infektionsgefährdungen durch pathogene Mikroorganismen, sensibilisierende und toxische Wirkungen von Mikroorganismen

Biologische Gefährdungen ergeben sich an Maschinen insbesondere dann, wenn wassergebundene Kühlschmierstoffe verwendet werden, in denen sich leicht Bakterienkulturen bilden. Je nach Aufstellungsort können auch Tiere und Insekten zu biologischen Gefährdungen führen, z. B. durch Ratten- oder Taubenkot, Kadaver. Für Menschen schlecht zugängliche oder gewärmte Bereiche von Maschinen sind für kleine Lebewesen gern genutzte Rückzugsbereiche, in denen sie z. T. auch ihre Nester bauen. Dies kann auch zu biologischen Nebenprodukten (z. B. Schimmelbildung) führen. Für Arbeiten in solchen Bereichen sind Handschuhe bereitzustellen, die noch ein ausreichend gutes Tastvermögen gewährleisten sowie ggf. weiterhin Augen- und Atemschutz.

Brand- und Explosionsgefährdung

 **Beispiele**

brennbare Feststoffe, Flüssigkeiten, Gase; explosionsfähige Atmosphären, Explosivstoffe

Anders als bei der Prüfung ortsveränderlicher Arbeitsmittel kann bei der Maschinenprüfung der Prüfplatz meist nicht frei gewählt werden. Insofern ist ggf. mit dem Vorhandensein von brennbaren Stoffen (z. B. bei der Produktion anfallende Abfallstoffe, notwendige Betriebsstoffe, gespeicherte oder austretende Medien etc.) zu rechnen. Sofern diese Informationen noch nicht aus der Gefährdungsbeurteilung hervorgehen, sollten die Maschinenbediener oder die in angrenzenden Arbeitsbereichen tätigen Personen befragt werden.

Thermische Gefährdung

 **Beispiele**

heiße bzw. kalte Medien/Oberflächen/Emissionen

Der Austritt gespeicherter Medien, wie Gase, Dämpfe, Rauche und Flüssigkeiten, kann zu Verbrennungen, Verbrühungen oder Erfrierungen führen, insbesondere, wenn sie dabei ihren Aggregatzustand ändern.

Bei Prüfungen mit Netzspannung (z. B. Differenzstrommessverfahren) wird sich die zu prüfende Maschine in Betrieb setzen. Insofern können bei Maschinen, die heiß oder kalt werden, Gefährdungen beim Berühren entstehen. Diese sind jedoch nicht höher als bei jeder anderen Nutzung.

Es ist für jede Maschine sicherzustellen, dass der Prüfer über die Besonderheiten des Prüfverfahrens und das Betriebsverhalten bzw. die zu beachtenden Gefährdungen sowie einzuhaltenden Schutzmaßnahmen bei der Prüfung informiert ist.

Gefährdung durch spezielle physikalische Einwirkungen

 **Beispiele**

Lärm; Ultraschall; Infraschall; Ganzkörpervibrationen; Hand-Arm-Vibrationen; optische Strahlung; ionisierende Strahlung; elektromagnetische Felder; Unter- oder Überdruck

Schädigender Lärm kann sowohl von der Umgebung als auch von der zu prüfenden Maschine ausgehen. Ultra- oder Infraschall findet seine Ursache häufig in hochfrequenten Schleifgeräuschen oder tieffrequenten Schwingungen. Je nach Größe und Betriebsverhalten der Maschine können Hand-Arm-Schwingungen oder Ganzkörperschwingungen auftreten. Im Rahmen der Prüftätigkeit ist die Dauer solcher Einwirkungen jedoch meist so gering, dass gesundheitliche Auswirkungen eher selten auftreten.

Hinsichtlich der Gefährdung durch optische Strahlung sind sowohl die ggf. von der Maschine als auch die von der Umgebung ausgehenden Gefährdungen (z. B. Schweißarbeiten, Reflexionen) zu berücksichtigen.

Ionisierende Strahlungen sind entweder Teilchen- oder elektromagnetische Strahlungen, die bewirken, dass Atome zu positiv geladenen Ionen werden. Neben natürlichen Strahlungsquellen sind vorwiegend Geräte in der Medizin und Forschung Quellen ionisierender Strahlung. Sind diese im Arbeitsbereich vorhanden oder werden an diesen Prüfungen durchgeführt, sind besondere Schutzmaßnahmen zu treffen.

Elektrische und magnetische Felder bis zu einer Frequenz von 10 kHz sind an ihre Quelle gebunden. Höherfrequente elektromagnetische Felder können sich hingegen auf weitere Entfernungen ausbreiten. Werden z. B. Prüfungen mit anliegender Netzspannung an Schweißmaschinen durchgeführt, erstreckt sich der Bereich mit ggf. bedenklichen Feldstärken zumeist nur auf den unmittelbaren Bereich um die Maschine herum. Mitunter werden jedoch Prüfungen auch in der Nähe feldemittierender Quellen (z. B. Sendemasten) durchgeführt. Sind diese vorhanden, sind die Quellen für die Dauer der Prüfungen abzuschalten oder in ihrer Leistung zu beschränken.

Gefährdung durch Arbeitsumgebungsbedingungen

Beispiele

Klima; Beleuchtung/Licht; Ersticken, Ertrinken; unzureichende Flucht- und Verkehrswege; unzureichende Sicherheits- und Gesundheitsschutzkennzeichnung; unzureichende Bewegungsfläche am Arbeitsplatz; ungünstige Anordnung des Arbeitsplatzes; unzureichende Pausen-/Sanitärräume

Viele der bereits zuvor sowie nachfolgend aufgeführten Gefährdungen sind arbeitsplatzbezogen, wie z. B. Lärm, Beleuchtung, Klima, Stolpergefahren etc. Im Gegensatz zur Prüfung ortsgebundener Maschinen besteht bei der Prüfung beweglicher Maschinen keine zwingende Notwendigkeit, die Prüfungen am jeweiligen Verwendungsort durchzuführen. Deshalb können die an einen geeigneten Prüfplatz zu stellenden Umgebungsbedingungen im Rahmen der ► „Gefährdungsbeurteilung“ definiert und ein entsprechender Ort gewählt werden (zu den an einen Prüfplatz zu stellenden Anforderungen siehe ► Kap. 2.6.3).

Bei der Prüfung ortsgebundener Maschinen sind diese Bedingungen im Rahmen des Möglichen zu schaffen.

Dem Prüfer ist aufzugeben, bei der Durchführung der Prüfungen diese örtlichen Rahmenbedingungen zu beachten. Führungskräfte, in deren Verantwortungsbereich die Prüfungen durchzuführen sind, haben den Prüfer bei der Auswahl bzw. Schaffung der Gegebenheiten zu unterstützen.

Physische Belastung/Arbeitsschwere

 **Beispiele**

schwere dynamische Arbeit; einseitige dynamische Arbeit; Körperbewegung; Haltungsarbeit (Zwangshaltung), Haltearbeit, Körperhaltung; Kombination aus statischer und dynamischer Arbeit

Die Einnahme körperlich belastender Zwangshaltungen kann im Rahmen der Prüfung von Maschinen ggf. notwendig werden, weil z. B. zu prüfende Bereiche schlecht zugänglich bzw. erreichbar sind. Dies führt insbesondere bei älteren oder Prüfern mit gesundheitlichen Einschränkungen zu erhöhten Belastungen.

In solchen Fällen ist abzuwägen, ob ggf. ein anderer Prüfer die Prüfungen durchführen kann, dem Prüfer vorher die zu prüfenden Maschinen besser zugänglich gemacht werden können oder ob entsprechende Zugangshilfen (Leitern, Gerüste) benutzt werden müssen.

Psychische Faktoren

Beispiele

ungenügend gestaltete Arbeitsaufgabe bzw. Arbeitsorganisation; ungenügend gestaltete soziale Bedingungen; ungenügend gestaltete Arbeitsplatz- und Arbeitsumgebungsbedingungen

Die psychischen Faktoren bei der Durchführung von Prüfungen stellen ein in der Praxis sehr häufig unterschätztes Gefährdungspotential dar, weil u. a.

- die Durchführung der Prüfungen i. d. R. zu einer Unterbrechung des Arbeitsablaufs führt, wodurch es in der Folge leicht zu Konflikten mit den Beschäftigten und Führungskräften kommen kann,
- die Außerbetriebnahme von defekten Maschinen oft ebenfalls zu Konflikten führt,
- die organisatorischen Vorbedingungen für den reibungslosen ► „Prüfablauf" (Information der Beschäftigten, Bereitstellung zu prüfender Maschinen u. a.) häufig nicht getroffen werden und der Prüfer dann seiner Prüftätigkeit nur mit Mehraufwand nachkommen kann,
- prüfende Elektrofachkräfte oft ihre Prüftätigkeit unterbrechen müssen, um anderen dringenden Aufgaben nachzukommen.

Zur Vermeidung psychisch belastender Faktoren sind die organisatorischen Vorbedingungen mit allen Beteiligten im Vorfeld abzustimmen. Gegebenenfalls sollten die Prüfer zusätzlich eine Schulung in Deeskalation bzw. Konfliktmanagement erhalten (z. B. Kundendiensttechniker im Außendienst).

Sonstige Gefährdungen/Belastungen

 **Beispiele**

durch Menschen, Tiere, Pflanzen und pflanzliche Produkte

Prüfungen an Maschinen werden i. d. R. „vor Ort“, d. h. an den Arbeitsplätzen der Beschäftigten durchgeführt. Je nach Tätigkeit und Umgebungssituation können Prüfer deshalb auch durch das Fehlverhalten anderer gefährdet werden. Diese Gefährdungen können durch die an einen Prüfplatz zu stellenden Anforderungen (► Kap. 2.6.3) minimiert werden.

Gefährdungen durch Tiere bzw. Pflanzen und pflanzliche Produkte sind eher selten, können jedoch nicht völlig ausgeschlossen werden (z. B. Kleintierbefall, Pflanzen, die allergische Reaktionen hervorrufen können). Sollten Reaktionen auf bestimmte Pflanzen oder pflanzliche Produkte bekannt sein, ist dies ebenso bei der Ableitung der Anforderungen an einen Prüfplatz zu berücksichtigen wie ggf. die Anwesenheit von Tieren.

Zusammenfassung

Die Auflistung typischer Gefährdungen zeigt auf, dass sich ein erheblicher Teil der Gefährdungen aus der Unkenntnis der von einer unbekannten Maschine ausgehenden Gefährdungen (z. B. Spezialwerkzeuge, Laborgeräte etc.) sowie der ggf. am Prüfort vorhandener Gefährdungen ergibt.

Nicht bekannt ist dem Prüfer oftmals auch, wer (Fachkräfte oder Auszubildende) eine Maschine benutzt und wie häufig bzw. unter welchen Einsatzbedingungen sie genutzt wird.

Diese Faktoren wirken sich jedoch wesentlich auf die Bestimmung der Prüffrist (► Kap. 2.4.4) aus, die i. d. R. von der prüfenden Person festgelegt wird.

Es ist also aus verschiedenen Gründen erforderlich, sowohl die Beschäftigten als auch die Führungskräfte mit einzubeziehen.

Die Beschäftigten können

- die zu prüfenden Maschinen zur Verfügung stellen,
- den Prüfort so herrichten, dass die Anforderungen nach ► Kap. 2.6.3 gewährleistet werden,
- Auskunft über das Betriebs- und Nutzungsverhalten geben sowie ggf. zu beachtende Besonderheiten und Sicherheitshinweise nennen,
- ggf. gefährdende Tätigkeiten während der Prüfung einstellen bzw. auf die Sicherheit der prüfenden Person besonders achtgeben,
- ggf. bei der Durchführung der Prüfung unterstützen (z. B. indem sie dabei helfen, schwere oder unhandliche Maschinenteile zu entfernen) bzw. Erste Hilfe leisten.

Die Führungskräfte sind mit einzubeziehen, da sie grundsätzlich dafür verantwortlich sind, dass sie den Beschäftigten nur solche Maschinen zur Verfügung stellen, die sich im ordnungsgemäßen Zustand (► „Ordnungsgemäßer Zustand“) befinden. Infolgedessen haben sie den Prüfer bei der Ausübung seiner Tätigkeit zu unterstützen, z. B. durch rechtzeitige Information der Beschäftigten und Schaffung akzeptabler Prüfbedingungen im Vorfeld (Prüfplatz, zeitliche Koordinierung). Führungskräfte können auch den Prüfer bei auftretenden Konflikten unterstützen und haben die Entscheidung zu treffen, wie mit nicht betriebssicheren Geräten weiter verfahren werden soll.

In ► Kap. 2.8 sind weitere, im unmittelbaren Zusammenhang mit der Verwendung von Prüfgeräten stehende Informationen zu Gefährdungen und Schutzmaßnahmen enthalten.

2.6.3 Anforderungen an einen Prüfplatz

Bei der Auswahl eines geeigneten Prüfplatzes sollten die folgenden Kriterien berücksichtigt werden:

- Im Umfeld des Prüfplatzes sind für die Dauer der ► „Prüfung“ keine ungeschützten Maschinenteile, Teile mit gefährlichen Oberflächen, bewegten Transportmittel oder unkontrolliert bewegten Teile vorhanden. Der Prüfplatz ist ggf. abzuschranken oder gefährdende Tätigkeiten sind einzustellen.
- Der Boden ist eben und rutschhemmend ausgeführt, es sind keine Stolper- und/oder Absturzstellen vorhanden.
- Die Stromversorgung verfügt über einen ordnungsgemäßen Schutzleiteranschluss sowie über eine Absicherung über ► „RCD“ (sofern noch nicht über das Prüfgerät gewährleistet).
- Der Boden ist nicht gut leitfähig (isolierende Eigenschaften).
- Gefahrstoffe, Biostoffe oder Stoffe, die Brände oder Explosionen hervorrufen können, sind am Prüfplatz nicht vorhanden und können für die Dauer der Prüfung auch nicht in die Umgebung freigesetzt werden.
- Lärm kann dazu führen, dass die prüfende Person abgelenkt wird oder akustische Signale des Prüfgeräts überhört. Zur

Gewährleistung der Konzentrationsfähigkeit sollte die Lärmbelastung dauernd 45 dB (A) nicht überschreiten.

- Schädigende optische Strahlung (z. B. durch Schweißarbeiten) oder elektromagnetische Felder sind für die Dauer der Prüfungen nicht gegeben. Der Prüfplatz ist ggf. abzuschirmen oder gefährdende Tätigkeiten sind einzustellen.
- Die klimatischen Bedingungen entsprechen den sonst üblichen Bedingungen.
- Es steht eine für die Durchführung der Prüftätigkeit ausreichende und blendfreie künstliche und/oder natürliche Beleuchtung zur Verfügung (bei Bedarf wird zusätzlich eine Handlampe mitgeführt).
- Die freie Bewegungsfläche beträgt mindestens 1,5 m^2.
- Es kann überwiegend im Stehen und/oder Sitzen gearbeitet werden.
- Ausreichend bemessene Fluchtwege sind gewährleistet (vgl. Technische Regel für Arbeitsstätten ASR A2.3).
- Sanitärräume sind erreichbar, Pausenräume nach örtlichen Gegebenheiten (ggf. am Prüfplatz oder im Kundendienstfahrzeug).
- Der Schutz Dritter ist sichergestellt (z. B. bei Gefahr durch optische Strahlung oder Lärm im Rahmen der Prüfungen).

Weiterführende Hinweise (insbesondere für stationäre Prüfplätze) sind in der DGUV Information 203-034 „Errichten und Betreiben von elektrischen Prüfanlagen“ enthalten.

2.7 Maßnahmen zum Schutz gegen elektrischen Schlag

Von der elektrischen Ausrüstung gehen hauptsächlich zwei ► „Gefährdungen“ aus:

- die Gefahr elektrischer Körperdurchströmung infolge des Berührens spannungsführender Teile
- die Unwirksamkeit der vorhandenen Sicherheitseinrichtungen als Folge einer Fehlfunktion/eines Versagens von Teilen der elektrischen Steuerung

Zur Verhinderung elektrischer Gefährdungen (► „Elektrische Gefährdungen“) müssen gemäß VDE 0113-1 für jeden Stromkreis oder jeden Teil der elektrischen Ausrüstung Maßnahmen zum ► „Basisschutz“ sowie zum ► „Fehlerschutz“ vorhanden und wirksam sein. Entsprechende Anforderungen an die Realisierung dieser ► „Schutzmaßnahmen“ legt die Norm im Abschnitt 6 fest.

Die Wirkungsweise dieser Schutzmaßnahmen wird an dieser Stelle nicht im Einzelnen erläutert, da vorausgesetzt wird, dass zur ► „Prüfung“ Berechtigte über dieses Wissen verfügen. Nachfolgend wird dennoch ein Schnell-Check zur Umsetzung bzw. Prüfung der jeweiligen Mindestanforderungen angeboten.

2.7.1 Allgemeines

- Ist für die ► „Maschine" eine ► „EG-Konformitätserklärung" vorhanden?
- Enthält die EG-Konformitätserklärung (mind.) Angaben über
  - den Hersteller (Firmenbezeichnung und -anschrift)?
  - den zuständigen Bevollmächtigten (Name und Anschrift) und den Unterzeichner?
  - die Typbezeichnung und Bezeichnung der Maschinen (zwecks Identifizierung)?
  - die angewandten Normen (mit Erklärung, welchen der einschlägigen Richtlinien die Maschine entspricht)?
- Ist die Maschine mit einer (gut sichtbaren) CE-Kennzeichnung versehen?
- Ist ein Typenschild mit folgenden Mindestangaben zur Maschine vorhanden?
  - Hersteller (Firmenbezeichnung und -anschrift)
  - CE-Kennzeichnung
  - Bezeichnung, Serie, Typ, Fabriknummer und Baujahr
- Sind die Steuerelemente in deutscher Sprache gekennzeichnet?
- Sind die ggf. vorhandenen Prüfzeichen noch gültig? (für GS-/BG-Zeichen beträgt die Gültigkeit i. d. R. fünf Jahre)
- Ist eine ► „Betriebsanleitung" vom Hersteller vorhanden und in deutscher Sprache verfasst?
- Sind Maschine und Betriebsanleitung eindeutig zuordenbar (z. B. durch gleiche Typenangaben)?
- Enthält die Betriebsanleitung Hinweise/Angaben über
  - die ► „bestimmungsgemäße Verwendung" der Maschine (z. B. Angaben über die zulässigen Aufstellungsbedingungen bzw. evtl. Rohstoffe, die nicht in der Maschine verarbeitet werden dürfen)?

- Anleitungen zu Montage, Anschluss (mit entsprechenden Werten) und ► „Inbetriebnahme"?
- Wartungs- und Instandhaltungsmaßnahmen, Maßnahmen zur Überprüfung der Funktionalität (inkl. Zeichnungen und Schaltpläne), Fehlersuche, Störungsbeseitigung sowie Angaben darüber, welche Inspektionen (► „Inspektion") und Wartungsarbeiten in welchen Abständen aus Sicherheitsgründen durchzuführen sind und welche Austauschintervalle für Verschleißteile zu beachten sind?
- vernünftigerweise vorhersehbare Fehlanwendungen?
- die Kennwerte der Energieversorgung (so z. B. Spannung, Frequenz, Stromstärke)?
- Restrisiken (wie z. B. unter Druck stehende Maschinenteile, heiße Oberflächen, elektrische Komponente, die nach Ausschalten des Hauptschalters weiterhin unter Spannung stehen)?
- die Benutzung der erforderlichen persönlichen Schutzausrüstungen (z. B. im Rahmen von Prüfungs- und Wartungsarbeiten)?
- den Transport?
- sicherheitstechnisch relevante Betriebszustände und Betriebsarten der Maschine?
- spezielle Schutzmaßnahmen, die der ► „Betreiber" vor Ort zur Sicherstellung der Anforderungen nach Anhang I, Punkt 1.1.2.6 der Maschinenrichtlinie umzusetzen hat?

• Werden die möglichen Restrisiken durch Warnhinweise in Form von leicht verständlichen Symbolen oder Piktogrammen gekennzeichnet?
• Werden zur Vermeidung von ► „Gefährdungen" durch Quetsch- und Scherstellen die Mindest- und Sicherheitsabstände aus den Normen DIN EN ISO 13854 und DIN EN ISO 13857 eingehalten?

- Wurde berücksichtigt, dass die Messpunkte außerhalb der Gefahrenbereiche (► „Gefahrenbereich") angeordnet sind?
- Sind Schnittstellen zum Anschluss von Fehlerdiagnoseeinrichtungen vorgesehen?
- Ist gewährleistet, dass häufig zu wechselnde Teile an automatischen Maschinen einfach und gefahrlos montiert sowie demontiert werden können?
- Sind Hilfseinrichtungen zum Transport von schweren Bauteilen vorhanden?
- Ist die Maschinensteuerung so beschaffen, dass sie den Betriebsbeanspruchungen standhält?
- Sind Wechselwirkungen mit anderen Arbeitsmitteln (► „Arbeitsmittel") ausgeschlossen?
- Sind folgende Bedienelemente vorhanden und leicht zugänglich?
  - Hauptschalter
  - EIN-AUS-Schalter
  - ► „NOT-HALT"
- Sind alle Bedienelemente
  - eindeutig und gut leserlich beschriftet?
  - außerhalb der Gefahrenbereiche?
  - vor Beschädigungen geschützt?
- Ist (zur Verhinderung von Fehlanläufen oder von Versagen einer Stillsetzung durch Isolationsfehler) der Steuerstromkreis einseitig geerdet?
- Sind alle leitfähigen Teile der Maschine, die im Fehlerfall gefährliche Berührungsspannung annehmen können, mit dem ► „Schutzleiter" verbunden?
- Verfügen alle nicht mit Schutzleitern verbundenen leitfähigen Teile über eine sichere Trennung?

- Sind alle ggf. in der Betriebsanleitung beschriebenen ► „Schutzeinrichtungen" (noch) vorhanden, wirksam und entsprechen sie dem Stand gemäß Betriebsanleitung?
- Kann die Maschine unbeabsichtigt in Gang gesetzt werden?
- Sind die Stellteile deutlich sichtbar und erkennbar? Sind Piktogramme verwendet worden?
- Entspricht die Anzahl der vorhandenen Einrichtungen zum Stillsetzen (normales und betriebsbedingtes Stillsetzen oder Stillsetzen im Notfall) den in der Risikobetrachtung festgelegten Vorgaben?
- Sind alle o. g. Möglichkeiten ausreichend gekennzeichnet?
- Ist gewährleistet, dass ein Ausfall der Energieversorgung oder deren Wiederherstellung nicht zu gefährlichen Situationen führt?
- Ist die Maschine mit einem handbetätigten Hauptschalter ausgestattet, der in der Aus-Stellung abschließbar ist und die gesamte Maschine allpolig vom Netz trennen kann?
- Ist zwecks Trennung der gesamten Maschine von der Energieversorgung im Notfall (und alternativ zum Hauptschalter) eine Stoppfunktion der Kategorie 0 nach DIN EN 60204-1 vorhanden?
- Sind die Einrichtungen zum Stillsetzen im Notfall mit einer roten Handhabe auf gelber Unterlage versehen und mechanisch selbsttätig verrastend?
- Sind Maßnahmen vorhanden, die einen automatischen Wiederanlauf nach Entriegeln des NOT-HALTs verhindern?
- Ist sichergestellt, dass die NOT-HALT-Funktion (unabhängig von der eingestellten Betriebsart oder Eingangsbefehlen an der Maschine und selbst bei gedrücktem Starttaster) **immer** vorrangig wirksam wird?

Schaltschränke und elektrische Einbauräume

- Sind elektrische Einbauräume deutlich erkennbar oder entsprechend gekennzeichnet (z. B. mit Blitzpfeil)?
- Sind sie leicht und gefahrlos erreichbar?
- Wird gewährleistet, dass elektrische Einbauräume ausschließlich elektrische Bauteile enthalten? (KEINE Bauteile wie Pneumatik- und Hydraulikventile, Kettenantriebe oder Wasserleitungen)
- Weisen die evtl. vorhandenen Deckel und Türen elektrischer Einbauräume folgende Merkmale auf?
  - Sie sind verschließbar, können nur mit Schlüssel oder Werkzeug und *erst nach erfolgter Trennung der aktiven Teile vom Netz* geöffnet werden.
  - An Türen und Deckeln für elektrische Bauteile sind Schutzleiterverbindungen vorhanden und mit dem Erdungssymbol gekennzeichnet.
- Wird bei Schaltschränken geprüft, dass
  - deren Inneres frei von Staubablagerungen und sonstigen Verunreinigungen ist?
  - Vorkehrungen gegen das Eindringen von Staub und Feuchtigkeit vorhanden sind, z. B. Ausführung nach Schutzart IP 54, Dichtlippen an Türen, Kabeleinführungen durch PG-Verschraubung u. Ä.? (Diese Vorkehrungen gelten auch für andere elektrische Bauteile.)
  - alle spannungsführenden Teile abgedeckt und alle elektrischen Anschlüsse fingersicher ausgeführt sind?
  - bei zu erwartenden hohen Temperaturen Möglichkeiten zur Belüftung oder Kühlung vorhanden sind, die den ordnungsgemäßen Betrieb des Schaltschrankes im geschlossenen Zustand sicherstellen?

- Sind in der Steuerung fehlererkennende Maßnahmen vorgesehen und wirksam?

Kabel und Leitungen

- Sind alle Leitungen und Kabel (bzw. zumindest die sicherheitsrelevanten Kabelanschlüsse) gemäß DIN EN 60204-1 eindeutig/identifizierbar und entsprechend der technischen Dokumentation (► „Technische Dokumentation") gekennzeichnet?
- Entspricht die Verdrahtung innerhalb von Einbauräumen folgenden Anforderungen?
    - Alle Leitungen weisen feste Anschlussstellen auf und sind in geeigneten Kanälen/Leerrohren verlegt.
    - Alle Anschlussklemmen sind fingersicher ausgeführt.
    - Es sind Möglichkeiten vorgesehen, die Verdrahtung zu ändern, ohne dass hierfür andere Bauteile abgebaut werden müssen (z. B. Ausbaureserven).
    - Alle Leitungen zwischen Anschlussklemmen sind ohne Einsatz von Zwischenverbindern (z. B. Lüsterklemmen) geführt.
    - An Türen befestigte Verbindungen zu elektrischen Bauteilen sind mit flexiblen Leitungen (Litzenleitern) ausgeführt.
    - Alle Leitungsverbindungen zu Türen sind beidseitig mit Zugentlastung versehen und gegen Beschädigung gesichert.
    - Bauteile, die Wartungs- oder Einstellungsarbeiten erfordern, sind leicht erreichbar (= in einer Höhe zwischen 0,4 und 2 m installiert, mit Klemmenleisten oder Geräteanschlüssen mind. 0,2 m über der Zugangsebene angeordnet).

- Entsprechen Leitungen und Kabel außerhalb von Einbauräumen folgenden Anforderungen?
  - Sie sind als Mantelleitungen ausgeführt.
  - Sie sind geschützt ausgeführt und unter Berücksichtigung möglicher mechanischer Beschädigungsquellen bei Wartungs- und Instandhaltungsarbeiten angeordnet.
  - Zusätzliche Schutzvorkehrungen (z. B. Kunststoff- oder flexible Metallschutzschläuche) sind vorgesehen.
  - Sie sind über keine scharfen Kanten und mit geeigneten Biegeradien verlegt (= mindestens das 10-Fache des Außendurchmessers der Leitung).
  - Bewegte Leitungen sind unter Beachtung von Mindestabständen zu bewegten Maschinenteilen (25 mm) verlegt oder durch entsprechende Trennwände geschützt.
  - Sie sind frei von Beschädigungen.
  - Sie sind ausreichend befestigt.
  - Sie sind vor schädlichen äußeren Einflüssen, wie z. B. Öl, hohen Temperaturen oder chemischen Einflüssen, geschützt verlegt.
  - Leitungskanäle, Rohre, Schwenkarme und Verschraubungen aus Metall sind mit dem Schutzleitersystem verbunden.
- Ist bei Stromkreisen, die vom Hauptschalter nicht erfasst werden, gewährleistet, dass
  - diese von anderen Stromkreisen getrennt verlegt werden?
  - in der Betriebsanleitung auf deren Vorhandensein hingewiesen wird?

Kennzeichnungen

- Ist am Schaltschrank mit der Netzeinspeisung ein Typenschild vorhanden mit folgenden Angaben zur elektrischen Ausrüstung?
  - Hersteller/Lieferant
  - Fabrik-/Seriennummer (mit den Schaltplänen übereinstimmend!), Nummer der Hauptdokumentation
  - Voll-Laststrom
  - Bemessungsspannung und Phasenzahl
  - Frequenz
- Sind alle Bauteile und elektrischen ▶ „Betriebsmittel" in Übereinstimmung mit dem Schaltplan und ausreichend gekennzeichnet (z. B. bei Netzeingangsklemmen im Schaltschrank L 1, L 2, L 3, N, PE)?
- Sind alle Schutzleiteranschlussstellen mit dem Erdungssymbol gekennzeichnet? (Achtung: Die Bezeichnung „PE" ist gemäß DIN EN 60204-1, Abschnitt 5 nur für den externen Netzanschluss zulässig, darf entsprechend nicht für Anschlussklemmen verwendet werden!)
- Weisen ggf. vorhandene Stromkreise, die nicht durch den Hauptschalter vom Netz getrennt werden, folgende Kennzeichnungen auf?
  - Warnschild (▶ „Warnschilder") in der Nähe des Hauptschalters
  - Warnschild in der Nähe des Stromkreises
  - ▶ „Kennzeichnung" von Verriegelungsstromkreisen in orange/besonderer Farbe
  - Warnhinweis (z. B. Blitzpfeil), falls gefährliche Spannungen trotz erfolgter Netztrennung weiterhin bestehen

- Wird geprüft, dass alle Kennzeichnungen (noch)
  - dauerhaft angebracht und gut lesbar sind?
  - mit den Schaltplänen übereinstimmen?

2.7.2 Basisschutz

- Sind für jeden Stromkreis oder jeden Teil der elektrischen Ausrüstung Maßnahmen zum ► „Basisschutz“ vorhanden und wirksam (z. B. Abdecken spannungsführender Teile wie Stromschienen und fingersichere Ausführung elektrischer Anschlüsse im Schaltschrank)?
- Sind bei Nicht-Eignung der o. g. Maßnahmen weitere Maßnahmen zum Basisschutz gemäß DIN VDE 0100-410 vorgesehen (z. B. Abdeckungen, Schutzabstände, Hindernisse bzw. Konstruktions-/Installationstechniken zur Verhinderung eines Zugangs)?
- Sind für den Fall, dass bestimmte Ausrüstungen öffentlich zugänglich sind, Maßnahmen vorhanden, die
  - einen Mindestschutzgrad gegen direktes Berühren (► „Direktes Berühren“) entsprechend IP4X bzw. IPXXD sicherstellen?
  - einen wirksamen Schutz durch Isolierung der aktiven Teile (► „Aktives Teil“) gewährleisten?
- Befinden sich alle aktiven Teile innerhalb von Gehäusen (► „Gehäuse“), die den Beschaffenheitsanforderungen gemäß VDE 0113-1 genügen und einen Basisschutz von mind. IP2X oder IPXXB bieten?
- Ist bei leicht zugänglichen Gehäusen sichergestellt, dass deren obere Abdeckungen einen Schutzgrad gegen direktes Berühren von mind. IP4X oder IPXXD aufweisen?

- Ist organisatorisch sichergestellt, dass das Öffnen von Gehäusen (d. h. Türen, Deckeln, Abdeckungen u. Ä.) ausschließlich unter folgenden Bedingungen möglich ist?
  - Ein Zugang (z. B. zu abgeschlossenen elektrischen Betriebsstätten) ist ausschließlich unter Verwendung eines Schlüssels oder Werkzeugs möglich und lediglich Elektrofachkräften vorbehalten.
  - Gegebenenfalls vorhandene spannungsführende Teile, die (z. B. zum Einstellen, Justieren) berührt werden können, während die Ausrüstung noch eingeschaltet ist, sind mit einem Schutzgrad gegen direktes Berühren von mind. IP2X oder IPXXB geschützt.
  - Aktive Teile auf der Innenseite von Türen sind mit einem Schutzgrad gegen direktes Berühren von mind. IP1X oder IPXXA geschützt.
  - Alle aktiven Teile innerhalb des Gehäuses sind abgeschaltet, bevor das Gehäuse geöffnet werden kann.
  - Spezialeinrichtung oder Werkzeug zur Aufhebung ggf. eingerichteter Verriegelungen (► „Verriegelung“) dürfen nur durch Elektrofachkräfte benutzt werden.
  - Es sind Vorrichtungen vorhanden, die den Zugang zu aktiven Teilen hinter Türen, die nicht direkt mit Trenneinrichtungen verriegelt sind, auf Elektrofachkräfte beschränken.
  - Alle Teile, die nach dem Ausschalten der Trenneinrichtungen unter Spannung bleiben, sind mit einem Schutzgrad gegen direktes Berühren mind. IP2X oder IPXXB geschützt.
  - Alle Teile, die nach dem Ausschalten der Trenneinrichtungen unter Spannung bleiben, sind mit einem Warnschild (► „Warnschilder“) gekennzeichnet (für Ausnahmen vgl. DIN EN 60204-1 Abschn. 6.2.2 b).

- Aktive Teile dürfen nur dann ohne Verwendung eines Schlüssels oder Werkzeugs und ohne Abschalten geöffnet werden, wenn sie mit einem Schutzgrad gegen direktes Berühren mind. IP2X oder IPXXB geschützt sind.
- Abdeckungen, die einen Basischutz mind. IP2X oder IPXXB bieten, dürfen nur mit Werkzeug entfernt werden; alle durch sie geschützten aktiven Teile schalten sich bei Entfernung der Abdeckung automatisch ab.
- Falls durch die Betätigung von Geräten von Hand der Basisschutz gefährdet/unwirksam werden kann, sind Abdeckungen oder Hindernisse vorhanden, die dieser Betätigung vorbeugen und nur mit Werkzeug entfernt werden können.

• Sind alle leitfähigen Teile der ► „Maschine", die im Fehlerfall gefährliche Berührungsspannung annehmen können, mit dem ► „Schutzleiter" verbunden?
• Ist für die Montageplatte an der Rückseite des Schaltschranks ein separater Schutzleiteranschluss vorgesehen?
• Ist sichergestellt, dass pro Klemme oder Anschlussstelle jeweils nur ein Schutzleiter (SL) angebracht wird?
• Sind alle Schutzleiteranschlüsse gegen Selbstlockern gesichert?
• Wird sichergestellt, dass bei Maschinen mit mehr als zwei Betätigungselementen (z. B. Drucktaster für Start und Stopp) die Speisung der Steuerstromkreise aus einem Steuertransformator erfolgt?
• Erfüllt der ggf. vorhandene Steuertransformator die Anforderungen nach VDE 0570-1 (bzw. VDE 0570-2-2, -6 oder -4) und verfügt er über getrennte Wicklungen?
• Ist sichergestellt, dass der Steuerstromkreis über eine lösbare Verbindung durch das Schutzleitersystem einseitig geerdet ist?

- Ist zur Vermeidung von Fehlanläufen und/oder Versagen einer Sicherheitsfunktion (z. B. ► „NOT-HALT“) durch Isolationsfehler der Steuerstromkreis einseitig geerdet?
- Entspricht die Leitungsverbindung vom Schutzleitersystem zum Steuerstromkreis der Darstellung im Schaltplan?

Schutz durch Isolierung aktiver Teile

- Weist bei aktiven Teilen (► „Aktives Teil“) mit Schutz durch Isolierung die isolierende Umhüllung folgende Merkmale auf?
  - Sie deckt die aktiven Teile vollständig ab.
  - Sie lässt sich nur durch Zerstören entfernen.
  - Sie ist gegen mechanische, chemische, elektrische und thermische Beanspruchungen widerstandsfähig, die unter den üblichen Betriebsbedingungen auftreten können.

Schutz gegen Restspannungen

- Ist sichergestellt, dass alle aktiven Teile (► „Aktives Teil“), die nach erfolgtem Ausschalten der Versorgung eine ► „Restspannung“ von > 60 V aufweisen, innerhalb von 5 s nach dem Ausschalten auf 60 V oder weniger entladen sind? (Diese Maßnahme
  - gilt nicht für Bauteile, deren gespeicherte Ladung 60 μC oder weniger beträgt,
  - ist erst einzuleiten, nachdem ausgeschlossen wird, dass die o. g. Entladerate die ordnungsgemäße Funktion der Ausrüstung stört.)
- Wird falls die o. g. Entladerate die ordnungsgemäße Funktion der Ausrüstung beeinflusst, ein entsprechender und dauerhafter Warnhinweis an einer leicht sichtbaren Stelle auf oder unmittelbar neben dem ► „Ge-

häuse" angebracht, das die Kapazitäten enthält? (ACHTUNG: Dieser Warnhinweis muss Angaben über die Gefährdung und den notwendigen Zeitverzug, bis das Gehäuse geöffnet werden darf, enthalten.)

- Wird für den Fall, dass das Ziehen von Steckern oder ähnlichen Geräten zum Freilegen von Leitern (z. B. Steckerstifte) führt, die Einhaltung folgender Maßnahmen sichergestellt?
  - Die Entladezeit von 1 s wird nicht überschritten.
  - Sofern ein Überschreiten der Entladezeit von 1 s möglich ist, sind die Leiter gegen ► „direktes Berühren" mit einem Schutzgrad mind. IP2X oder IPXXB geschützt.
  - Falls keine der v. g. Maßnahmen möglich ist (z. B. bei abklappbaren Stromabnehmern von Schleifleitungen oder Schleifringkörpern), sind zusätzliche Schalteinrichtungen bzw. angemessene Warneinrichtungen vorhanden.

Schutz durch Abdeckungen

- Entsprechen die angewandten Maßnahmen zum Schutz durch Abdeckungen den Anforderungen gemäß DIN VDE 0100-410?
  - Umhüllungen/Abdeckungen mit Schutzart mind. IPXXB oder IP2X, bei Vorhandensein leicht zugänglicher horizontaler Oberflächen Schutzart mind. IPXXD oder IP4X
  - Umhüllungen/Abdeckungen für die jeweiligen Betriebsbedingungen ausreichend fest, stabil und dauerhaft
  - bei Vorhandensein für den ordnungsgemäßen Betrieb erforderlicher Öffnungen: Zusatzmaßnahmen gegen Berühren der aktiven Teile (► „Aktives Teil"), Warnhinweise
  - Entfernung oder Öffnen der Umhüllungen/Abdeckungen nur mit Werkzeug und nach Abschalten der Versorgung aktiver Teile möglich

Schutz durch Abstand oder durch Hindernisse

- Entsprechen die angewandten Maßnahmen zum Schutz durch Abstand oder durch Hindernisse den Anforderungen gemäß DIN VDE 0100-410?
- Wird für Schleifleitungssysteme ein Schutzgrad kleiner als IP2X vorgesehen und – falls dies nicht möglich ist – zusätzlich ein ► „NOT-AUS" angewandt (VDE 0113-1, 12.7.1)?

2.7.3 Fehlerschutz

- Ist zur Vorbeugung gefahrbringender Situationen im Fall eines Isolationsfehlers zwischen aktiven Teilen (► „Aktives Teil") und Körpern (► „Körper") für jeden Stromkreis oder jeden Teil der elektrischen Ausrüstung mind. eine der folgenden Maßnahmen vorgesehen?
  - Geräte oder Vorrichtungen mit SK II (= doppelte, verstärkte oder gleichwertige Isolierung nach DIN EN 61140)
  - schutzisolierte Schaltgeräte oder -kombinationen nach IEC 61439-1
  - zusätzliche oder verstärkte Isolierung (► „Doppelte oder verstärkte Isolierung") nach DIN VDE 0100-410
- Entsprechen die angewandten Schutzklassen (► „Schutzklasse") der Ausrüstung und die Schutzvorkehrungen den Anforderungen gemäß DIN EN 61140 (VDE 0140-1)?
- Ist bei allen Körpern, die durch Fehler in der Basisisolierung der aktiven Teile spannungsführend werden können und ggf. eine Berührungsspannung verursachen, eine ► „Schutztrennung" für jeden Stromkreis vorhanden?

- Wird die Schutztrennung unter Einhaltung der Vorgaben für Isolierung nach DIN VDE 0100-410 realisiert?
- Sind Einrichtungen für die automatische Abschaltung der Stromversorgung vorhanden und funktionstüchtig?
- Werden die Anforderungen nach VDE 0113-1 Abschn. 6.3.3 an den Schutz durch automatische Abschaltung der Stromversorgung eingehalten und die Besonderheiten für TN-, TT- und IT-Systeme berücksichtigt?

2.7.4 Schutz durch PELV

- Genügen ggf. vorhandene PELV-Stromkreise allen folgenden Bedingungen?
  Die Nennspannung beträgt
  - ≤ 25 V effektive Wechselspannung oder 60 V oberschwingungsfreie Gleichspannung (bei Verwendung der Ausrüstung in trockenen Räumen und sofern die Gefahr einer großflächigen Berührung mit aktiven Teilen nicht besteht)
  - ≤ 6 V effektive Wechselspannung oder 15 V oberschwingungsfreie Gleichspannung (in allen anderen Fällen)
  - Eine Seite bzw. ein Punkt der Energiequelle für den Stromkreis ist an das Schutzleitersystem angeschlossen.
  - Die aktiven Teile der PELV-Stromkreise sind von anderen aktiven Stromkreisen elektrisch getrennt.
  - Jeder Leiter eines PELV-Stromkreises ist von allen anderen Stromkreisen räumlich getrennt.
  - Stecker für PELV-Stromkreise können nicht in Steckdosen anderer Spannungssysteme eingesteckt werden.

  - Steckdosen für PELV-Stromkreise können Stecker anderer Spannungssysteme nicht aufnehmen.
- Entsprechen die Stromquellen für ▶ „PELV“ den Anforderungen gemäß VDE 0113-1, Abschnitt 6.4.2?

2.7.5 Anforderungen an Schutzeinrichtungen

- Sind für alle Gefahrstellen/▶ „Gefährdungen“, die im Arbeits- und Verkehrsbereich liegen, ▶ „Schutzeinrichtungen“ vorhanden?
- Ist gewährleistet, dass die im Unternehmen vorhandenen (trennenden sowie nichttrennenden) Schutzeinrichtungen
  - wirksam sind, d. h. durch sie beim normalen Betrieb der ▶ „Maschine“ gefahrbringende Bewegungen rechtzeitig stillgesetzt werden?
  - stets funktionsfähig und einsatzbereit sind? Wird dies durch Sichtprüfungen (▶ „Sichtprüfung“) vor jeder Benutzung kontrolliert?
  - für alle Betriebszustände angemessen sind?
  - (noch) wie in der ▶ „Betriebsanleitung“ beschrieben vorhanden sind?
  - stabil gebaut sind?
  - sicher in Position bleiben?
  - bestimmungsgemäß und richtig verwendet werden?
  - für die betrieblichen Gegebenheiten geeignet sind?
  - keine zusätzlichen Gefährdungen hervorrufen?
  - nicht auf einfache Weise umgangen oder unwirksam gemacht werden können?

- sich in ausreichendem Abstand zum ► „Gefahrenbereich" befinden (Abmessung nach DIN EN ISO 13857)?
- die Beobachtung des Arbeitsvorgangs bzw. den freien Blick auf das Werkstück nicht beeinträchtigen?
- (ohne Demontage oder Außerbetriebnahme) den Zugang für zu Wartungs- oder Reparaturzwecken ermöglichen?
- ausschließlich für Fachkündige und Befugte zugänglich sind?
- Schutz vor Herausschleudern oder Herabfallen von Werkstoffen und Gegenständen und den Emissionen leisten, die von der Maschine verursacht wurden?
- den Arbeitsfluss und erforderliche Überprüfungen nicht oder nur so geringfügig wie möglich behindern?
- mit Vorkehrungen ausgestattet sind, die im Fall ihres Ausfalls aufgrund von Bedienfehlern oder technischem Versagen trotzdem deren Schutzfunktion aufrechterhalten?

- Sind Anzeichen für Manipulationen erkennbar?
- Wird sichergestellt, dass erforderliche Maßnahmen zum Einbau und Wechsel von Werkzeugen bzw. zur ► „Instandhaltung" der Maschine ohne Entfernen der Schutzeinrichtungen möglich sind?
- Wird sichergestellt, dass die Befestigungen feststehender trennender Schutzeinrichtungen nur mit Werkzeugen gelöst oder abgenommen werden können und auch nach einem Abnehmen der Schutzeinrichtungen mit diesen bzw. der Maschine verbunden bleiben?
- Wird gewährleistet, dass trennende Schutzeinrichtungen
  - nach Lösen der Befestigungsmittel nicht in der Schutzstellung verbleiben?
  - ausreichend dimensioniert sind?
  - so angeordnet sind, dass sie sich in ausreichendem Abstand vom Gefahrbereich befinden?

- Wird bei beweglichen trennenden Schutzeinrichtungen sichergestellt, dass ein automatischer Start der Maschine nur bei geschlossener Schutzeinrichtung und durch bewusstes Betätigen erfolgen kann?
- Wird sichergestellt, dass bei beweglichen trennenden Schutzeinrichtungen mit ► „Verriegelung“ diese Verriegelungen
  - (sofern möglich) mit der Maschine verbunden bleiben, wenn sie geöffnet sind?
  - so gebaut sind, dass sie nur absichtlich eingestellt werden können?
  - so verbunden sind, dass ein Ingangsetzen von gefährlichen Maschinenfunktionen wirksam gehindert ist, solange die Schutzeinrichtung geöffnet ist?
  - ein Stillsetzen auslösen, sobald die Schutzeinrichtungen nicht mehr geschlossen sind?
  - so gebaut sind, dass sie bei Fehlen oder Störung eines ihrer Bestandteile ein Ingangsetzen gefährlicher Maschinenfunktionen hindern oder stillsetzen können?
  - mit einer zusätzlichen ► „Zuhaltung“ ausgerüstet sind, die ein Ingangsetzen gefährlicher Maschinenfunktionen hindert, solange die Schutzeinrichtung offen und unverriegelt ist? (Diese Anforderung ist besonders wichtig, falls das Erreichen des Gefahrenbereichs durch das Bedienungspersonal möglich ist)
  - die Schutzeinrichtung in geschlossener und verriegelter Stellung halten, bis das Risiko von Verletzungen aufgrund der o. g. gefährlichen Maschinenfunktionen aufgehoben ist?
- Weisen alle verstellbaren Schutzeinrichtungen, die den Zugang auf die für die Arbeit unbedingt notwendigen beweglichen Teile beschränken, folgende Merkmale auf?

  - Sie sind in Abhängigkeit von der anstehenden Art der Arbeit manuell oder automatisch verstellbar.
  - Sie sind leicht und ohne Werkzeug verstellbar.
- Sind alle nichttrennenden Schutzeinrichtungen so konstruiert und in die Steuerung der Maschine integriert, dass
  - es nicht möglich ist, ihre beweglichen Teile in Gang zu setzen, solange das Bedienungspersonal diese erreichen kann?
  - für das Personal nicht möglich ist, die beweglichen Teile zu erreichen, solange sie in Bewegung sind?
  - das Ingangsetzen der beweglichen Teile verhindert wird oder diese stillgesetzt werden, falls ein Bestandteil der Schutzeinrichtung fehlt oder eine Störung auftritt?
  - ihre Einstellung nur absichtlich erfolgen kann?
- Ist bei Energieausfall sichergestellt, dass kein selbstständiger Anlauf bei Energierückkehr und keine unkontrollierten Bewegungen der Maschine möglich sind?

2.7.6 Prüfungs-, Wartungs-, Instandsetzungsarbeiten

- Sind die Voraussetzungen für sicheres Arbeiten und die Zugänglichkeit der zu wartenden Teilen der Maschine gewährleistet?
- Wird bei der Durchführung der Messungen die Einhaltung der anerkannten Regeln der Technik und der 5 Sicherheitsregeln gewährleistet?
- Wird ausschließlich befugtes Personal (Elektrofachkraft, Elektrofachkraft für festgelegte Tätigkeiten) mit Prüfaufgaben betraut?

- Ist ein Prüfbuch oder eine Arbeitsmittel-, Maschinen- oder Prüfkartei vorhanden und sind hier die Ergebnisse der vorhergehenden Prüfungen dokumentiert?
- Wurden an der elektrischen Ausrüstung seit der letzten Überprüfung Veränderungen (► „Veränderung") durchgeführt? Falls ja:
  - Ergibt sich daraus Bedarf an Nachrüstungen oder Austausch?
  - Ist organisatorisch sichergestellt, dass sicherheitsrelevante Veränderungen erfasst und bewertet werden?
- Ist ein Wartungsplan mit Wartungs- und Austauschintervallen vorhanden und sind hier die Ergebnisse der bisher durchgeführten Wartungsmaßnahmen dokumentiert?
- Ist organisatorisch sichergestellt, dass vor Beginn der Arbeiten alle Teile der elektrischen Ausrüstung, an denen gearbeitet werden soll, spannungsfrei geschaltet und alle Einspeisungen getrennt sind?
- Sind Teile der maschinellen Anlage, die sich nach dem Freischalten nicht selbstständig entladen (z. B. Kondensatoren, Kabel), mit geeigneten Entladevorrichtungen entladen worden? (auf Herstellerangaben achten!)
- Sind alle Trenn- und Betätigungsvorrichtungen, mit denen freigeschaltet wurde (z. B. Schalter, Steuerorgane, Sicherungen, Leitungsschutzschalter) wirkungsvoll gegen das Wiedereinschalten gesichert?
- Ist sichergestellt, dass für die komplette Dauer der Arbeiten das Schild „Schalten verboten" deutlich sichtbar angebracht ist? (nicht an aktive Teile hängen, bei Gefahr der Berührung mit Spannung nur Schilder und Aufhängevorrichtung aus Isolierstoff verwenden!)
- Wird die Sicherung gegen Wiedereinschalten vorzugsweise durch Sperren des Betätigungsmechanismus realisiert?

- Sind die in der Gefährdungsbeurteilung festgelegten Maßnahmen vor unbefugtem Betätigen eingeleitet (z. B. – sofern zutreffend):
  - Vorhängeschloss an (Leitungs-/Reparatur-)Schalter einhängt und abgeschlossen? Tür zum elektrischen Betriebsraum verschlossen?
  - Steuersicherung entfernt bzw. ausgeschaltet?
  - (in für Laien zugänglichen Bereichen) Sperrelement und/oder Schaltsperre eingesetzt, Leitungsschutzschalter durch Entfernen der Ableitungsleitung gesichert?
- Wird die Bestätigung der Freischaltung durch den Maschinenverantwortlichen vor Aufnahme der Arbeit abgewartet, sofern die Freischaltung nicht durch die aufsichtführende oder ausführende Person selbst erfolgt?
- Ist im Rahmen der ► „Gefährdungsbeurteilung" festgelegt worden, ob die Freischaltung zu dokumentieren ist?
- Falls eine Dokumentation der Freischaltung notwendig ist: Enthält sie genaue Angaben darüber wie (z. B. NH-Sicherungen, NH-Lastschaltleiste, Leistungsschalter) und wo (z. B. Trafostation, NS-Station u. a. mit genauerer Angabe zu deren Identifizierung wie Seriennummer und Bezeichnung) freigeschaltet wurde?
- Werden zur Freischaltung entfernte Sicherungseinsätze vor unbefugtem Zugriff geschützt?
- Sondermaßnahmen bei Fernsteuerung:
  - Ist bei rechnergestützten Schalthandlungen die Software so gestaltet, dass ein unbeabsichtigtes Wiedereinschalten zuverlässig verhindert ist?
  - Ist sichergestellt, dass die Stellungsanzeige durch sichere Übertragungswege zur Fernsteuerstelle übertragen wird?
  - Ist beim Steuerschalter ein Verbotsschild „Nicht Schalten", eine entsprechende Vorrichtung oder ein gut sichtbarer

Hinweis angebracht, dass Schalthandlungen nur auf Anweisung oder mit Zustimmung der näher zu benennenden Fernsteuerstelle erfolgen dürfen?
  - Wird auch vor Ort gegen Wiedereinschalten gesichert?
- Wird die Spannungsfreiheit allpolig, d. h., an jedem einzelnen Leiter direkt an der Arbeitsstelle bzw. in ihrer unmittelbaren Nähe ermittelt?
- Ist ausgeschlossen, dass durch Ersatzstromversorgungsanlagen, Hilfseinspeisungen oder Rücktransformation noch Spannung anliegt?
- Werden bei Anlagen mit Kondensatoren/dezentraler Einspeisung (z. B. USV, PV, Notstromaggregat) vor dem Feststellen der Spannungsfreiheit die Entladezeiten abgewartet? (Gefahr durch ggf. gespeicherte Spannung! Entladezeiten werden vom Hersteller angegeben und sind anhand der Einsatzbedingungen betrieblich festzulegen sowie gut sichtbar zu dokumentieren.)
- Werden zum Feststellen der Spannungsfreiheit geeignete Mess- und Prüfmittel verwendet (< 1 kV zweipolige Prüfmittel, > 1 kV einpolige Hochspannungsprüfer oder kapazitive Prüfeinrichtungen)?
- Werden ausschließlich Spannungsprüfer verwendet, die für das vorgesehene Einsatzgebiet sowie die betreffenden Spannungs- und Frequenzbereiche zugelassen sind, einwandfrei funktionieren und eine geeignete Messmittelkategorie gemäß DIN EN 61010-1 aufweisen? (Auf den Spannungsprüfern angegebene Anwendungsbeschränkungen bzw. Anwendungshinweise beachten!)
- Werden die eingesetzten Spannungsprüfer vor und nach der Prüfung auf einwandfreie Funktion getestet?
- Werden Kabelschneid- oder Kabelbeschussgeräte eingesetzt, falls freigeschaltete Kabel nicht eindeutig (z. B. durch

Kabelauslesegeräte oder fest angebrachte Kabelmarkierungen) erkennbar sind?

- Wird vor Erden und Kurzschließen von Freileitungen mit Nennspannungen > 1 kV die Spannungsfreiheit zusätzlich auch an allen Ausschaltstellen allpolig festgestellt?
- Wird sie nach Unterbrechungen der Arbeit oder Verlassen der Arbeitsstelle und vor Wiederaufnahme der Arbeit erneut festgestellt? (kann entfallen, wenn vorher das Erden und Kurzschließen bereits vollständig ausgeführt wurde)
- Sind während der Prüfung die Arbeitsstelle und die damit verbundenen Gefahrenbereiche (▶ „Gefahrenbereich") eindeutig gekennzeichnet und gesichert (z. B. durch Flaggen, Warnschilder, Ketten, Absperrseile etc.)?
- Wird sichergestellt, dass Vorrichtungen zum Erden und Kurzschließen mit großer Sorgfalt behandelt und vor jeder Anwendung einer ▶ „Sichtprüfung" unterzogen werden? (Jede Beschädigung, z. B. der Seilhülle, ist als schwerer Schaden zu werten, die Vorrichtung ist nicht mehr sicher und darf nicht mehr verwendet werden!)
- Werden im Rahmen der o. g. Sichtprüfung vor Verwendung der Vorrichtungen zum Erden und Kurzschließen insbesondere folgende Punkte geprüft?
  - Ist die EuK-Garnitur vollständig und zum Arbeiten freigegeben?
  - Sind Prüfkennzeichnungen vorhanden und deutlich erkennbar?
  - Sind Verbindungsstellen der Seile und Kabelschuhe fest verbunden? (durch Sicht- und Rüttelkontrolle prüfen!)
  - Sind Isolierung der Seile und Verbindungsstücke vorhanden, frei von sichtbaren Beschädigungen und Verfärbungen, noch genügend transparent, um die Leiter zu erkennen?

- Sind Kupferdrähte (soweit durch die Isolierung erkennbar) frei von Verfärbungen?
- Sind Seilhüllen vorhanden mit geschweißten oder gelöteten Verbindungen oder sonstigen Beschädigungen? aus Verbindungsstücken bzw. Anschließteilen herausgezogen? „umklöppelt“? (nicht verwenden/austauschen!)

- Werden vor Beginn der Arbeiten zusätzliche ► „Sicherheitsmaßnahmen“ wie beim „Arbeiten in der Nähe aktiver Teile“ getroffen, falls die Arbeiten erfordern, dass Anlagenteile in der Nähe der Arbeitsstelle nicht freigeschaltet werden?
- Wird auf evtl. vorhandene Warneinrichtungen an der Maschine (z. B. Anlaufwarneinrichtungen) geachtet?
- Wird sichergestellt, dass Stolper- und Rutschgefahren (z. B. herumliegende Gegenstände, verschüttetes Öl) während der Arbeiten immer sofort beseitigt werden?

2.8 Anforderungen an die Mess- und Prüfgeräte bzw. Prüfhilfsmittel

Die Verantwortung für die richtige Auswahl der Mess- und Prüfmittel trägt die für die ordnungsgemäße Durchführung der ► „Prüfung“ beauftragte befähigte Person (zu den Qualifikationsanforderungen an den Prüfer ► Kap. 2.5).

Diese wählt neue Mess- und Prüfmittel zur Beschaffung aus oder überprüft bereits vorhandene auf ihre Tauglichkeit und Verwendbarkeit.

Bei der ► „Prüfung“ von Maschinen (► „Maschine“) und deren zugehörigen Ausrüstungen ist zunächst einmal zu unterscheiden, ob die Maschine im Rahmen einer Prüfung nach DIN VDE 0701 bzw. DIN VDE 0702 mittels eines „Gerätetesters“ geprüft werden kann oder als Teil einer elektrischen Anlage zu betrachten ist. Weiterhin ist zu beachten, dass Erstprüfungen von Maschinen i. d. R. mit „Maschinentestern“ nach DIN VDE 0113-1 durchgeführt werden, Wiederholungsprüfungen jedoch mit „Anlagentestern“ nach VDE 0105-100. Wie in ► Kap. 1.2 bereits ausführlich beschrieben, sind gemäß der Prüfnorm VDE 0113-1 v. a. die folgenden Messungen durchzuführen: ► „Durchgängigkeit“ der Schutzleiter, ► „Isolationswiderstand“, Spannungsfestigkeit und ► „Restspannung“.

Für einige dieser Prüfungen enthält diese Prüfnorm auch genauere Vorgaben an die anzuwendende Messtechnik (hierzu vgl. die Abschnitte 18.1, 18.4 und A.2.4 der Norm):

- für Prüfungen nach Abschnitt 18.2 und 18.3 (d. h. Überprüfung der Bedingungen zum Schutz durch automatische Abschaltung der Stromversorgung und Isolationswiderstandsprüfung): Messausrüstungen nach der Reihe DIN EN 61557 (VDE 0413) „Elektrische Sicherheit in Niederspannungsnetzen bis AC 1000 V und DC 1500 V – Geräte zum Prüfen, Messen oder Überwachen von Schutzmaßnahmen“
- für Spannungsprüfungen: Prüfeinrichtungen nach DIN EN 61180 (VDE 0432-10) „Hochspannungs-Prüftechnik für Niederspannungsgeräte – Begriffe, Prüfung und Prüfbedingungen, Prüfgeräte“
- für die Messung der Fehlerschleifenimpedanz: Messausrüstung nach DIN EN 61557-3 (VDE 0413-3) „Elektrische Sicherheit in Niederspannungsnetzen bis AC 1000 V und DC 1500 V

– Geräte zum Prüfen, Messen oder Überwachen von Schutzmaßnahmen – Teil 3: Schleifenwiderstand".

Bei der Wahl des einzusetzenden Prüfgeräts nach VDE 0113-1 sollte darauf geachtet werden, dass neben der Schutzleiterwiderstandsprüfung mit einem Prüfstrom von 10 A nach Möglichkeit auch die Schleifenimpedanzmessung möglich ist, denn diese ist als Alternative für die ► „Schutzleiterprüfung" mit 10 A erlaubt und zur Überprüfung der Abschaltbedingungen von vorhandenen Schaltelementen gefordert.

Für Wiederholungsprüfungen (► „Wiederholungsprüfung") der Maschinenausrüstung sollten zudem die folgenden Aspekte bei der Wahl der Messtechnik beachtet werden:

Isolationswiderstandsmessungen und Spannungsprüfungen sind im Rahmen der Wiederholungsprüfung zumeist nicht ohne erhöhten Aufwand durchzuführen – was v. a. durch das Abklemmen von Elektronikbauteilen und das damit verbundene erhöhte Fehlerrisiko sowie durch die höhere Belastung der Isolationen aufgrund der hohen Prüfspannung (500 V DC bei Isolationswiderstandsmessungen und > 1.000 V AC bei Spannungsprüfungen) bedingt wird.

Als Ersatz für nicht durchführbare Isolations- und Hochspannungsprüfung wird aus diesem Grund bei den Wiederholungsprüfungen oft auf die Ableitstrommessung nach dem Differenzstrommessverfahren zurückgegriffen. Bei vielen Gerätetestern ist dieses Messverfahren jedoch nicht im Funktionsumfang enthalten. Einige Hersteller bieten aber sog. Kombigeräte an, welche neben den Messfunktionen eines Gerätetesters auch jene eines Maschinentesters enthalten. Bei der Beschaffung eines solchen

Prüfgerätes sollte jedoch darauf geachtet werden, dass die Differenzstrommessung über Zangenadapter möglich ist, denn oft ist das direkte Betreiben der Maschine zur Differenzstrommessung über das Prüfgerät weder leistungs- noch anschlussmäßig möglich. Bewährt haben sich auch Drehstromgerätetester, die im Rahmen der Differenzstrommessung noch ein direktes Betreiben von Maschinen bis ca. 25 kW über das Prüfgerät ermöglichen. Bei noch größeren Leistungen verbleibt im Differenzstrommessverfahren jedoch nur noch die Möglichkeit, Ableitströme mittels Zangenadaptern zu ermitteln.

Für den Hersteller von Maschinen und den Ersteller der Erstprüfung ist die Anschaffung eines Maschinentesters eigentlich unabdingbar. Für Prüfer, die lediglich Wiederholungsprüfungen von Maschinen durchführen müssen, wird die Wahl eher zwischen Kombigeräten (Maschinen- und Gerätetester) und entsprechenden Drehstromgerätetestern liegen.

Die Industrie bietet eine Vielzahl von Prüfgeräten mit z. T. sehr unterschiedlichem Leistungsumfang an.

Da die Qualität und Effektivität von Prüfungen im Wesentlichen auch von der Qualität des Prüfgeräts beeinflusst wird, können sich insbesondere bei großen Mengen zu überprüfender Geräte schnell die Mehrkosten für höherwertige Prüfgeräte amortisieren.

Grundsätzlich müssen Prüfgeräte den nachfolgenden Normenreihen entsprechen:

Tabelle 5: *Für Prüfgeräte zu beachtende Normen*

Messgerät	Maßgebende Norm
zweipolige Spannungsprüfer	DIN EN 61243-3 (VDE 0682-401)
Multimeter u. Ä.	DIN EN 61010-1 und -031 bzw. VDE 0411-1 und -031, DIN EN 61557-16 (VDE 0413-16) [Ersatz für die zurückgezogene DIN VDE 0404 Teil 1 und 2]; DIN 43751-1
Messmittelzubehör	DIN EN 61010-031 (VDE 0411-031)
Gerätetester	DIN EN 61557-16 (VDE 0413-16) [Ersatz für die zurückgezogene DIN VDE 0404]; DIN EN 61557-2 (VDE 0413-2), DIN EN 61557-4 (VDE 0413-4), DIN EN 61010-1 (VDE 0411-1)
Schutzmaßnahmentester	DIN EN 61557 Teil 1 bis 12 bzw. VDE 0413 Teil 1 bis 12; DIN EN 61010-1 (VDE 0411-1)
Maschinentester	DIN EN 60204-1 (VDE 0113-1)
Niederohmessgerät	DIN EN 61557-4 (VDE 0413-4)
Isolationswiderstandsmessgerät	DIN EN 61557-2- (VDE 0413-2)

Es ist ratsam, die Mess- und Prüfmittel nach den höchstmöglichen Überspannungskategorien auszuwählen und notwendig, nicht mehr geeignete Geräte auszusondern.

Die Mess- und Prüfmittel müssen

- die **CE-Kennzeichnung** (Bestätigung der Konformität mit den EU-Richtlinien und der Einhaltung des Gesetzes über technische ► „Arbeitsmittel“ und Verbrauchsprodukte) sowie

- möglichst auch die **VDE- oder GS-Kennzeichnung** (Bestätigung, dass durch neutrale Prüfstellen eine sog. Typ-Baumusterprüfung für das Produkt erfolgreich abgeschlossen wurde)

aufweisen.

Vor der Anschaffung eines Prüfgeräts bietet es sich an, anhand der nachfolgenden Fragestellungen ein Anforderungsprofil für das Prüfgerät zu erstellen:

- **Wie viele Geräte sind zu überprüfen?**
  - Reicht ein einfaches Gerät für händisch ausgeführte Dokumentationen aus oder ist ein erweiterter Umfang sinnvoll bzw. erforderlich (z. B. Speicherfunktion, automatisierter ► „Prüfablauf")?
- **Welche Maschinen-/Anlagen-/Gerätearten sind zu überprüfen?**
  - Nur Geräte mit Wechselstromanschluss und/oder auch Drehstromanschluss?
  - Bestehen Anschlussmöglichkeiten für Adapter (z. B. für die Prüfung von Anschlussleitungen oder Sonderformen von Steckverbindungen)?
  - Fallen die zu überprüfenden Geräte unter „Sondernormen" (wie z. B. Medizingeräte, Schweißgeräte)?
  - Sind PRCD oder Geräte mit sekundärem Spannungsausgang zu prüfen (z. B. Netzgeräte) und stehen hierfür die notwendigen Anschlüsse zur Verfügung?
  - Lässt sich der Prüfumfang ggf. durch eigene Prüfroutinen erweitern (z. B. im Rahmen des „Facility-Managements" für nichtelektrotechnische Arbeitsmittel wie Leitern u. a.)?

- **Wer prüft? (Elektrofachkraft oder weniger erfahrene Prüfer?)**
  - Ist die Handhabung einfach oder eher kompliziert?
  - Ist es möglich, Prüfabläufe (z. B. über Steuercodes) individuell vorzugeben, um weniger erfahrenen Prüfern (elektrotechnisch unterwiesene Personen, Auszubildende, Elektrofachkräfte für festgelegte Tätigkeiten, „Gelegenheitsprüfer“) Prüfroutinen vorzugeben und somit Bedienungsfehler zu minimieren?
- **In welcher Form soll dokumentiert werden?**
  - Elektronisch oder in Papierform?
  - Stehen Schnittstellen für die Datenübertragung oder für Speichermedien zur Verfügung?
  - Verfügt das Prüfgerät über einen internen Speicher?
  - Ist es notwendig, einen Protokollausdruck vor Ort erstellen zu können (z. B. im Kundendienst)?
  - Ist die Dokumentationssoftware anwenderfreundlich?
  - Sind die Prüfdaten gegen spätere Manipulation geschützt („gerichtsfeste“ Dokumentation)?
  - Beim Einsatz von elektrotechnisch unterwiesenen Personen: Lassen sich die von der EuP gelieferten Prüfergebnisse von dem verantwortlichen Prüfer leicht auswerten (z. B. Filterfunktion in der Dokumentationssoftware nach Höhe der Messwerte)?
- **Stehen Hilfsmittel für die leichte Handhabung zur Verfügung** (z. B. Hilfsmenü im Display, Prüfanweisungen im Gerätedeckel, gut verständliche Handbücher)**?**
  - Kann/soll eine Prüf- und Dokumentationssoftware zur Ansteuerung des Prüfablaufs für bereits erfasste Geräte und automatischen ► „Dokumentation der Prüfungen“ genutzt werden?

- Können Leitungslängen und/oder Querschnitte für eine automatische Anpassung des zulässigen Grenzwerts (► „Grenzwerte") eingegeben werden?
- Ist das Gerät leicht zu handhaben?
- Verfügt das Prüfgerät nur über eine Prüfsteckdose oder sind zwei Steckdosen (getrennt nach Netz- und Prüfspannung) vorhanden?
- Wird für den gesamten Prüfablauf nur eine Sonde benötigt?

 **Hinweis**

Beide letztgenannten Punkte bergen Verwechslungsgefahren bei unerfahrenen Prüfern!

Wie erfolgen ► „Sicherheitsmaßnahmen" **bei auftretenden Fehlern, beim Abbruch der Messung oder bei Zuschaltung von Netzspannung?**

- Können akustische Meldungen ggf. abgeschaltet werden, wenn andere Beschäftigte sich dadurch gestört fühlen?
- Muss vor der Zuschaltung von Netzspannung eine Quittierung erfolgen?

• **Ist die Prüfspannung eine Gleichspannung oder eine Wechselspannung?** (Induktivitäten und Kapazitäten, z. B. in Filterbeschaltungen, können je nach Stromart zu unterschiedlichen Widerstandswerten führen)

• **Können Geräte mit spannungsabhängigen Schaltern nach dem Differenzstromverfahren mit anliegender Netzspannung geprüft werden?**

- **Steht an den Prüforten immer Netzspannung zur Verfügung oder muss das Prüfgerät evtl. Prüfspannungen über interne Batterien zur Verfügung stellen?**
  - Führt das Prüfgerät beim Anschluss an das Stromversorgungsnetz eine Überprüfung des Schutzleiteranschlusses durch?
- **Verfügt das Prüfgerät über integrierte ► „Schutzmaßnahmen“?**
  - Führt das Prüfgerät beim Anschluss an das Stromversorgungsnetz eine Überprüfung des Schutzleiteranschlusses durch?
  - Verfügt das Prüfgerät über eine integrierte ► „RCD“ oder eine Unterspannungsauslösung?
  - In welcher Form werden Alarmierungen und Warnhinweise gegeben?
- **Wie verhält sich das Prüfgerät im Prüfverlauf?**
  - Wird die Prüfung abgebrochen, wenn die Prüfsonde abrutscht oder bewusst abgenommen wird (z. B. um eine andere Stelle zu kontaktieren)?
  - Muss die Prüfung im Ganzen oder nur der letzte Prüfschritt wiederholt werden?
  - Steht insbesondere im Automatikmodus genügend Zeit zur Verfügung, um z. B. bei der Schutzleiterwiderstandsmessung die Anschlussleitung bewegen oder mehrere Stellen kontaktieren zu können?
  - Falls nicht: Lässt sich der Automatikmodus ggf. umprogrammieren oder abstellen?
  - Ist das Handling zeitsparend?
- **Wird überwiegend stationär oder auch im mobilen Einsatz geprüft?**
  - Sind besondere Anforderungen an die Form oder das Gewicht des Prüfgeräts zu stellen (z. B. möglichst leicht und

kompakt im Kundendiensteinsatz, schmutz- und feuchtigkeitsresistent beim Einsatz auf Baustellen, ► „Gehäuse" aus schlagfestem Kunststoff)?
- Können hochgeklappte Deckel störend wirken (z. B. bei Prüfungen unter Tischen)?
- Ist ggf. die Einrichtung eines mobilen Prüfplatzes (z. B. auf Rollwagen) sinnvoll, damit auch das Zubehör mitgeführt werden kann?
- Bei stationärer Prüfung: Lohnt sich die Anschaffung einer Prüftafel, mittels derer auch Drehstromgeräte mit einem aktiven Messverfahren geprüft werden können?

- **Sind vom normalerweise üblichen Prüfablauf abweichende Prüfungen durchzuführen** (z. B. Schutzleiterprüfungen mit 10 A oder mehr, Hochspannungsprüfungen, Prüfungen mit reduzierter Prüfspannung, Prüfungen von ► „RCD")**?**
- **Reicht eine optische und/oder akustische Gut/Schlecht-Anzeige aus** (z. B., weil nur einfache Geräte, wie u. a. Anschlussleitungen, geprüft werden müssen)**?**
- **Ist es ggf. notwendig und auch möglich, weiteres Zubehör anzuschließen** (z. B. weitere Prüfsonden, Zangenamperemeter, Barcodescanner, Drucker, Laptops usw.)**?**
- **Sind Geräte mit vom Standard abweichenden Betriebsparametern zu überprüfen** (z. B. ► „Kleinspannung", Spannungen über 400 V, Gleichspannung, andere Frequenzen als 50 Hz)**?**
- **Welche Folgekosten entstehen?**
  - Wie häufig muss das Prüfgerät kalibriert werden?
  - Kann dies selbst vorgenommen werden oder muss das Gerät durch den Hersteller kalibriert werden?
  - Wird noch Zubehör benötigt?
  - Wie häufig werden kostenpflichtige Softwareupdates benötigt?

- Gibt es Erfahrungswerte hinsichtlich der „Standfestigkeit“ eines Prüfgeräts (insbesondere, wenn sehr häufig geprüft wird)?

• **Kann vor der Durchführung ggf. eine Kompensation der Messleitung durchgeführt werden?**
• **Können Prüfspitzen/Messsonden auf die Gegebenheiten angepasst werden** (z. B. aufsteckbare Krokodilklemmen oder Stecker/Kupplungsadapter)**?**
• **Können kleinere Beschädigungen oder Funktionsstörungen ggf. selbst behoben werden** (z. B. auswechselbare Gerätesicherungen oder Prüfspitzen)**?**
• **Wie erfolgt die Einweisung in das Prüfgerät?**
  - Einweisung durch Servicepersonal?
  - Werden Praxisseminare für die Handhabung von Hard- und/oder Software angeboten?
  - Liegt ein Handbuch oder nur eine CD bei?
• **Kann das Menü gegen Manipulationen geschützt werden?**
  - Lässt sich das Gerät auf geänderte ► „Grenzwerte“ einstellen?

Je nach Einsatzort, Aufbau des Prüfgeräts und Art der zu prüfenden Geräte können weiteres Zubehör oder zusätzliche Mess- und Prüfgeräte notwendig sein.

Diese sind typischerweise:

• aufsteckbare Krokodilklemmen
• „Bürstensonde“ (für die Kontaktierung sich drehender Teile)
• Prüfadapter für CeKon-Stecker und -kupplungen, Heiß- bzw. Kaltgerätestecker und -kupplungen etc.
• Prüfadapter mit Einzeladern, um Stommessungen mit Zangenamperemetern zu ermöglichen

- Strommesszangen
- Digitalmultimeter (möglichst CAT III oder CAT IV, ggf. TRMS)
- Fixiereinrichtung für anlaufende Geräte (z. B. Winkelschleifer bei angewendeter Differenzstrommessung)
- Barcode- bzw. RFID- Scanner
- Protokoll- oder Barcodedrucker
- Prüfsiegel „Geprüft nach …“ bzw. „Nächste Prüfung am …“ sowie Aufkleber „Prüfung nicht bestanden“

Verzeichnis der Rechtsvorschriften

Gesetze und Verordnungen

Gesetze und Verordnungen	
Kurzbezeichnung	**Bezeichnung**
ArbSchG	Gesetz über die Durchführung von Maßnahmen des Arbeitsschutzes zur Verbesserung der Sicherheit und des Gesundheitsschutzes der Beschäftigten bei der Arbeit (Arbeitsschutzgesetz)
ArbStättV	Verordnung über Arbeitsstätten (Arbeitsstättenverordnung)
BetrSichV	Verordnung über Sicherheit und Gesundheitsschutz bei der Verwendung von Arbeitsmitteln (Betriebssicherheitsverordnung)
EnWG	Gesetz über die Elektrizitäts- und Gasversorgung (Energiewirtschaftsgesetz)
ProdSG	Gesetz über die Bereitstellung von Produkten auf dem Markt (Produktsicherheitsgesetz)
UVV	Unfallverhütungsvorschriften der Berufsgenossenschaften und Gemeindeunfallversicherungsverbände

Technische Regeln

Technische Regeln	
Kurzbezeichnung	**Bezeichnung**
TRBS 1201	Prüfungen und Kontrollen von Arbeitsmitteln und überwachungsbedürftigen Anlagen
TRBS 1203	Zur Prüfung befähigte Personen

Vorschriften- und Regelwerk der DGUV

DGUV Vorschriften	
Kurzbezeichnung	**Bezeichnung**
DGUV Vorschrift 1	Grundsätze der Prävention
DGUV Vorschrift 3	Elektrische Anlagen und –Betriebsmittel (gültig für gewerbliche Betriebe)
DGUV Vorschrift 4	Elektrische Anlagen und –Betriebsmittel (gültig für Betriebe der öffentlichen Hand)

DGUV Regeln	
Kurzbezeichnung	**Bezeichnung**
DGUV Regel 103-011	Arbeiten unter Spannung an elektrischen Anlagen und Betriebsmitteln (gültig für gewerbliche Betriebe)
DGUV Regel 103-012	Arbeiten unter Spannung an elektrischen Anlagen und Betriebsmitteln (gültig für Betriebe der öffentlichen Hand)
DGUV Regel 100-500	Betreiben von Arbeitsmitteln (gültig für gewerbliche Betriebe)
DGUV Regel 100-501	Betreiben von Arbeitsmitteln (gültig für Betriebe der öffentlichen Hand)

DGUV Informationen	
Kurzbezeichnung	**Bezeichnung**
DGUV Information 203-004	Einsatz von elektrischen Betriebsmitteln bei erhöhter elektrischer Gefährdung
DGUV Information 203-070	Wiederkehrende Prüfungen ortsveränderlicher elektrischer Arbeitsmittel – Fachwissen für den Prüfer
DGUV Information 203-071	Wiederkehrende Prüfungen ortsveränderlicher elektrischer Arbeitsmittel – Organisation durch den Unternehmer
DGUV Information 203-072	Wiederkehrende Prüfungen elektrischer Anlagen und ortsfester Betriebsmittel – Fachwissen für Prüfpersonen

Normen

Anforderungen an die Prüfung	
Kurzbezeichnung	**Bezeichnung**
DIN VDE 0100-100 (VDE 0100-100)	Errichten von Niederspannungsanlagen – Teil 1: Allgemeine Grundsätze, Bestimmungen allgemeiner Merkmale, Begriffe
DIN VDE 0100-410 (VDE 0100-410)	Errichten von Niederspannungsanlagen – Teil 4-41: Schutzmaßnahmen – Schutz gegen elektrischen Schlag
DIN VDE 0100-420 (VDE 0100-420)	Errichten von Niederspannungsanlagen – Teil 4-42: Schutzmaßnahmen – Schutz gegen thermische Auswirkungen
DIN VDE 0100-430 (VDE 0100-430)	Errichten von Niederspannungsanlagen – Teil 4-43: Schutzmaßnahmen – Schutz bei Überstrom
DIN VDE 0100-444 (VDE 0100-444)	Errichten von Niederspannungsanlagen – Teil 4-444: Schutzmaßnahmen – Schutz bei Störspannungen und elektromagnetischen Störgrößen
DIN VDE 0100-510 (VDE 0100-510)	Errichten von Niederspannungsanlagen – Teil 5-51: Auswahl und Errichtung elektrischer Betriebsmittel – Allgemeine Bestimmungen

Normen

Anforderungen an die Prüfung	
Kurzbezeichnung	**Bezeichnung**
DIN VDE 0100-520 (VDE 0100-520)	Errichten von Niederspannungsanlagen – Teil 5-52: Auswahl und Errichtung elektrischer Betriebsmittel – Kabel- und Leitungsanlagen
DIN VDE 0100-530 (VDE 0100-530)	Errichten von Niederspannungsanlagen – Teil 530: Auswahl und Errichtung elektrischer Betriebsmittel – Schalt- und Steuergeräte
DIN VDE 0100-534 (VDE 0100-534)	Errichten von Niederspannungsanlagen – Teil 5-53: Auswahl und Errichtung elektrischer Betriebsmittel – Trennen, Schalten und Steuern – Abschnitt 534: Überspannung-Schutzeinrichtungen (SPDs)
DIN VDE 0100-537 (VDE 0100-537)	Elektrische Anlagen von Gebäuden – Teil 5: Auswahl und Errichtung elektrischer Betriebsmittel; Kapitel 53: Schaltgeräte und Steuergeräte; Abschnitt 537: Geräte zum Trennen und Schalten
DIN VDE 0100-540 (VDE 0100-540)	Errichten von Niederspannungsanlagen – Teil 5-54: Auswahl und Errichtung elektrischer Betriebsmittel – Erdungsanlagen und Schutzleiter
DIN VDE 0100-600 (VDE 0100-600)	Errichten von Niederspannungsanlagen – Teil 6: Prüfungen

Anforderungen an die Prüfung	
Kurzbezeichnung	**Bezeichnung**
DIN VDE 0100-710 (VDE 0100-710)	Errichten von Niederspannungsanlagen – Teil 7-710: Anforderungen für Betriebsstätten, Räume und Anlagen besonderer Art – Medizinisch genutzte Bereiche
DIN VDE 0105-100 (VDE 0105-100)	Betrieb von elektrischen Anlagen – Teil 100: Allgemeine Festlegungen
DIN VDE 0105-115 (VDE 0105-115)	Betrieb von elektrischen Anlagen – Besondere Festlegungen für landwirtschaftliche Betriebsstätten
DIN VDE 0276-1000 (VDE 0276-1000)	Starkstromkabel – Teil 1000: Strombelastbarkeit, Allgemeines, Umrechnungsfaktoren
DIN VDE 0289-4 (VDE 0289-4)	Begriffe für Starkstromkabel und isolierte Starkstromleitungen; Prüfen und Messen
DIN VDE 0701-0702 (VDE 0701-0702)	Prüfung nach Instandsetzung, Änderung elektrischer Geräte – Wiederholungsprüfung elektrischer Geräte – Allgemeine Anforderungen für die elektrische Sicherheit [vgl. aber auch DIN EN 50678 (VDE 0701) und DIN EN 50699 (VDE 0702)]
DIN EN 50678 (VDE 0701)	Allgemeines Verfahren zur Überprüfung der Wirksamkeit der Schutzmaßnahmen von Elektrogeräten nach der Reparatur

Anforderungen an die Prüfung	
Kurzbezeichnung	**Bezeichnung**
DIN EN 50699 (VDE 0702)	Wiederholungsprüfung für elektrische Geräte
DIN V VDE V 0800-2 (VDE V 0800-2)	Informationstechnik – Teil 2: Potentialausgleich und Erdung (Zusatzfestlegungen)
DIN VDE 1000-10 (VDE 1000-10)	Anforderungen an die im Bereich der Elektrotechnik tätigen Personen
DIN EN 1081	Elastische Bodenbeläge – Bestimmung des elektrischen Widerstandes
DIN EN 50107-1 (VDE 0128-1)	Leuchtröhrengeräte und Leuchtröhrenanlagen mit einer Leerlaufspannung über 1 kV, aber nicht über 10 kV – Teil 1: Allgemeine Anforderungen
DIN EN 50110-1 (VDE 0105-1)	Betrieb von elektrischen Anlagen – Teil 1: Allgemeine Anforderungen
DIN EN 50160	Merkmale der Spannung in öffentlichen Elektrizitätsversorgungsnetzen
DIN EN 50173-1	Informationstechnik – Anwendungsneutrale Kommunikationskabelanlagen – Teil 1: Allgemeine Anforderungen
DIN EN 50174-2 (VDE 0800-174-2)	Informationstechnik – Installation von Kommunikationsverkabelung – Teil 2: Installationsplanung und Installationspraktiken in Gebäuden

Anforderungen an die Prüfung	
Kurzbezeichnung	**Bezeichnung**
DIN EN 50274 (VDE 0660-514)	Niederspannungs-Schaltgerätekombinationen – Schutz gegen elektrischen Schlag – Schutz gegen unabsichtliches direktes Berühren gefährlicher aktiver Teile
DIN EN 60079-14 (VDE 0165-1)	Explosionsgefährdete Bereiche – Teil 14: Projektierung, Auswahl und Errichtung elektrischer Anlagen
DIN EN 60204-1 (VDE 0113-1)	Sicherheit von Maschinen – Elektrische Ausrüstung von Maschinen – Teil 1: Allgemeine Anforderungen
DIN EN 60529 (VDE 0470-1)	Schutzarten durch Gehäuse (IP-Code)
DIN EN 60728-11 (VDE 0855-1)	Kabelnetze für Fernsehsignale, Tonsignale und interaktive Dienste – Teil 11: Sicherheitsanforderungen
DIN EN 60898-1 (VDE 0641-11)	Elektrisches Installationsmaterial – Leitungsschutzschalter für Hausinstallationen und ähnliche Zwecke – Teil 1: Leitungsschutzschalter für Wechselstrom (AC)
DIN EN 61010-1	Sicherheitsbestimmungen für elektrische Mess-, Steuer-, Regel- und Laborgeräte – Teil 1: Allgemeine Anforderungen

Anforderungen an die Prüfung	
Kurzbezeichnung	**Bezeichnung**
DIN EN 61010-031	Sicherheitsbestimmungen für elektrische Mess-, Steuer-, Regel- und Laborgeräte – Teil 031: Sicherheitsbestimmungen für handgehaltenes Messzubehör zum Messen und Prüfen
DIN EN 61140 (VDE 0140-1)	Schutz gegen elektrischen Schlag – Gemeinsame Anforderungen für Anlagen und Betriebsmittel
DIN EN 61340-4-1 (VDE 0300-4-1)	Elektrostatik – Teil 4-1: Standard-Prüfverfahren für spezielle Anwendungen – Elektrischer Widerstand von Bodenbelägen und verlegten Fußböden
DIN EN 61557-1 (VDE 0413-1)	Elektrische Sicherheit in Niederspannungsnetzen bis AC 1000 V und DC 1500 V – Geräte zum Prüfen, Messen oder Überwachen von Schutzmaßnahmen – Teil 1: Allgemeine Anforderungen
DIN EN 61557-2 (VDE 0413-2)	Elektrische Sicherheit in Niederspannungsnetzen bis AC 1000 V und DC 1500 V – Geräte zum Prüfen, Messen oder Überwachen von Schutzmaßnahmen – Teil 2: Isolationswiderstand

Anforderungen an die Prüfung	
Kurzbezeichnung	**Bezeichnung**
DIN EN 61557-16 (VDE 0413-16)	Elektrische Sicherheit in Niederspannungsnetzen bis AC 1000 V und DC 1500 V – Geräte zum Prüfen, Messen oder Überwachen von Schutzmaßnahmen – Teil 16: Geräte zur Prüfung der Wirksamkeit der Schutzmaßnahmen von elektrischen Geräten und/oder medizinisch elektrischen Geräten [Ersatz für DIN VDE 0404-1, -2 und -4]
DIN EN 62305-1 (VDE 0185-305-1)	Blitzschutz – Teil 1: Allgemeine Grundsätze
DIN EN 62353 (VDE 0751-1)	Medizinische elektrische Geräte – Wiederholungsprüfungen und Prüfung nach Instandsetzung von medizinischen elektrischen Geräten
DIN EN 61010-1 u. -2-032 (VDE 0411-1 u. -2-032)	Sicherheitsbestimmungen für elektrische Mess-, Steuer-, Regel- und Laborgeräte – Teil 1 bzw. 2-032

VdS-Richtlinien

Richtlinien des VdS – Verband der Schadenverhütung im GDV – Gesamtverband der Deutschen Versicherungswirtschaft e. V.	
VdS 2025	Elektrische Leitungsanlagen, Richtlinien zur Schadenverhütung
VdS 2031	Blitz- und Überspannungsschutz in elektrischen Anlagen, Unverbindliche Richtlinien zur Schadenverhütung
VdS 2033	Elektrische Anlagen in feuergefährdeten Betriebsstätten und diesen gleichzustellende Risiken, Richtlinien zur Schadenverhütung
VdS 2046	Sicherheitsvorschriften für elektrische Anlagen bis 1000 Volt
VdS 2067	Elektrische Anlagen in der Landwirtschaft, Richtlinien zur Schadenverhütung
VdS 2279	Elektroheizungsanlagen und Saunen, Richtlinien zur Schadenverhütung
VdS 2349-1	Auswahl von Schutzeinrichtungen für den Brandschutz in elektrischen Anlagen
VdS 2349-2	EMV-gerechte Errichtung von Niederspannungsanlagen
VdS 2871	Prüfrichtlinien nach Klausel SK 3602, Hinweise für den VdS-anerkannten Elektrosachverständigen
VdS 3501	Isolationsfehlerschutz in elektrischen Anlagen mit elektronischen Betriebsmitteln – RCD und FU, Richtlinien zur Schadenverhütung

Stichwortverzeichnis

B

E

H

I

R

S

V

W